技術者倫理

グローバル社会で活躍するための異文化理解

秋山　仁［特別監修］

藤本義彦・木原滋哉・天内和人［編集］

実教出版

異文化の中で直面する三つの壁

秋山　仁

「我々は日々、何かを得ることによって生活しているが、人生というものは他人や社会に与えることによって豊かになるものである」

これは、38歳のときからアフリカでの医療活動に生涯を捧げた、医者であり哲学者であったA・シュバイツァー博士の言葉だ。

「安定した暮らしの中で、ある程度ルーティン化した仕事をこのまま続けていくのではなく、全く違った環境に身を置いて、自分の能力やこれまで培ってきた技能を使って、自分にどれだけのことができるのかを試してみたい」、「自分を本当に必要としてくれる人々のために、自分の能力をフルに使って役に立つ生き方をしたい」、本書を手に取っている人は、このような瑞々しくも激しいエネルギーに溢れた技術者の方だろうか？　あるいは、所属している組織から突然海外赴任をいい渡され、慌てふためいている技術者の方だろうか？　本書はどちらのタイプにとっても、次の一歩を進めるうえで大きな助けとなる一冊だろう。志ある前者の方が成功率が高いように思えるが、異文化の中で身を立てるということは、志さえあればうまくいくというような簡単なことではない。私自身もその例に漏れないのだが、異文化で生活していくうえで、ほとんどの人が次の三つの壁に立ちはだかられるようだ。

一つは、"語学の壁"である。特に、日本語しか使われていない島国日本で育った我々にとって、たとえ語学テストで一応の資格を認められる能力があっても、朝から晩まで至るところで異言語で過ごさなければならないことにストレスやダメージを感じない人は稀だ。フランスに留学した作家の遠藤周作さんは、ホームステイ先で、しばらくの間、自分が言葉を発するたびに、子供たちが必ず大爆笑して心が挫けそうになったそうだ。その理由は、たとえば、日本語でいう"行ってきます"とか"いただきます"という日常の簡単ないい方を知らないうえ、自分が日本のテキストで学んできたフランス語が古いいい方だったからだった。自分の話しているフランス語を日本語に訳したら「拙者、これから出かけてくるでござる」、「拙者、食べるでござる」といったような、ひと時代前の硬い言語で喋っているのだから、子供達が笑うのは無理もなかったそうだ。ハーバードで教鞭を執ったこともある作家の小田実さんは留学時代のニューヨークのダイナーに朝食をとりに行った際に、"What kind of egg ?"と聞かれて「えーっ、鶏の卵以外に、いろんな種類の鳥の卵があるのか、アメリカってすごいなぁ」と思いつつ、頭の中で、"チキン"だと鶏肉、ルースターは雄鶏で卵を産まないから、雌鳥は……」と考えを巡らせた末、"Hen's egg"と言ったら、「それは当たり前だろう」と言わんばかりに大爆笑され、顔から火が出た経験があるそうだ。「どんな鳥の種類の卵か？」という意味ではなく、「どんな卵の料理法か？」という意味だったのだ。

TIME誌の表紙を飾ったこともあるソニーの盛田昭夫氏も、初めてNYに赴任

したとき、現地の英語に圧倒されて、「ここで自分はやっていけない、かといって、日本に帰ることもできない……」となって、ヨーロッパに一週間逃避行した経験があると書いている。

　語学の壁は、そんなふうに、激しい恥ずかしさや劣等感という形で海外で暮らし始めたほとんどの人に襲いかかってくるのだが、その壁を越えられるか否かは、その人の心の持ちようや柔軟さにかかっている。「こんな思いをするのは嫌だ」と心を閉じずに、「誰もが体験することを自分も体験したんだ。何事も経験。一つずつ進んでいけばいいんだ。」と開き直れる者だけが壁を越えて行ける。

　二つ目の壁となるのが、本書でも随分取り上げられている"異文化・異風習"の壁だ。"誠実で信頼がおけて、思いやりがあって、他人から必要とされる技能を持っている"というのは、文化・風習の違いに関わらず、間違いなく人々から高く評価されることではある。だが、それだけでは通用しないことがある。その地域その地域で、いいとされていること忌み嫌われていることが、理屈ではなく、存在するという考えでいないと壁にぶつかってしまう。そうならないためには、常に謙虚な気持ちをもって謙虚に学び、自分の限界も知っておくことだろう。

　三つ目の壁となるのは、前の二つとも関係するが、"自分自身の壁"だ。異文化で生きる場合に限らず、人生全般についていえることだが、自分に対して、他人に対して、あるいは社会に対して、「こうでなくちゃダメだ」という頑な心で、自分のまわりに自分で壁を作ってしまうと自分自身で限界を作って行き詰ってしまうものだ。絶望しないこと、物事や人のいい面に目を向けて、何かに希望を見出すよう思考を柔軟にすることがこの壁を乗り越えさせてくれるだろう。

　異文化の中で生きるのは、確かに大変だ。しかも、ひとかどのことをなし遂げようと思えば思うほど大変になる。しかし、多難であるほど人生実りが多いものだ。本書の執筆者の多くも異文化生活を体験した技術者の先輩たちである。本書を読むと、色々な大変なことがあっても、それ以上に自分自身に得るものが多いのだということが感じられるのではないだろうか。

　私が敬愛する技術者の一人、本田宗一郎さんは「これがいいと思える高い目標を立てて、それに向かって全力で挑戦し奮闘して、成し遂げたときの感激から得られる仕事の喜びは他に比べるものがない」といい、技術者として一番大切なのは、素直さだいった。「大変なことに挑戦すれば、それだけいっぱい失敗する。失敗すること自身は悪いことではない。失敗から学んで立ち上がればいい。そのためには、何が必要か？　一所懸命やっているときほど、自分の考えに固執して、まわりが見えなくなりがちだ。それでは失敗から立ち上がれない。挑戦者は、他人の見方、考え方に素直に耳を傾けることが大切なんだ」と。

　大きな挑戦や夢に向かって足を踏み出していこうとしている、本書を手に取った技術者の方々が、シュバイツァー博士や本田宗一郎さんのいう、多難だが実り多い人生を手にされることを願ってやみません。

目　次

異文化の中で直面する三つの壁（秋山仁） ... 2
1　グローバルエンジニアの育成 ――本書の使い方 ... 6

第1部　グローバル社会のコミュニケーション

2　文化の多様性と異文化交流 ... 14
3　異文化のトレーニング ... 20
4　相手を尊重するコミュニケーション ... 26
5　異文化への適応と受容 ... 32
6　コミュニケーション力の向上 ... 38

第2部　異文化の人々とともに

7　外国人からみた日本人 ... 46
8　異文化の人とともに働く① ヨーロッパ ... 50
9　異文化の人とともに働く② 北アメリカ ... 58
10　異文化の人とともに働く③ 東南アジア ... 66
11　異文化の人とともに働く④ 東アジア ... 74
12　異文化の人とともに働く⑤ インド ... 80
13　異文化の人とともに働く⑥ 中東・アフリカ ... 86

第3部　グローバルエンジニアの倫理

14　異文化の中で働く ... 98
15　異文化と消費者のニーズ ... 104
16　倫理と法 ... 110
17　安全性とリスク ... 116
18　製造物責任 ... 122
19　知的財産権 ... 128

第4部　グローバル社会の課題とゆくえ

20　グローバル化と国家の変容 ... 136
21　国際経済システム ... 142
22　企業の海外展開 ... 148
23　地球環境と国際的取り組み ... 154
24　世界の宗教とグローバル社会 ... 164
25　難民と移民の問題 ... 172
26　世界の人権問題 ... 178

	27	ジェンダーと企業	188
	28	科学技術と戦争	194
	29	終わりに　異文化理解から多文化共生へ	202

参考資料・文献　　　　　　　　　　　　　　　　207
索引　　　　　　　　　　　　　　　　　　　　　216

コラム	1	幸せの定義（秋山仁）	19
	2	異文化体験ゲーム「バーンガ」（髙橋愛）	25
	3	外国人と協働する異文化受容（山本千夏）	37
	4	新興国で外国人と働く日本人整備士の孤軍奮闘（三宅弘晃、山本千夏）	49
	5	ロシア・東欧を歩く（木原滋哉）	57
	6	連邦制と大統領選挙（藤本義彦）	64
	7	米国とNAFTA（藤本義彦）	65
	8	ラオスの異文化体験談（須田裕美）	71
	9	東南アジア諸国連合の活動（藤本義彦）	72
	10	台湾で感じるすれ違い	79
	11	ヒンドゥー教の神々と仏教の仏たち（田上敦士）	85
	12	「なんであんな黒いのが好きなんだ」発言から考える（津山直子）	95
	13	日本人から見た日本人（藤本義彦）	103
	14	「コンビニ」のない国（木原滋哉）	109
	15	公益通報者保護法（野本敏生）	115
	16	安全配慮意識の習慣化と共有化（野本敏生）	121
	17	耐震偽装問題（野本敏生）	127
	18	特許権に関する国際協定とエイズとの闘い（斉藤龍一郎）	133
	19	トマトをめぐるグローバル化（津山直子）	147
	20	南アフリカで感じた援助政策の課題（渡辺直子）	153
	21	熱帯雨林破壊からアマゾンを守る日本の取り組み（小林千晃）	163
	22	イスラム世界で暮らす（大野憲太）	171
	23	難民・国内避難民・帰還民（加藤真希）	177
	24	読み上げツールは視覚障害者のためのもの？（斉藤龍一郎）	187
	25	イスラムとジェンダー（加藤真希）	193

グローバルエンジニアの育成
——本書の使い方

　現代社会は、ヒト、モノ、カネ、情報が国境などの枠を超えて行き交うようになり、あたかも地球を一つの単位とするグローバルな社会が形成されているかのように変容している。技術者も、このような社会変容に対応して、世界で活躍するグローバルエンジニアになることを求められている。グローバルエンジニアをめざすには、工学的な専門知識と専門技術、そして外国語能力はもちろん必要である。それに加えて、異なる文化的背景をもつ人々と協働するためには、グローバル社会に存在する多様で多元的な文化を知り、受容し、異文化に対応していく姿勢や心がけ、態度を身につける必要がある。

　本書は4部構成をとる。工学的な専門知識と専門技術、さらに外国語能力は本書では取り扱わない。第1部では、グローバル社会の中で異文化理解をふまえたコミュニケーション力のスキルの向上をめざす。第2部では、世界の各地域の歴史的・文化的背景の理解と、異なる文化や風習の壁を乗り越えた人間関係を構築しようとする態度の形成をめざす。第3部では、グローバルエンジニアがもつべき職業意識や倫理、法の知識の理解をめざす。第4部では、グローバル社会に関する知識と理解をさらに深め、グローバル社会における課題をグローバルエンジニアとして、市民として解決できる能力の育成をめざす。そして、グローバル社会で活躍できる人材となることをめざす。

1.1　グローバル化と技術者

　そもそも技術者は、高度な専門技術と専門知識をもつ専門職であり、大学などの高等教育機関では、これまでも専門技術と専門知識の獲得を重視した教育を行ってきた。そして、日本国内で活躍することを期待されてきたこれまでの教育では、専門知識と専門技術をもつことだけで十分であったかもしれない。しかし、グローバル化が進行する現代社会では、多様で多元的な価値観と文化を背景にもつ人々と協働していく必要があり、異文化を理解しつつこれまで以上に広い視野をもって課題を解決していこうとする意欲と能力が求められるようになっている。グローバル化によって技術者が身につけなければならないものは増えている。

　さらに、グローバルエンジニアには、企業などの組織の一員としての心がけや態度、倫理観がいっそう求められるようになっている。また、変容する現代社会の特質も理解しなければならない。

　グローバルエンジニアに求められるものとして、次の5つをあげることができる。

①工学的な専門知識と専門技術
②外国語能力、とくに英語力
③異文化理解とコミュニケーション力
④世界の歴史的・文化的背景の理解
⑤グローバルエンジニアの職業意識や倫理、法の知識
⑥グローバル社会に関する知識・理解、課題解決能力

1　2　グローバルエンジニアにとって前提条件となる能力

　第一の工学的な専門知識と専門技術、第二の外国語能力、とくに英語力は、グローバルエンジニアがグローバル社会で活躍するための前提条件である。

　工学的な専門知識と専門技術に欠けたり不足したりする技術者は、グローバル社会だけでなく日本国内においても技術者として役に立たない。自らの専門分野の知識と技術、そして、それらの応用力を身につける継続的な努力は技術者の職責なのであろう。

　外国語能力について、国際共通語となっている英語を正確に使うことができる能力は必要だ。ネイティブのような流暢な英語を話す必要はないが、技術的な事柄について意思疎通をはかるためには、英語を正確に話したり、書いたり、読んだりできるようにする必要がある。文法を正確に理解し、正確なコミュニケーションを英語で行えるようになることは、グローバルエンジニアにとって必須な条件である。加えて、それぞれの専門分野で使用する専門用語は、英語でも使用できるようにしておく必要がある。工学的専門技術や知識についてコミュニケーションをとろうとするとき、専門用語を日本語と英語の双方で知っておく必要がある。

　さらに、赴任する現地で使用される言語の基本的な挨拶くらいはできるようになっておくべきだ。日本でも、英語ばかりで会話されると何となく心理的に疎遠な感覚をもってしまうが、片言であっても日本語で話しかけてくる外国人には親近感を感じるものである。他者との関係を良好にするためにも、現地社会やそこに暮らす人々に敬意を示すためにも、現地の言語で挨拶することが大切である。相互に敬意を払いあう対等な関係を構築することができれば、協働しやすくなるものだ。

　本書では、上記の事項については、対象外としてとくに言及しない。

1　3　異文化理解とコミュニケーション力

　グローバルエンジニアに求められるものの一つが、本書の第１部で言及する異文化理解とコミュニケーション能力である。

　グローバル化は、国境を越えたさまざまなものが交流することによって生じる社会変容の一つの形態だといえる。この変容は、国家のみならず、企業などの組織や

個人にも影響を与えている。技術立国をめざす日本では、企業は日本国内だけでなく国外にも企業活動を活発に展開している。日本経済団体連合会（経団連）が2015年に加盟企業に行ったアンケートによれば、日本企業は、国内で開発・製造し海外に輸出する「輸出販売型」から、研究開発、調達、製造、販売などの拠点を国内外にかかわらず最適に配置する「グローバル最適型」をめざしているという。

事実、日本の企業の多くは、日本国外に工場や研究施設などを建設している。自動車メーカーは、アメリカ市場に輸出する自動車の製造組立て工場をメキシコに建設した。メキシコが北米自由貿易協定（NAFTA）加盟国であり、メキシコで製造した自動車は関税を課せられることなくアメリカ市場で販売することができるので、労賃の安いメキシコに製造組立て工場を建設したのだ。また、中小企業のなかには、安価な労働力を求めて、中国や東南アジアの国々に製造工場を建設している企業も多い。そして、一定の品質を維持するために、本社から技術者を派遣して技術指導を行っている。日本の企業は、大企業だけでなく中小企業もまた、国際市場における競争力を維持するために、グローバル社会における企業活動を活発化させている。

日本国内においても、グローバル化の影響は着実に広がっている。日本国内の工場で働く外国人労働者は、年々増加している。厚生労働省によれば、2017年の外国人労働者数は約128万人で、前年と比較して18%増加している。日本の高等教育機関に在籍する留学生も約26万人（日本学生支援機構、2017年12月）となり、増加している。日本への観光客も増加し、2017年には約2869万人が日本を訪れた（日本政府観光局）。

異なる文化や宗教、習慣、言語など（異文化）をもつ人々が、日本の国内外を問わず、同じ生活空間を共有する共生社会になりつつある。文化や宗教、習慣、言語が異なる人々が同一の空間（地域）に存在すれば、必ず対立が生まれるというわけではないが、他者の文化的背景に無理解であれば対立は生じやすくなる。異なる文化的背景をもつ者どうしが、平和的にそしてお互いに尊重しあい、協働していくためには、他者の文化（異文化）を理解することは重要なこととなる。

日本の技術者が異文化に関心を払わない場合を想定してみよう。「技術は親方から盗み出せ」という頑固で昔気質な日本の技術者が、途上国に技術を指導しに行き、日本語で一方的に語り、技術について十分な説明をすることもなく、「技を見せる」という指導をしたとしよう。これで途上国の技術者の技術が向上するかといえば、むしろ反発を招き、その技術指導は失敗してしまうだろう。黙っていても自らの思いは通じるはずだという日本人的な認識は、異文化交流においては通用しないと考えたほうがよい。相手からは「何も考えていない」と受け取られるだけだ。自らの考えを言葉で表明することが必要となる。

人は異文化と接触したとき、自らの文化の殻に籠りがちになる。自らの文化が優れ、他者の文化は劣っているのだと思い込もうとしがちだ。自らの文化と同じ人々

を「われわれ」として、異文化の人々を「彼ら」とする二項対立的な構図を描きがちになる。そしてその構図に囚われ、自らの文化だけに閉じ籠り続けるかぎり、異文化を背景とする人々と対等にそして平和的に交流することなど望むことはできない。自らの文化の殻を打ち破り、異文化を理解しようとし、異文化を受け入れ、コミュニケーションをとろうとすることが、グローバルエンジニアへと成長していく第一歩である。

1　4　世界の歴史的・文化的背景の理解

　グローバル社会にはさまざまな民族が暮らしている。それぞれの民族の生活は、現在の様態だけでは理解できない歴史的・文化的な背景をもっている。政治的・経済的・社会的な背景も異なっている。多様な背景があるからこそ、現在の様態に違いが生じているのだ。
　現代社会の多様性を理解し、異なる文化を理解しようとする態度を身につけることが必要である。アジア、ヨーロッパ、北アメリカ、アフリカなどで人々はどのような歴史をたどってきたのか、どのような文化の中で暮らしているのか、どのような政治・経済の環境にあるのかなどを知る必要がある。その知識を得ることで、異なる文化、異なる国家で暮らしている人々と、相互の違いを乗り越え、相互に敬意を払いあえる人間関係を構築する能力を育成することができる。

1　5　グローバルエンジニアの職業意識や倫理、法の知識

　グローバル社会で活躍するグローバルエンジニアは、企業の一員としてグローバル社会に進出していく。企業はすべての分野で必要なだけの人員をすべてそろえることは現実的に不可能である。限られた人員でできるだけ多くの利益を上げるためには、たとえ工学的な専門家であっても、自らの専門知識と専門技術だけではなく、企業人として職業意識と倫理、法の知識をもち、そしてビジネスマンとしてのマナーと知識・理解を身につけていることが求められているのだ。
　グローバルエンジニアに求められるものとして、グローバル社会における技術者としての倫理がある。技術者が守るべき倫理は、各国の技術者組織がそれぞれに倫理綱領を定めていることがある。日本技術士会は、公衆の利益の優先、持続可能性の確保、有能性の重視、真実性の確保、公正かつ誠実な履行、秘密の保持、信用の保持、相互の協力、法規の順守等、継続研鑽、の10項目を技術士倫理綱領としてまとめている。科学技術が社会や環境に重大な影響を与えることを十分に認識し、業務の履行を通して持続可能な社会の実現に貢献する必要があると考えているからである。技術が万国共通であるように、技術者の倫理もまた、グローバル社会において根底では共通するものが多い。世界中での失敗例を反省材料として、より適切

なものへとつねに変化を遂げている。技術者が社会や取引先企業やその技術者、労働者から信用され、尊重されるための基本的姿勢として、技術者として守るべき倫理について学ぶ必要がある。

また、グローバルエンジニアは、国際市場で企業が活動するために守らなければならない規範や原則、商慣習などを理解する必要がある。コンプライアンス（法令順守）は当然のこととして、交易上のさまざまな規制なども理解しておく必要がある。それらを理解し、グローバルエンジニアとしての能力を向上させれば、グローバル社会でのさらなる活躍が期待されることだろう。

1　6　グローバル社会に関する知識・理解・課題解決能力

グローバルエンジニアに求められるスキルや態度をより適切にもとうとするなら、グローバル社会に関する理解は欠かせない。グローバル社会に内包される多様で多元的な諸問題を理解し、自らが直面する問題を平和的に解決していくための能力を育成しなければならない。

グローバル化は、政治・経済・社会・文化などすべての分野で均質に進行しているのではない。経済など特定の分野で急速に進行するなど、その様相は多様である。その一方、人々の日常生活は、地域や民族的な社会を基盤とし、同質性の高い文化や価値、イデオロギー、さらには経済体制をもつ社会を構成する傾向にある。日本のように同質性の高い国家においても、また国内に複数の民族が暮らし多様な文化が共存する多民族多文化国家においても、特定の国家を一つの基盤とした社会の中で、人々の日常生活は営まれている。グローバル社会を基盤とする生活空間は、今のところ存在していないのである。

その一方で、文化や価値観の異なる人々との接触は今日急速に増加し、異文化への不十分な理解から対立が起こることもある。2001年、北陸地方のある町でイスラム教の聖典であるコーラン（クルアーン）が切り刻まれるという事件が起こった。当時、日本社会に暮らし始めていたイスラム教徒を奇妙に思っていた人物の一人が、個人的なイライラを解消しようとして起こした事件だった。イスラム教やイスラム教徒に特別な敵意を抱いていたわけではなかったとされるが、コーランがイスラム教徒にとって非常に重要なものであり、コーランを切り刻むという行為がどれだけイスラム教徒の心を傷つけてしまうのか、考えが及ばなかったようだ。それくらいで目くじらを立てなくてもいいのにという思いを抱いた日本人は多く、それがかえってイスラム教徒の心を傷つけ、いっそう憤りを深めることになった。同一の生活空間を共有しながらも、異文化に対する無理解と偏見が引き起こした事件だった。

世界では今でもなお、民族や宗教などによる対立や紛争が絶えない。対立や紛争に巻き込まれないためには、対立する原因を理解しておかなければならない。知らないでいることは、いたずらに対立を激化させたり、巻き込まれたり、時には自ら

が対立を引き起こしてしまったりすることにもなりかねない。そうならないために、自らの限られた世界観や価値観を絶対的なもの、正しいものと考えるのではなく、より視野の広い世界観や価値観を獲得するようにしなければならない。それはグローバルエンジニアにとって人間的に成長することを意味してもいる。

1.7 テーマに即した学びのために

　本書は 29 章で構成されている。グローバルエンジニアが直面する問題を取り上げつつ、グローバルエンジニアに必要な能力を育成することをめざしている。

　通年科目である場合は、29 章すべてを受講することになるが、半期科目で 15 回の講義である場合、どのような能力の育成を重視するかによって章を選択していくことが望ましい。

　技術者倫理を重視する場合は、技術者倫理の中心的なテーマを扱っている第 3 部の各章を中心に選択することをお勧めする。そして、コミュニケーション力、異文化理解、グローバル社会など、関心あるテーマと関連づけて学習を進めていけばよい。

　グローバルエンジニアには、表に示したとおり、6 つの能力が求められる。コミュニケーション力の向上と、グローバル社会に関する知識と理解を深めることは、とくに必要となる。前者を重視するならば、第 1 部と第 3 部を中心に学習を進めていくことを勧める。後者を重視する場合、第 2 部か第 4 部を選択し、第 3 部と併せて学習を進めていくことを勧める。第 2 部は、各地域の歴史的・文化的背景に焦点を当て、異文化とともに活動していくために必要な知識を獲得することをめざしている。第 4 部は、グローバル社会の課題を取り上げ、課題に対応し問題を解決していく能力の育成をめざしている。

　コラムを付している章も多い。コラムの記事は本文の記述と必ずしも連動しているわけではないが、関連する項目を、本文の記述とは異なる角度から理解しようとしている。グローバル社会の多様性を理解する一助にしてほしい。

グローバルエンジニアに求められるもの

①工学的な専門知識と専門技術	本書では扱わない
②外国語能力、とくに英語力	
③異文化理解とコミュニケーション力	第 1 部の内容
④世界の歴史的・文化的背景の理解	第 2 部の内容
⑤グローバルエンジニアの職業意識や倫理、法の知識	第 3 部の内容
⑥グローバル社会に関する知識と理解、課題解決能力	第 4 部の内容

Engineering ethics

第 **1** 部

グローバル社会の
コミュニケーション

文化の多様性と異文化交流

世界には多様な文化と価値観が存在する。異文化を理解し、受容し、上手に交流していくことは、グローバルエンジニアに求められていることだろう。ここでは、まず異文化交流の歴史を俯瞰して、文化の多様性を理解することの意義を考えてみたい。

2.1 異文化・多文化と技術の起源

人類はアフリカで約700～500万年前に類人猿（チンパンジーなど）から分かれて誕生したと考えられている。進化の原動力となったのは、自然環境の変動だった。氷期のきびしい環境を生き抜いた人類の祖先は、生き残るために優れた知能を発達させ、火や道具を使用するようになった。技術の起源は、生存をかけた生き残り戦略にあったのだ。

人類はその後、人口を増加させ生活範囲を拡大する過程で猿人や原人など、さまざまな種に分化していった。われわれの直接の祖先は、そのなかでも約4～1万年前に誕生した新人（現生人類）である。猿人や原人は絶滅し、ネアンデルタール人（旧人）なども生まれたが、唯一生き残ったのが、われわれホモ・サピエンスである。人類は誕生後、瞬く間に世界中に生活範囲を拡大し、約1万年前にはアメリカ大陸の南端にまで到達し、居住地域を世界中に拡大させてきた。別々の土地に生活するようになった人類は、それぞれの地で独自の文化と歴史を歩んでゆくことになる。これが異文化・多文化の起源である。

異文化・多文化はそれぞれがさまざまな自然的要因（海洋、山脈や大河など）により発生したものなのだろう。もちろん、人はその根底に共通して、愛、健康、幸福、防御などの本能的な認識を有するが、一方で、個別的な環境は、それぞれ独自の生活習慣を発生させ、世界観、道徳、言語などの違いが生まれたのである。

生活様式に目を転じてみると、世界各地で狩猟・採集生活を送っていた人類は、自然環境の変動により採集する植物や獲物となる動物が減少してしまう危機を、農耕を開始させることで乗り越えた。約1万年以上前には東南アジアでバナナ、タロイモ、キャッサバの栽培、1万～9000年前にはメソポタミアで麦の栽培、約9000年前には中国南部で稲の栽培、約7000～4000年前にはメキシコ地域でトウモロコシの栽培が始まったと考えられている。栽培に適した植物を自らの手で育て、それを収穫することにより食糧問題を克服したのである。

農耕の開始は、定住生活を始めさせ、優れた指導者と、治水技術をはじめとしたさまざまな技術を生んだ。また、文明の発達とともに、財産の不平等な分配、貧富の格差、地域的な格差を原因とする人々の争いが生じるようになり、それは地域的

な流動化を促し、さらなる技術の獲得を促すことにもなった。

2　2　日本における異文化交流の歴史

　日本は島国ではあるが、他地域から孤立した閉鎖的な国ではない。古代から現在に至るまで、中国や韓国、ときにはインドや西洋の影響を受けながら、独自の文化を形成してきた。

　記録に残る交流としては、4～5世紀頃から中国や朝鮮との交流が始まり、漢字や仏教、土木・建築の技術など、古代の日本文化や国家形成に重大な影響をもたらしたさまざまな文化が持ち込まれた。16世紀には、ポルトガルやスペインなどヨーロッパの国々から鉄砲などの新技術がもたらされ、異国の文化や技術が日本の歴史を左右するほどの強烈なインパクトを与えることになった。江戸時代後半から明治時代には、日本人は積極的に欧米の文化を取り入れ、その傾向は現代に至っている。江戸時代の鎖国政策のため、日本は歴史的に孤立した国だとのイメージが強いが、異文化とつねに交流してきた。そして、それが日本文化の形成にも重大な影響を与えてきたのだ。

　過去、日本と外国を行き来したのはごく一部の人だった。鑑真、小野妹子、空海など、そうそうたる人物が想起できる。そうした時代には、異国の文化に触れることは、非日常的なことで、一般の人々にとっては関係のない出来事であった。異文化交流がさかんに行われるようになっても、異文化への憧憬は強く、尊敬し敬意を払うべき対象とされていた。室町時代から江戸時代にかけて李氏朝鮮から日本に派遣されていた朝鮮通信使は、日本の指導者にとって当時の国際情勢を伝えてくれる情報源となり、漢学者・儒学者などの知識人らと交流する重要な機会であった。一般の人々の日常生活への異文化の浸透は、ゆっくりとしたものであったが、その影響は強まりつつあった。

　今日、交通手段や情報通信技術の進歩によって、異文化に触れる人々が増加するにつれ、異文化交流は大幅に増加し、その形態も大きく変容してきた。すでに異文化の人々と交流することなく生活することすら不可能なほど、日常生活の中の何気ないところで異文化と触れ合うようになっている。

2　3　近くて遠い文化：日本と韓国

　日本と韓国は「近くて遠い国」だといわれる。地理的には近接し、文化的にも近い関係があるにもかかわらず、日本人にとって何となく遠い国だと感じてしまうこともある。

　日本人が韓国を旅すると、日本と同じ文化圏なのだと感じるとともに、そこはかとない違和感を感じることがある。日本も韓国もともに、儒教や仏教の影響を受け、

両国の違いはそれほど大きくはない。にもかかわらず、文化の違いを感じてしまう。

　まず、日本と韓国の食事の時の習慣について考えてみる。座敷に座り食事をする場合、日本では、女性は正座をするか足を横に崩して座ることが多い。韓国では、女性も男性と同じくあぐらをかいて座ったり、片膝を立てて座ったりすることが多い。韓国ではこれが伝統的に正しい座り方とされているが、日本人にとって韓国人女性の座り方は、なんとなく違和感を覚えてしまう。さらにご飯の食べ方や汁物などの飲み方にも違いがある。韓国では、茶碗はテーブルの上に置きそのまま食べ、汁物も置いたままスプーンを使って食する。日本ではその逆で、茶碗は手に持って食べ、汁物もそう。日本と韓国では、茶碗も使えば、箸も使う。一見すると同じように見えるにもかかわらず、この食事の方法のように、些細な違いが存在する。子どものころからお茶碗は手に持って食べなさいとしつけられてきた日本人は、どうしても違和感を感じてしまうのだ。

　そもそも韓国の食器には金属製が多く、熱い汁やご飯を入れると食器が熱くなり手に持つことはできない。また、韓国ではご飯をスープやキムチなどと混ぜて食べるため、箸ではなくスプーンで食べることが多い。だから食器をテーブルに置いてスプーンで食べるのだ。習慣が異なる理由を理解すれば、それだけのことなのだ。しかし、政治的な思惑が絡むとき、この些細な習慣の相違が、他者を蔑視し差別を助長してしまう口実となることもある。

　日本は韓国を植民地化していた時期がある。その不幸な歴史があるため、日本と

(a)　座り方
座敷での食事時、韓国では立て膝やあぐらが普通。日本では礼儀外れ

(b)　ご飯の食べ方
韓国ではご飯茶碗は置いて、スプーンで食べる。箸はおかずを取るときだけ使う

韓国と日本の食事の習慣の違い

韓国の間には、拭い切れないわだかまりも多少残っている。そのわだかまりを助長するものの一つが、両国の間に存在する些細な文化的差異であったりする。

2002年、FIFAワールドカップ・サッカーが日本と韓国で共催された。これは日本と韓国がお互いの理解を促し深めていくための契機となった。韓国政府は、それまで禁止していた日本の大衆文化をテレビなどで放送することを解禁し、日本の大衆文化をテレビなどで放映し始めた。また、韓国の大衆文化、たとえば韓国ドラマやKポップなどが日本で人気を博するようになっている。若い人を中心に、日本と韓国の相互理解は急速に深まりつつある。近くて遠い国から、たんに近いだけの国になりつつある。

現在でも、日本と韓国の間には問題がある。しかし、韓国の文化、歴史、価値観などを理解しようとする動きが着実に広まりつつあり、かつてのように差別に転化されることはなく、両国国民の平和的で友好的な関係は、今後とも創出され続けることだろう。互いに理解しあおうとする姿勢をもつことは重要だ。

2 ❹ 自由・平等・博愛の国で起こった対立：フランスとイスラム教

フランスは個人を重視し、自由・平等・博愛を尊重する国家である。そのフランスで1989年、公立学校の教室の中でスカーフ（ヒジャーブ）を着用することの是非が論争になった。フランスに暮らすアラブ系イスラム教徒の少女たちが教室内でヒジャーブをまとうことは、フランスのマナーに反し、なおかつ公教育における政教分離の原則に反することになるという非難が起こったのである。

フランスでは、第二次世界大戦後、人口が減少したため、移民を受け入れるようになった。第二次世界大戦後の「栄光の30年（1945～75年）」には、安価な労働力として移民を多く受け入れてきた。1973年の石油危機以降、景気が低迷して移民の受け入れを停止するが、国内には外国人労働者として多くの移民がすでに暮らしていた。その多くは、アルジェリアなどかつての植民地からの移民で、イスラム教徒も多く、社会の下層に位置づけられ、低賃金労働と劣悪な住環境や居住地域での生活を強いられてきた。差別的な待遇も甘受させられてきた。

石油危機以降の経済情勢の悪化をきっかけに、フランスの移民政策は、安価な労働力の導入という目的から、社会の中に存在する異質な要素への対策を目的にしたものへと変化していく。そうした政治的潮流のなかで、スカーフ論争が起こった。教室内でスカーフを着用することはフランス社会のマナーに反するという理由で、ヒジャーブの着用を禁止しようとした。さらに、移民たちの生活状況を理由に、移民は危険だ、イスラム教徒は怖いなどという誹謗中傷をまき散らす者も現れてきた。2015年に起こったシャルリー・エブド事件（イスラム教をたびたび風刺した風刺週刊誌シャルリー・エブド社が襲撃され、12人が殺害された）は、そうしたイスラム教徒に向けた心ない非難に対して、一部の過激なイスラム教徒が行ったテロで

あった。

　このテロ事件に対して、自由・平等・博愛を重視するフランスの人々は、暴力による問題解決を批判して、テロに反対するデモを行った。同時に、シャルリー・エブド社のあまりに辛辣なイスラム教徒への風刺に対する批判も巻き起こった。すなわち、風刺が行きすぎており、生活空間を共有しているイスラム教徒を理解しようとしないだけでなく、イスラム教徒は出て行けと言わんばかりの主張にこそ問題があるというのである。

　今日、フランスに限らず欧米諸国でも排外的な政治的潮流が強まりつつある。反イスラム感情と反移民感情が高まり、混同させて、イスラモフォビア（イスラム嫌悪、憎悪）を増大させている。欧米諸国がもつ多元性とそれを受け入れる寛容性に動揺が起きつつあるのではないかと危惧される。

2　5　文化の多様性と異文化理解

　歴史的に文化は、多様で多元的な文化へと変化してきた。外見が大きく異なる文化もあれば、外見の似ているように思える文化もある。また、似通ってみえる文化であっても、その文化が経験するさまざまな歴史によって、実際は深刻な溝が生じてしまっている文化も存在する。

　ただ、文化・習慣の相違がただちに対立を意味するものではない。対立は、他の要因が文化・習慣の相違を口実にしていることが多い。表面的な政治的対立にとらわれることなく、冷静に対立の原因を理解しようとする姿勢が求められている。

　グローバル化が進む今日、グローバルエンジニアは、異文化を背景にもつ人々との協働が欠かせなくなっている。考えや意見が対立したり、思想や言論が弾圧されたりする状況では、時として、個人の思いや人道的な良心の声に従うことにブレーキをかけ、中立的な態度をとって、問題に関わらないという姿勢を貫くことが必要なときもある。

　文化・習慣の相違を理解し、融和し、相互に敬意を払える関係を構築するように努力することが、今、求められているのだろう。

コラム……1 幸せの定義

ドミニカ共和国（以下、DR）の首都サントドミンゴからDR第二の都市サンチェスへは車で約3時間。車の窓からボンヤリ外を眺めていると、穂もたわわに実る稲の広大な畑が目に飛び込んでくる。日本人が1958年に開拓団として渡って以来、長い歳月をかけ、コツコツと開墾してできた血と汗の結晶だ。亜熱帯気候なので、年3回の収穫も期待できるそうだ。

サントドミンゴの旧市街の公園に、鍬を持って、畑仕事に励む家族の像が建てられている。日本から開拓団として移住してきた夫婦と子供で、母親は乳飲み子を背負っている。

この像を見て、当時のDRの人々は2通りの印象を持ったそうだ。一つは、日本人はきわめて勤勉で、家族総出で労働に汗を流しているという肯定的なもの。もう一つは、乳飲み子を抱えた女性を働かせるなんて……という否定的なものだ。どちらの印象ももっともだが、このような開拓団魂がなければ、延々と続く波打つ黄金の海は見られなかったに違いない。

最近の調査（OECD、2015年）によると、DRは15歳時での幸福度が世界第1位である。経済的にはそれほど豊かな国ではなく、多くの人々が他国に出稼ぎに行かなければならず、生活も大変なのに、不思議な現象だと言われている。しかし、現地の子供たちと付き合っていると、子供たちは家族も友達も学校もみんな大好きと感じている。DRの人々は「みんな誰かの宝物だから」という精神で、皆、フレンドリーで親切で明るい。他国では、路上の物売りなど子供を働かせ、大人が搾取するところもあるが、DRではそのような光景を目撃することはなかった。貧しくても、誕生会などのお祝いは、思い切り盛大に行うそうだ。子供や女性を無償の愛で包むドミニカ人の優しさの表れであるように思う。

OECDが行った2015年の学力比較によると、DRは参加72カ国中最下位だった。メディーナ大統領は、科学技術の力によって国に繁栄と平和をもたらすため、GDPの4％を教育に注ぎ込む政策を打ち出した。この政策が功を奏する時には、15歳時幸福度第1位の国民が、大人になっても幸福でいられるようになるに違いない。私は、この夢が実現することを願い、微力ながらDRの数学教育支援のお手伝いをしている。

（秋山 仁）

3 異文化のトレーニング

「異文化」というと外国文化をイメージし、ホームステイや留学などで一定期間海外に滞在しなければ異文化体験をすることができないと考えてしまう人もいるかもしれない。しかし、日本国内においても、地域ごと、学校あるいは職場ごとに独自の文化があるため、技術者として社会に出た際には大小さまざまな異文化に遭遇することになるだろう。

第5章で述べるように、異文化にふれるとき、人はいくつかの段階を経てその文化に適応していくといわれている。そのなかでも、2つ目の段階で経験するカルチャーショックをいかに克服するかがポイントとなる。異文化にふれた際に感じる違和感と、違和感の原因となっている自文化との差異を見極め、これを冷静に受け止めていくことが、カルチャーショックの克服には必要である。生活様式やコミュニケーションのスタイルのように目に見えるものから、価値観や社会規範や対人関係における暗黙のルールのように目に見えないものにいたるまで、接触の対象となる文化に関する知識を身につけ、その知識を実際の異文化交流の場で活用できるようにしておかなければならない。

ここでは、異文化と遭遇する場で起こる問題に対処する力を養うために、実践的なトレーニングを紹介していく。

3　1　ケーススタディー

ケーススタディーでは、日本に研修に来た外国人と日本人の間のトラブル、あるいは、ホームステイで海外に赴いた日本人とホストファミリーの間のトラブルなど、異文化交流の場で実際に起こった事例を紹介し、その例において何が原因でトラブルとなったのか、また、どうすれば問題を回避することができたのかを検討してみる。たとえば、事例としては次のようなものを想定してみる。

（事例1）

タカシは、海外インターンシップでアメリカの大学に来ています。タカシはブラウン先生の研究室で課題研究を行うことになっていますが、今週は実験が計画通りに進まず、先生との面談までに実験を終えることができませんでした。面接で先生から「なぜ実験が終わらなかったのか」と言われ、タカシは先生に「すみません」と言いました。すると、先生は怪訝そうな顔をして、「なぜ実験が終わらなかったのか」とまた言いました。それに対してタカシは「本当に申し訳ありません」と答えました。これに対して先生は困った様子になり「もういいから帰りなさい」と言い、この日の面談は終了となりました。先生に責められたように感じてタカシはひどく落ち込み、学校に出てこられなくなってしまいました。

この事例では、ブラウン先生は実験が計画通りに進まなかった理由を聞いているだけだったのだが、タカシは先生の言葉を自分に対する叱責だと解釈している。この事例は、ハイコンテクストな文化出身のタカシが、ローコンテクストな文化のルールに基づいて言葉を発したブラウン先生の言葉を、ハイコンテクスト文化のルールに基づいて解釈したために生まれた問題だといえる（コンテクストとは、言語・共通知識・体験・価値観・ロジック・嗜好性などのことで、ハイコンテクスト文化とは、コンテクストの共用性の高い文化、つまり相手の意図を察しあい、なんとなく通じてしまうという環境のこと、ローコンテクスト文化はその逆である）。
　このケーススタディーでは、外国人のどのような言動について、日本人が違和感を感じるのか、ミスコミュニケーションを起こすのか、また、なぜそのような言動により違和感やミスコミュニケーションが生まれてしまうのかを分析することになる。この分析を通して、日本人としては当たり前に思っていることが、外国人にとってはそうではないということ、つまり、日本と海外の間にある文化的な差異を知ることができる。さらに、この事例と似たような状況に遭遇した際、トラブルを回避するためにはどうしたらよいのかを考えることができる。

3.2 DIE メソッド

　DIE とは、Description（記述）、Interpretation（解釈）、Evaluation（評価）の頭文字をとったものである。このトレーニングでは、異文化交流の場面で実際に起こった問題を取り上げ、何が起こったか（D）、その出来事に関わった人はそれぞれその出来事をどのように解釈しているのか（I）、解釈したことをふまえて各人はその出来事をどのように感じているのか（E）を表に書き出して分析を行い、書き出した内容を客観的に理解していく。たとえば、先ほどの事例1の記述を行うと次ページの記述例のようになる。
　事例1の記述例を参考にして、事例2に関して実際に記述を行ってみよう。
（事例2）
　サントスは東京に向かう飛行機の中で、隣の席に座っていた佐藤さんと親しくなりました。佐藤さんは山梨県に住んでいるとのことで、日本滞在中に近くに来ることがあったらぜひ連絡をくださいといって、サントスに住所と電話番号を教えてくれました。ある週末に富士山に行ったサントスは、山梨の佐藤さんを訪ねてみることにしました。佐藤さんは、玄関先で話はしてくれたものの、サントスを家に入れてはくれませんでした。出会った時には非常に愛想がよかった佐藤さんに冷たくあしらわれ、サントスはがっかりして東京に戻りました。
　DIE メソッドでは、記述（出来事）・解釈・評価（感情）の3つの要素に分割し、それらを双方の立場から書き出していくため、異文化交流に関わる問題を公平かつ客観的にとらえることが可能になる。そのため、誤解や自文化中心主義が引き起こ

したトラブルの解決や防止に役立つ。

事例1の記述例

ブラウン先生		記述（D）	タカシ	
評価（E）	解釈（I）		解釈（I）	評価（E）
問題の解明をしてタカシを助けてあげたい	実験が計画通りにいかなかったのは何か問題があるはずだ	ブラウン先生がタカシになぜ計画通りに実験が終わらなかったのかを聞いた	先生に責められている	先生は怒っているから、まず謝ろう
もう一度聞いてみよう	タカシは自分の質問に答えていない	タカシがブラウン先生に「すみません」と言った	謝ることで反省していることを示している	
		ブラウン先生は計画通りに実験が終わらなかった理由をもう一度タカシに聞いた	また先生に責められた	理由を言ったらもっと怒られるだけだから、とにかく謝ろう
私に理由を言いたくないのだろうか	タカシはまた自分の質問に答えていない	タカシは「本当に申し訳ありません」と言った		
私は信頼されていないのだろうか		ブラウン先生が「もういいから帰りなさい」と言って、タカシを帰した		先生は自分のことを許してくれなかった

事例2

佐藤さん		記述（D）	サントス	
評価（E）	解釈（I）		解釈（I）	評価（E）

3.3 ロールプレイ

　ロールプレイとは、トレーニング参加者のうち何人かに役を与えて演技をしてもらい、演じてもらった状況について参加者全員で議論を行うものである。この活動では、演技担当者に自分の役の状況を把握したうえで演技をしてもらい、残りの参加者は観察者として演技を見る。ある程度行われたところで演技を終了させ、演技をして、あるいは、演技を見て何を感じたかを全員で話し合う。

（事例３）

　リーさんは日系企業に勤めています。リーさんの部署では１週間後に重役会で担当プロジェクトについてのプレゼンテーションをすることになっています。リーさんは、上司である田中さんから、プレゼンテーションの日程が２日後に急遽変更になったので準備のために残業をしてほしいと言われました。

〈リーさんのロールシート〉
　田中さんの依頼を断ってください
　プレゼンの重要性は理解していますが、家族との時間も大切です。
　資料の準備はできているので、残業をする必要はないと思っています。

〈田中さんのロールシート〉
　リーさんに残業を承諾させてください
　今回のプレゼンはプロジェクトの成否を左右する重要なものなので、日程が前倒しになった分、勤務時間外でも準備をするのが当然だと考えています。
　家族よりも仕事を優先させるのが社会人としては当たり前のことです。

　ロールプレイでは、セリフまで用意されることもあるが、事例３のように、全体の状況を説明したうえ、それぞれの役の役割と状況を説明したロールシートを演技者に渡して内容を把握したうえで演技をしてもらうのが一般的である。ロールプレイでは、実際に起こりうる問題を擬似体験することになるため、トラブルに直面した場合の感情や行動について学ぶことができる。

3.4 シミュレーション

　シミュレーションとは、役を演じたり、ゲームをしたりしながら、異文化に遭遇した際に抱く違和感を参加者に体験してもらい、そこで気づいたことについてファシリテーター（進行役）のもとで話し合いを行うものである。役を演じるという点ではロールプレイと似ているが、ロールプレイでは話し合いの前の活動（演技）を行うのは参加者の一部であるのに対し、シミュレーションでは参加者全員が活動に参加するという違いがある。

　異文化シミュレーションの例としては、異なるルールをもつ人が混ざったグループでトランプのページワンに似たゲームを言葉を介さずに行うことで異文化交流に

おける葛藤を擬似体験できるバーンガ(コラムで紹介)、参加者全員を異なる文化をもつ2つのグループに分けて訪問者として異文化を体験していくバファバファ、異なる3つの文化の代表者として議論を行い多文化状況での意思決定を擬似体験するエコトノス、架空の国において性別による待遇の違いを体験することで文化的背景が価値判断に与えている影響について学ぶアルバトロスなどがある。

これらのシミュレーションの後には、活動中に感じたことや学んだことについて振り返るためのディブリーフィングと呼ばれるセッションを行う。振り返る内容は、活動をしている時の気持ちはどのようなものであったか、活動中にどのような点でもっとも苦労したかなどである。振り返った内容をふまえ、この活動で体験したものと同様の気持ちになるのは実生活のどのような場面か、その原因は何だと思うか、今回の経験をどのようなことに活かすことができるかといった点について話し合いを行う。異文化体験についての発見や理解を深めるためには、ファシリテーターのもとで参加者どうし、意見の共有を行うことが非常に重要である。

3　5　異文化シミュレーションの意義

私たちはじつのところ、進学あるいは転校によって、大なり小なり異文化を体験しているものである。そうした場面で遭遇するのは学校や地域といった規模の小さい文化(サブカルチャー)であるせいか、これらの体験で生じる違和感やストレスは「異文化体験」として認知されていないかもしれない。しかし、グローバル化が進む現代社会において、文化的背景により異なった価値観をもつ人々と交流する機会が増えることで、日常的に異文化体験をすることもますます増えていくと考えられる。学生の場合、在学中には海外研修やインターンシップの際の異文化体験において少数派として違和感を覚えることがあるだろうし、留学生や編入生といった異なる文化の出身者を多数派として受け入れる立場になることで異文化体験をすることもあるだろう。また、技術者の場合、指導的立場として海外の現場に派遣され、派遣先の大小さまざまな文化的相違に直面して葛藤することになる可能性も高い。そのため、異文化理解を身近な課題ととらえ、異文化に接触した際にどのような問題が起こりうるか、また、そうした問題に対してどのように対応するべきか、普段から意識を高めておく必要がある。

異文化に遭遇した際に生じる認知、感情、行動の変化を擬似的に体験することができるシミュレーションは、異文化遭遇に対する意識を高めるトレーニングとして有効なものである。ただし、バーンガをはじめとするシミュレーションにおいて重要なのは、異文化を擬似体験することよりもむしろ、擬似体験をしている時に感じた違和感や葛藤を認識し、その原因や背景を分析し、体験したことを今後の生活にどのように活かしていくかを検討すること、つまり、実際の異文化体験に対する備えを行うことなのである。

COLUMN
コラム……2
異文化体験ゲーム「バーンガ」

　バーンガ（Barnga）は、異文化の模擬体験を可能としてくれる異文化シミュレーションゲームである。異文化に遭遇した際に感じる違和感や葛藤を、教室にいながらにして体験でき、さらにその体験について振り返りを行うことによって異文化についての理解を深めることができるものである。

　シバサイラム・ツィアガラジャン（Sivasailam Thiagarajan）が、1980年に西アフリカにあるリベリア共和国のバルンガという街に滞在していた際の体験をもとに考案した。1990年にBARNGA（A Simulation Game on Cultural Clashes）として出版され、現在では、学校、企業、自治体等の研修プログラムでも異文化を擬似体験するシミュレーションゲームの一つとして実施されている。

　バーンガの参加者は、トランプを使ったゲームをしながら、無言、つまり言葉が通じない状況や少数派の立場を擬似的に体験し、その体験とゲーム後の振り返りを通して、異なる文化をもつ人々と接する際には相手の違いを尊重しつつ協調する必要があることを学ぶ。そして、そうした人々と協調していくためにどうすべきかについて考えることになる。また、微妙な差異のほうが明白な差異よりも摩擦を生じさせやすいということなどを、ゲームを通じて認識するようになる。

　バーンガの参加者から、「ルールを探りながらプレーができて楽しかった」というポジティブな意見が出てくる一方、「わけがわからなかった」という混乱や戸惑い、「ルールと合っているのか冷や冷やした」という不安、「他の人たちはルールをわかっているのに、自分だけが取り残されているような気持ちになった」という孤独感など多くの意見が出てきた。ポジティブなものであれ、ネガティブなものであれ、このような感情は異文化に遭遇した際に抱くものと似ているといえるだろう。

「バーンガ」のルール
①最終ゲームまで無言で行う。ゲームとゲームの間も言葉を発することはできない。
②じゃんけんで親を決める。第2ゲーム以降は1位になった人が親となる。
③親が全員にカードを同じ枚数配る。
④1枚ずつ順番にカードを出す。
　カードの出し方
　　カードを出す順：親から順に時計回り
　　出せるカード：同じマークのカードで、前の人よりも強いもの
　　カードの強さ：2＜3＜4＜…＜A＜ジョーカー
　　いつでも出せるカード：ジョーカー
　　出せるカードがない場合：パス　（何回でもできるが、無言で伝えること）
　　自分以外が全員パスの場合：次のカードを1枚出す。どのマーク・数字でもよい。
⑤制限時間（10分）が経過して終了の合図が出たらゲーム終了。最初にカードがなくなった人が勝ち。順位はカードが少ない順に決定する。

（髙橋　愛）

4 相手を尊重するコミュニケーション

　技術者は、技術者、業務相手、市民という三者の関係のなかで、コミュニケーションをとる必要がある。

　コミュニケーション能力は、技術者が業務を遂行していくために重要な能力の一つであり、上司や同僚、クライアント、ユーザーなどさまざまな関係者と、明確かつ効果的なコミュニケーションを行わなければならない。さらに、日本国外に出て業務に携わる場合には、外国語によるコミュニケーションをとり、関係者どうしで協調して業務を遂行していかなければならない。

　そもそも技術者にはさまざまなことが要求される。必要性や機能性、技術的実現性、安全性、経済性、環境配慮など、時として相反することもある。これらの要求に関して、それぞれの業務に応じて重要性を考慮して優先順位を決め、問題を解決していかなければならない。異文化を背景にする技術者たちと協調して業務を遂行していこうとする場合、コミュニケーションのとり方には注意を払わなければならない。自分と同じ文化的背景をもつものと考えて行動すれば、時として深刻な対立を生じさせてしまうこともある。

　技術者がグローバル社会のなかでその使命と責任を果たすために重要なのは、相手を尊重するコミュニケーションの手法である。

　ここでは、アサーティブ・コミュニケーションと呼ばれる手法について考えていく。

4.1 競争戦略としてのダイバーシティと日本人的発想

　企業が力を入れて取り組むべき課題として注目を集めている言葉として、ダイバーシティがある。もとは「多様性」を表す英語であるが、企業経営においては「人材と働き方の多様化（多様性）」の意味で使用され、「人種・国籍・性・年齢は問わずに人材活用する、多様な人材の雇用や勤務を可能とする」システムをさすようになっている。

　欧米の企業はすでに人材のダイバーシティを強めていて、それが経営的にプラスの効果をもつようになっているとされる。日本の企業でも今すぐ取り組まなければならない課題となっている。経済産業省は2017年3月に、企業の競争戦略としてのダイバーシティの実践に向けた「ダイバーシティ2.0検討会報告書」をまとめ、企業が人材のダイバーシティを強めていく必要を指摘している。AIやビッグデータ、IoT（Internet of Things）によってもたらされる第四次産業革命において、今後の経営改革の柱は「人材戦略の変革」であるとし、企業が人材の多様性を高めていくことにあると指摘している。

日本企業がダイバーシティを強めていこうとするとき、その前段階として、日本人的発想および日本文化を背景とした組織原理について理解しておく必要がある。異文化理解を促進し、ダイバーシティを強めていくことへの障害にもなりえるからだ。
　日本人的発想を、以下に列挙してみる。
①日本の組織における意思決定方法：稟議制に基づくことが多い。稟議制では、一般的に中間管理職が原案を作成し、関係者に根回しを行った後で、社長などの経営責任者が決裁を下すことになる。
②集団のリーダー：日本で集団のリーダーは、統率力や合理性より、構成員間の和や人間関係を保つための潤滑油的能力が求められることが多い。
③意思決定：意思決定に際して、自分だけの責任にならないように、多くの人たちに根回しする。事案の成功が確信できるまで、なかなか踏み込もうとはしない。
④タイムマネジメント：つねに相手に気を配ることが多く、残業をあまり気にしない。
⑤自己概念：社会的行動をとろうとする場合、つねに相手がどう思うかを気にしている。
⑥言語的自己開示：言語や身体を使って自分がどのように考えているか伝えようとしない。内容よりも形式を重んじる。
⑦対人関係の価値前提：調和維持のために本心を隠すことが多い。
⑧仕事と組織の特徴：組織に忠実で、社内で配置転換を繰り返しながらジェネラリスト（幅広い分野の知識や能力をもつ人材）をめざすことが多い。
⑨年齢格差と男女格差：年齢と性別が、人間関係や上下に影響を与えることが多い。
　上記の事柄は、日本の組織によくみられる特徴であり、決してグローバルスタンダードなものではない、ということに留意しておくべきだろう。

4　2　グローバル人材の育成

　日本人の場合、案件に対して、一定の手続きを重要視する。いわゆるホウ・レン・ソウ（報告・連絡・相談）のプロセス重視志向であり、結果重視志向とは相容れないところがある。グローバル人材の育成のためには、異なる言語文化・価値観に習熟しているだけでは不十分である。異文化の間で双方に利益が生まれる新しい良好な関係を構築するための新しい価値を創造する能力が必要となる。
　文部科学省の「産学官によるグローバル人材の育成のための戦略」ではグローバル人材を「日本人としてのアイデンティティを持ちながら、広い視野に立って培われる教養と専門性、異なる言語、文化、価値を乗り越えて関係を構築するためのコミュニケーション能力と協調性、新しい価値を創造する能力、次世代までも視野に入れた社会貢献の意識などを持った人間」と解釈している。

こうした人材を育成する手法の一つが、「アサーション（assertion）」である。英語で「主張」「断言」を意味する assertion は、自他双方を尊重する自己表現、あるいは話すこと聞くことを統合することを意味している。それが、より良い人間関係を構築するためのコミュニケーションスキルの一つだと考えられている。「人は誰でも自分の意見や要求を表明する権利がある」との立場に基づき、適切な自己主張を行い、また同時に「相手に自分の意見を押しつけるのではなく、自分のことも相手のことも大切にする」という考え方になっている。

4　3　アサーティブな自己表現

　アサーションの基本的な考え方を明確にするために、3つの自己表現を比較しながら検討してみよう。

　第一は、非主張的自己表現についてである。非主張的自己表現とは、自分を抑え自分の意見や気持ちを明確に言わない、言えない。相手を立て、相手に合わせようとするため、言ったとしても相手に伝わらない言い方をする。相手を優先しすぎて、相手の言いなりになることもある。受け身的な自己表現であり、日本人の技術者の多くにみられる自己表現でもある。

　非主張的自己表現では、自分が主張を抑え相手に譲ったとしても、相手には同意しただけだと思われ、配慮してもらっていることは伝わらない。だから感謝もされない。非主張的自己表現が習慣化すると、自分の主張や意見は無視され続けることとなり、不満や怒りが蓄積し、突然、暴力的な言動になることもある。極度な状態になると、心理的に自分で自分を助けることのできない状態に陥ってしまうことにもなりかねない。精神的に重い負担を背負うだけでなく、自己を主張しない「ダメな技術者」というレッテルを貼られることになるかもしれない。相手任せ、他人本位の自己表現だともいえる。

　第二は、攻撃的自己表現についてである。非主張的自己表現と対照的な自己表現であり、「言いっぱなし」「押しつけ」によって一方的に自分の主張を押し通そうとする。相手を黙らせ、同意させようとする。自分とは異なる意見やモノの見方に耳を傾けようともしない。その結果、他者との間に良好な関係を構築することが難しくなることが多い。

　自分の考えが正しいという思い込みや、社会的な権力、地位、性差などによるパワハラ的押さえつけなどがこれに相当する。弱い立場にある者は、強い立場にある者の攻撃的な態度・表現に屈することになり、ストレスの蓄積と心理的不適応を抱えることにもなりかねない。異文化交流の場では、他者に対する敬意に欠け、傲慢な人物とのレッテルを貼られるかもしれない。一方的に主張するだけの関係は、異文化交流の場では避けなければならない。

　第三は、アサーティブな自己表現についてである。自他尊重の自己表現であり、

自分の意見や気持ちを相手に伝えるとともに、相手の主張や気持ちも十分に聞くことで、相互に尊重しあう関係を構築しようとするものである。

相互に意見を言い合い、聞き合うだけに、意見に違いが生じることは当然である。意見の相違が生じた場合、相互を尊重しながらさらに話し合い、相互に歩み寄ることをめざして、合意に至るように努力する。このプロセスで、新しい選択肢やアイディアが生まれ、重要で有意義な合意形成ができるかもしれない。自分も相手も相互に尊重しあい、問題に柔軟に対応する自他協調の自己表現なのである。

3つの自己表現のなかで良好な関係を築けるのは、第三のアサーティブな自己表現である。自らの意思は自らが他者に伝えなければならない。以心伝心は、同じ文化と価値観をもった人間のなかでもごく親しい者だけに通じるものである。グローバルエンジニアは、現場で自らの意見を伝える必要がある。また、自分と他者の違いは、違って当たり前だと考えるべきである。違いを相互に理解しようとするからこそ、相手を大切にしたいと思えるようになる。アサーティブな自己表現を、アサーショントレーニングを行い身につければ、異文化交流をより簡単に、そしてより深く行えるようになるのではないだろうか。

4.4 アサーショントレーニング

アサーティブな自己表現を身につけるには、3つのポイントがある。

第一のポイントは、相手を尊重することである。技術者は高度な専門知識をもっているからこそ自分の主張を押し通そうとする。相手を尊重するためには、まず、相手の意見を積極的に聞く姿勢をとることである。「そうですね」「なるほど」など相槌を打てば、相手を話のリズムに乗せることができるし、相手の思いをよく知ることもできる。さらに相手のもつ情報をより多く引き出すことすらできるのだ。

相手に質問をする場合、より多くの意見を引き出すために、相手が自由に意見を言えるような質問をすればいい。「どうして」「なぜ」など、英語の How や Why に当たるような表現を使えば、より多くの情報を引き出すことができる。

相手が作業現場で不注意で事故を起こしてしまった場合、「あなたの不注意を反省していますか」と言っても、答えは「はい」か「いいえ」しかないだろう。「不注意をどう思いますか」と言えば、相手の思いや意見を知ることができる可能性は高くなる。

第二のポイントは、自分の意見も大切にすることである。専門知識をもつ技術者だからこそ、自分の意見はもっているはずだ。相手を尊重するために自分の意見を抑えることは間違っている。相手を尊重するためにこそ、自分の意見を明確に相手に告げる必要がある。

相手を尊重しつつ自分の意見を言う手法は身につけておくべきだろう。何か問題が生じたとき、相手に批判していると思われるような表現方法は慎むべきだ。自分

の意見を受け入れてもらえる状況をつくるためにも、表現方法はよく考えなければならない。相手を批判すれば、相手は同じ主張を繰り返すだけとなる。自分の状況や気持ちを素直に相手に伝える「わたし文」は、有効な表現であろう。

　たとえば、夫の帰宅が遅くなる場合の表現を考えてみよう。「遅く帰ってくるのなら、連絡ぐらいしてよ」と言えば、夫を責めているような印象を与えてしまう。「連絡ぐらいしてよ」の主語は「あなた」であり、言外に「連絡ぐらいできるでしょ」というニュアンスが伝わってしまう。

　ところが、次のような表現をすればどうだろうか。「遅く帰ってくるのなら、心配だから連絡してほしい」。「心配だから連絡してほしい」のは「わたし」で、自分の状況や気持ちを伝えているだけである。この表現では、夫を批判するようなニュアンスはない。自分がどのように考えているのかを率直に伝える「わたし文」は、相互理解を促すことに有効な表現方法である。

　第三のポイントは、相手と自分の意見の相違を明確にし、問題解決に向け合意を形成する努力を行うことである。ただし、必ず解決しなければならないと考える必要はない。相手と自分の意見がどうしても一致しないことは、双方の意見を尊重するかぎりありえることなのである。

　その前提に立ち、双方の意見を話し合いによって合意を形成するように努力する。相手の言い分に対して理解を示し、自分の考えを主張すれば、双方の意見の相違を確認することができ、そこから誤解を解いたり、双方が譲り合ったりしながら、合意に近づいていくことができる。

　アサーションをもって問題を解決しようとするとき、表現を４つの要素に分解してみる手法も有効であろう。DESC法（デスク法）として知られているものである。

　DESCとは、相手に伝えたいことを、客観的な状況（D：describe）、主観的な気持ち（E：express / explain / empathize）、提案（S：specify）、代案（C：choose）の４つに整理してみる手法である。相手を傷つけるかもしれないと思い込んでいる事柄を明確にし、合理的かどうか考えなおす、あるいは誤解を解くことにつながるかもしれない。

　たとえば、新幹線に乗車するとき、長い列を無視して、話をしながら割り込んできた人がいる場面を考えてみよう。

　D：すみません。ここは、順番で並んでいますよ。
　E：私も長い時間並んでやっとこの位置なんですよ。
　S：皆さんお急ぎなので、あちらの最後尾から順番に並んでいただけませんか。
　C：(yes) 相手が移動しようとした場合、すこし笑顔で「ありがとうございます」。
　(no) 相手が移動しようとしない場合、すこし間をおいて、「移動お願いできませんかね……」。

　Dでは客観的な事実を述べて互いの共通基盤をつくる。Eでそれに対する自分の主観的感情、相手への共感を述べる。Sの特定の提案を相手が受け入れてくれな

かった場合を想定し、Cで2通りの選択肢を用意しておく。このように整理すれば、対立をできるだけ避け、合意を形成しやすい話し合いを続けていくことができるだろう。

　技術者がグローバルエンジニアであるためには、自他尊重の自己表現方法をとりながら、双方が自由な発想で創造性を生み出すことが要請されている。アサーティブ・コミュニケーションの手法をとり入れながら、異文化を理解し、異文化交流を有効に行ってもらいたい。

5 異文化への適応と受容

　今の日本人にとって、異文化との接触や交流は仕事や生活において不可避なことである。日本人は外国語学習や異文化交流が苦手であるというのは思い込みで、むしろ、異文化を受容し、独自に融合し発展させるのが得意である。ここでは国外に出て、一人で外国人と一緒に活動をする難しさや楽しさ、異文化に適応していく過程を紹介し、グローバルエンジニアとして外国人と活動するとき、異文化受容の経験がいかに有効活用できるかを考える。

5.1　3Aから3Hへ――自分の枠を壊して広げる改革のチャンス

　自分の生まれ育った環境（ホーム）には、自分が信じる常識の範疇で暮らせる3A（安心・安全・安定）の心地よさがある。しかし、慣れない環境（異文化）に適応し、受容していく過程では、3H（変化・変容・変人）を意識することが大切だ。その過程において、ときに不安や不快感、疎外感を覚えることもある。異文化適応とは、自分の枠を取り払い、時代や環境の変化を敏感に感じ取り、変化に適応することである。自分の常識の枠外にあるニーズや問題点に気づくことで、新たな商品や技術を開発したり、市場開拓の決断をしたり、迅速な対応ができるようになる。エンジニアに国境はいらない。グローバルコミュニティーの一員になり、世界で活躍するための心の準備、それが3Aから3Hへ意識を改革し、自分の枠を広げることになる。

5.2　異文化適応・受容のプロセス

　日本は海に囲まれた島国で、日本語には文字や言語形態が特殊だという特性がある。外国との接触が少なく、外国人との交渉も苦手である。異文化との交流には英語が不可欠だが、日本人は外国語の読み書きは得意でも、聞いたり話したりすることは苦手だ、というのが、日本にはびこっている「常識」だ。

　しかし、じつは日本人は向学心が強く、外国に留学して知見を広げ自分のものとして習得することが得意だ。遣隋使、遣唐使の派遣などもその例であり、明治時代以降、西洋医学や科学技術の分野において日本語で教科書を作り学んでいるというのも、外国で得た知識を日本語で理解して伝えることができている表れといえる。これは、完全にその知識や技術を自分のものとして習得しなければ不可能な業績である。世界の多くの国で英語が普及しているのは、外国で学んだ知識や技術を母国語でテキスト化せずに、原語のままで導入したから、という背景もある。日本が科

学技術のトップに躍り出たのには、異文化受容と独自開発が得意だったからと思えば、外国語に対する苦手意識や異文化へのハードルは下がっていくはずだ。

5−3　5つの心理的プロセス——未体験ゾーンに入る不安を取り除く

一般的には異文化適応における典型的な内面の変化は、下図のU字曲線のように表されている。

《1》新しい文化に陶酔（ハネムーン・ステージ）

未知との遭遇のドキドキ、ワクワク。自分の見たことのない世界に興味がわき、新しい体験や今までとは違う生活、物、事柄に興奮し、興味津々。

《2》異文化に直面（カルチャーショック）

今までの自分の価値観が通用しない不満・不快・不便さに意識がフォーカスされる。周りに理解されない焦燥感や落胆を感じる。

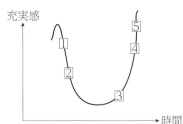

https://ameblo.jp/nobu-trainer/
entry-12291213453.html より作成
U字曲線の適応

《3》適応を開始（適応開始期）

カルチャーショックを抜け出し、「私は誰？」というアイデンティティーを強く意識し、自分が周りと違うことを受け入れつつ、自分自身が異文化に合わせて生活できるようになる。

《4》異文化へ適応（適応期）

新しい価値観を受け入れて、枠が広がった新しい自分。日本の良さ、自分の個性を認め、異文化の中で生きていくための妥協と融合のコツをみつける。自分の枠を広げることで、新しい視点や広い視野をもち、考え方も柔軟、臨機応変になる。

《5》異文化との融合（受容期）

異文化で新たな価値観を受け入れ（受容）、周囲との妥協、融合によって、自分と周りにとって居心地よい新たな環境・価値観を創造する。

このような異文化適応・受容の過程で、自分の常識や価値観が揺さぶられ、激しい孤独や挫折感や閉塞感に襲われるかもしれない。そうした感情を抱くことをネガティブにとらえる必要はない。むしろ、当たり前のことなのだ。自分の無力さを感じる不安は、異文化交流ならではの貴重な体験である。無力な自分に絶望し、落ち込むことで、「自分は誰か」を意識できるようになり、「ありのままの自分」が「新しい環境」を「そういうものだ」と受け入れることができると、新しい自分に変身する。その過程で周囲に「変人」扱いされることを楽しもう。周囲は自分たちとの違いを発見することを楽しんでいるからだ。自分が新しい環境、価値観を尊重し、

受け入れ、適応しながら、自分の価値観を周囲と共有することで、自分たちの新たな価値観、文化環境を創造することになる。

異文化受容には、たんに「自分が変わる」ことにとどまらず、異文化適応を双方向的にとらえ、生産性の向上や環境改善を形成し、周囲とともに新しい価値観を創出するおもしろさがある。

5.4 「異文化適応パワーアップノート」——ホームを出てアウェイに暮らす記録

異文化に適応する過程において、人は常識を覆されることで、多くの不満や不安を抱く。この不安が愚痴となってたまるが、それを周りにまき散らしても、理解してもらえない。そこで、この愚痴を、「異文化適応」の過程として記録することで、不満を吐き出し、客観的に見つめなおしてみることで不満の解消や、文化の違いを意識できるようになる。

新しい技術や商品の開発の多くが、「今」の自分が感じている不便や不満を解消しようとか、便利な世の中にしよう、という意識によって生み出された。世の中をよくするアイディアの元だと思って、愚痴を書けるだけ書き連ねる。外国に行かなくても、友人や先輩との人間関係においても異文化を体験することは可能だ。

環境の変化（Henka）に気づき、自分が変容（Henyou）する過程で、周りの人達からは変人（Henjin）扱いされるものである。変わり者と周りに言われたら、褒め言葉だと受け止めればよい。異文化交流によって、新しい価値観、環境に適応する過程で、それまでの常識との差異で生じた不平・不満や、それらが生じた要因となる状況、その要因が解消された状態をイメージし、自分が幸せで快適と感じられる理想的な環境を描き記録してみる。また、異文化を「ホーム」としている人たちと異文化適応パワーアップノートを共有し、お互いが感じる差異や愚痴の背景を一緒に考察したり話し合うのもおもしろい体験になるし、問題解決で協力できる。

5.5 新たな価値観をともに築き、環境を変える

価値観や常識、マナーやルールは、それぞれの環境、文化的背景や経済レベルなどさまざまな要因が絡み合ってつくられている流動的なものだ。日本人が美徳としているものには、礼儀正しさ、几帳面さ、協調性、他人の意見の尊重、時間厳守、有言実行などがある。この美徳が美徳にならない環境もある。どちらが良い・悪い、進んでいる・遅れていると評価せず、まずは、それぞれの価値観の違いを認識し、尊重することが重要だ。価値観や常識は文化的背景、歴史的時間、人々のニーズなどさまざまな条件に適応して築かれていることを理解すれば、異文化における居心地の悪さも異文化適応パワーアップノートに書くとき楽しい発見となる。

① 今、自分が置かれている状況 （例） ・自分のことを理解してくれる人がいない ・○○さんとの人間関係がうまくいかない　など 　＊自分が不快・不足と感じる状況を具体的に書く 　＊客観的にとらえた自分の立ち位置をイメージする	理想の状況を描く	④　理想の状況（こうなったらいいなを全部書く） ・周囲の人たちが自分のことに関心をもって、仲間意識をもって協力できる関係を築く ・○○さんと理解しあって信頼できる仲間になる 　＊具体的に数字や期間を示して理想・目標を立てる 　＊自由に理想の状態をイメージする
↓自分を見つめ直す		↑他人と協力して状況を変える
② 今、自分が感じている気持ち （例）悲しい、寂しい、辛い 　○○さんが嫌い→なぜ？ 　××作業が進まない→なぜ？ 　＊本心を思いつくままに正直にすべて書く 　　自分が不快と感じる原因・要因は何か？　を書いてみる	自分を変える行動	③　状況打破のためにできること・やること ・気持ちを切り替える ・○○さんと　月　日にミーティングしてよく話し合う ・○○さんと仲の良い××君に相談をする ・協力者を探す 　＊自分でできること、他人にやってもらいたいことをできるだけ細かく分けて書く

　文化背景の違いとして、よく例にあげられるのが、時間感覚、金銭感覚、食文化、約束や契約に対する態度、などである。

　時間感覚を例にあげると、日本では「時間厳守」は、社会における最低限のルールとして、幼少期から教育されているが、地球上の多くの地域では、交通インフラが未発達だったり、自然災害や大渋滞などで移動が困難だったり、本人の努力では解決できない不可抗力な要因から時間厳守が難しいことも多々ある。その際、「時間厳守」を優先ルールにすると、待たされた方は「貴重な時間を無駄に過ごした」と不満を抱き、待たせた方は「自分の思い通りに行動できなかったから、仕方ないのに」と不満を抱く。

　「ここで怒っても仕方がない」と受け流すか、「いろいろな事態を想定して、約束

を守ることができるように行動すべきだ」と相手に提案するか、または「時間の設定がいい加減でだらしない人」と相手を非難するべきか？　外国の人たちと同僚になる場合は、お互いが嫌な気持ちにならずに納得し、生産性を最大限にできる対応を選ぶ必要がある。

　習慣や文化の違いは、単なる「違い」であり、その背景の「なぜ」を現地の人との交流や自分で見聞きし体験したことに基づいて考えてみることも、異文化受容の過程のひとつである。

5　6　異文化適応・受容は双方向性

　「よりよい未来」「今までと違う環境」が期待される。生産性と環境条件の改善には、価値観の多様性が不可欠である。これからのグローバルコミュニティーにおいては、民族的出自や国籍以上に、個々の能力・意志を活かして、さまざまな文化背景をもった人々が協働することが重要になってくるだろう。

　時間厳守の感覚がゆるい文化圏では、時間に追われるストレスはないかもしれないが、事業の工程管理がうまくいかずに納期に間に合わない、特定の部署がボトルネックとなって作業が止まるなどの問題が出てくるだろう。しかし、時間感覚がゆるい文化圏で働く場合、時間厳守に固執しすぎると職場全体にストレスがたまる。時間感覚がゆるい文化の背景を理解し、現地の人々の働き方や生産性をよく観察し、把握し、コミュニケーションを密にしておけば、誰にとっても無理のない工程管理を計画し、納期に間に合うように作業を職場全体で調整することができる。時間感覚がゆるいから「遅れている」「だからダメなんだ」などの批判は、ゆったりした時間に慣れている人たちには反発され、職場の雰囲気も悪くなり生産性が落ちる。

　相手の文化を（日本に比べて）「遅れている」「劣っている」と日本人が感じてしまうと、相手は「蔑視されている」と敏感に感じとるものだ。日本は、外国人にとって、経済的にも科学技術的にも世界のトップレベルである、という印象がある。日本がトップレベルになった背景には、先人の努力と進歩しようという熱意があった。しかし、現在の日本は成熟期にあって、栄光は過去のものかもしれない。

　自分個人が築き上げたものは何か？　何をこれから成し遂げることができるか？　ありのままの自分を謙虚に受け止め、自分らしさを大切にしながら異文化に触れることで、自文化とは違うどんな文化をも尊重し、文化的差異を楽しむことができるようになる。この体験は、視野を広げ、固定観念にとらわれることなく、臨機応変に対応し、柔軟な判断ができるという自信を養う。また、異なる文化をもつ人々と協働できる協調性も鍛えられる。グローバルエンジニアとして世界の人々と協働していくことは、新しい価値観の創造であり、よりよい未来を創ることなのだ。

COLUMN
コラム……3
外国人と協働する異文化受容——ドライバーの時間感覚は伸縮自在

　モンゴルで旅行業を経営している。私以外は全員モンゴル人。案内するのは日本人が中心とはいえ、欧米諸国からのお客さんもいる。
　異文化といったときに、如実に「お国柄」を感じるのが、「時間感覚」。
　プライベートな旅行でも時間の使い方は十人十色だが、国際会議となると各国代表団のお国柄が如実に出るものだ。
　2016年夏にモンゴルがホストとなり、ASEM（アジア欧州会合）が首都ウランバートルで開催された。開催時期は、モンゴルで最も旅行者が集中する7月中旬で、代表団の移動をスムーズにするための交通規制など渋滞緩和対策がとられた。ASEM加盟国は50カ国あまり。各国代表団や参加関係者の移動のために政府が調達した専用車だけでは足りず、わが社のドライバーも動員された。ドライバーたちは、外国からのVIP代表団との仕事に張り切っていた。時間にうるさい日本人経営者のもとで鍛えられている彼らは、集合時刻の30分前には準備万端整えて待機するのが習慣だ。
　彼らが担当することになったのはインド人代表団。ASEMの担当者から指示された集合時間は朝の6時半で、会合が始まるのは9時とのこと。移動距離自体は2km足らずで、自転車でも10分程度の移動に2時間半前に出発？　戸惑いながらも、当日は指示された時刻の30分前に待機した。ところが車に乗るはずの代表団は、一人も現れない。「時間厳守」と何度も担当者から言われていたドライバーたちは集合場所を間違えたのではないかと不安にかられた。結局、代表団が悠然と現れ、車に乗り込んだのは、8時50分。会合は無事予定通りに開催され、和やかな雰囲気で成功裏に終わったと報道された。
　後日、「時間厳守と早朝に集合させられたあげく、3時間も待たされてイライラたでしょう？」と彼らに尋ねると、こんな答えが返ってきた。「担当者は普通のモンゴル人だ。僕たちモンゴル人ドライバーが時間厳守できるはずがないって決めつけて、早めの指示を出したんだろうね。会合は予定時刻に開催され、僕らはきちんと仕事をした。普段、日本人と仕事をしていると、時計通りに行動するのが当たり前だけど、インド人のときは、3時間遅れでも平気だって思うことにする」。
　彼は国際会議での外国人代表団相手の任務を無事に果たしたことに満足していた。相手に合わせて、自分の時間感覚も伸縮自在なモンゴル人ドライバーの柔軟性に、私は異文化受容のしなやかさを感じたのだった。

（モンゴル遊牧民起業家　山本千夏）

6 コミュニケーション力の向上

　「コミュニケーション力」とは、たんに挨拶やおしゃべりをさすのではなく、「意思疎通」を意味する。つまり、双方向によって成り立つのである。意思疎通を円滑にするためには、相手の話しに耳を傾け、批判も同意も含め相手の発言を認めたうえで、自らの力で考え、考えたことをわかりやすく伝え、お互いのやりとりを的確にできなければならない。

　グローバル化が急速に進む今の世の中だからこそ、コミュニケーション能力がいっそう重要になっている。

6-1 コミュニケーション力に必要なもの

　では、コミュニケーションをうまくとるには、何が必要なのか。特別な技能が必要なのではなく、言語活動の基礎である「読む」「書く」「話す」「聞く」と、これらを支える「考える」をどのように意識し、連結させて使えるかである（以下、「読む」「書く」「話す」「聞く」「考える」を、"五つの力"と記述する）。たとえば、スピーチやプレゼンテーションの準備から質疑応答までをたどってみると、"五つの力"を駆使しながらやっていることが理解できるであろう。しかし、「書くのは得意だけれど、人前で話すのは苦手。上手に話すためにはどうすればいいのか」「話すのはアドリブで何とかなるけれど、文章にまとめるのは難しい。文章をうまく書くにはどうすればよいのか」という声も聞かれる。これは、"五つの力"が別々な能力であるととらえ、問題解決のためのテクニックを別に求めていることによる。つまり、「考える」も含めて、"五つの力"を同次元としてとらえるという発想がないために、対症療法を求めてしまうのである。

　これらのことには、仕方のない側面もある。日常会話であれば、"五つの力"を同次元であると考えることも、連結をとくに意識して使うこともほぼないといってよい。たとえ伝わりにくく、もどかしさを抱くことがあっても、対面することでニュアンスを互いに汲み取り会話が成立する。また、このニュアンスには、話のいわゆる行間を読むことや、空気を読むことのほかに、顔の表情、動作、アイコンタクトなどの非言語情報も含まれる。このように、日常会話では非言語表現に助けられて、双方向のコミュニケーションが成り立っている。

　一方、多くの聴衆の前でスピーチやプレゼンテーションをしなければならなくなったとき、あるいはその最中に困難に行き当たることがある。たとえば、多くの聴衆が視界に入ったとたんに話す内容を忘れてし

まうという場合や、聴衆からの質問内容を的確に把握することができないという場合である。そのようなとき、どうにかしようとすればするほど回復できない状態に陥ってしまう。

　ここで、コミュニケーションが思うようにとれなかった場合の、心身の変化に目を向けてみよう。そこにあるのは、緊張によってもたらされる、身体のこわばりと思考のこわばりである。いわゆる、「あがる」「かたまる」「頭の中が真っ白になる」という状態である。これも、多くの人が経験することである。硬くなった心身では、双方向のコミュニケーションは成立しにくい。そして、硬くなった心身を揉みほぐすのは容易ではない。

　では、どのようにすればよいのか。一言で述べるならば、硬くなりにくい心身をつくっていけばよい。柔軟性のある心身であれば、相手のことばを受け止めたうえで、自らのことばを発言する──「こころとことばのキャッチボール」が期待できる。

　このように、コミュニケーション能力を向上させるには、スピーチ、プレゼンテーション、ディスカッション、ディベートのテクニックを身につける以前にしておきたい「準備体操」が必要なのである。本章では、「準備体操」にあたる「コミュニケーションする身体づくり（通称、コミュ体操）」のうち、自己チェックからワークまでを順に紹介する。

6　2　コミュニケーションする身体づくり（コミュ体操）

（1）自分自身のコミュニケーション度をチェックする

　現時点での自身のコミュニケーション力について自覚することは、コミュニケーション力を向上するための意識づけとして大切な作業である。まずは、コミュニケーション度を問う項目にチェックして自分自身の現状を把握するとともに、現時点で気づいた点を書き留めておく。これらの記述は、主体的な学びをしていくことにつながる。

　　1）コミュニケーション度チェック（以下の項目をチェックしてみよう）
　　　　☐　人と話（雑談）をすることが好きだ。
　　　　☐　人とディスカッション（意見の交換）をすることが好きだ。
　　　　☐　初対面の人とも恥ずかしがらずに話をすることができる。
　　　　☐　話上手と言われたことがある。
　　　　☐　聞き上手と言われたことがある。
　　　　☐　自分の考えを的確に述べる（伝える）ことができる。
　　　　☐　自分の考えを主張する（述べる）ことを、難しいと感じる。
　　　　☐　人前で、自分の考えをことばにすることに抵抗がある。
　　　　☐　思うように意見が言えず、もどかしい思いをすることがある。
　　　　☐　とくにことばにしなくても、周囲の人は自分の気持ちをわかってくれてい

ると思う。
- □ 人前で話をするとき、何を言っているのかわからなくなることがある。
- □ 他人の意見（話）をよく聞くことができる（自分自身は、聞き上手だと思う）。
- □ 他人の意見（話）を聞くとき、話し手の欠点を見つけたくなる。
- □ 他人の意見（話）を聞くとき、「うなずいたり」「相槌を打つ」ことがよくある。
- □ 他人から認められたいと思っている。
- □ 他人の表情を見ながら話をすることができる。
- □ 聞き手の気持ちを察しながら話をすることができる。
- □ 他人のよいところを見つけて、褒めることをする／褒めようとする。

2）今までの経験のなかで、コミュニケーションをとることが大切だと思ったことを書き留めておこう（こういう場面で、コミュニケーション力が問われると思ったことも含む）。

(2) 感情と呼吸

　人は、しばしば「初めて」を前に緊張をする。それに伴って、発汗、手先の冷え、心臓の鼓動、身体の硬直など大なり小なり身体の変化を覚えることがある。緊張を和らげるために、深呼吸をしたという経験はないだろうか。

　浅い器に水を注いだとしよう。水はすぐにあふれてしまう。これと同じく、容量の少ない身体性であるならば、「初めて」の出来事（対人を含む）とそれによって生じる感情を処理しきれなくなり、すぐに身体という器から感情があふれてしまう。いわゆるキレるという状態になる。そのような状態になってしまっては、コミュニケーションは成り立たない。

　そこで、相手を受け入れる容量を大きくするために、「身体の中心を下げる」必要がある。背筋を伸ばし椅子に深く腰掛け、丹田を意識した呼吸（丹田呼吸法）は、心身を整えるのに効果的である。丹田呼吸でなくとも、腹式呼吸を繰り返せば体の中心が下がっていくことを実感するであろう。「腹を据える」という状態をつくるのである。中心が下にあることを意識すれば相手のことばを受け取る体勢も整い、同時にどのようなことばを返せばよいかを考える時間も確保することができる。

　どのワークでも、実践後に自己分析（気づきメモでもよい。気づきがない場合も、とくに気づきがないことを記入しておく）を記入することができる「振り返りシート」を用意し記録を残しておく。「振り返りシート」から、自身の課題を見つけることもでき、コミュニケーション力向上につながることが期待できる。

(3) 距離感をつかむ

　相手との位置と距離を把握することは、円滑なコミュニケーションのためには大

切である。もちろん、相手との位置と距離は、個人の感覚によるところが大きいため、自身の感覚を認識しておくことが必要である。

たとえば、立つ位置／座る位置と場面については、一般的に次のようにいわれている。

正面：正々堂々と意見を戦わせたい場合
斜め：心を許して友好的に歓談したい場合
横　：仲間、身内、恋人と親密度を深めたい場合

また、相手との距離についても、相手とどのような関係でありたいかによって変わってくるといわれている。つまり、物理的な距離は心理的な距離でもあるのだ。

2ｍ以上：疎遠、警戒
1〜2ｍ：冷静、仕事
50cm〜1ｍ：信頼、友好
50cm以内：親密、親愛

ここで、自身の対人距離感を認識するペアワークである「体感！ ここまでは大丈夫」を紹介しよう。このペアワークは、1〜2ｍ離れたところから近づいてくる相手を、どの位置まで受け入れることができるかを体感するものである。不快だと感じた時点で片手を上げ、近づいてくる相手に止まってもらう。近づくのは、前方、右側面、左側面、後方の4方向である。不快に感じるポイントがない場合は、どの位置・距離に相手がいてもコミュニケーションの体勢がとれる可能性がある。一方、不快に感じるポイントがあった場合、それがコミュニケーション時の弱点になる可能性があるととらえ、自身にとってコミュニケーションをとりやすいポジショニングを考えればよいのである。ワーク終了後には、自身の心身の状態について振り返りシートに書き込む。

（4）視線に慣れるには

人の印象を左右するのは「目」である。とくに初対面の人に好印象を与えるかどうかは、非言語表現の一つである「目の表情」にかかってくる。「目の表情」とは、「アイコンタクト」をどのようにとればよいかということにつながる。

アイコンタクトは、長すぎると相手に威圧感を与えてしまう。逆に短いと、相手への関心の低さを印象づけてしまう。おおむね3〜4秒くらいアイコンタクトをとることで、相手に関心を示していることが印象づけられるのである。

一対一あるいは少人数相手であれば、3〜4秒のアイコンタクトを繰り返していくことで聞き手の反応を確かめ、相手を無視しないという視線は確保できる。

多人数の聴衆を前にスピーチやプレゼンテーションをするときには、少人数でのアイコンタクトとは様子が違ってくる。この場合、つねに聴衆を惹きつけておく必要があるため、アイコンタクトを外すことなく聴衆全体を見渡し続けることになる。と同時に、多くの視線を受け続けることになる。視線を受けることによる心的変化

は、一対一あるいは少人数相手とで多少の違いはあるが、共通するのは「見る／見られる」ということである。「見る／見られる」ことに対する抵抗感を軽減し、視線に慣れるためのワークである「モデルウォーク」がある。手順は次の通りである。
〈手順〉
①音楽が流れる会場の左右に観客役が着席し、その間をモデル役が一人ずつ、見られていることを意識しつつも自由なスタイルで歩く。
②観客役は、モデル役の動きから目を離さず、とにかくモデルを見る。時には拍手をし、会場を盛り上げるとよい。
③モデル役と観客役は、一巡すると交替する。
④ワーク終了後に、5～6名のグループに分かれ、自身の「見る／見られる」をどのように感じたかを話し合う。
⑤ワークと、その後のグループワークで考えたことを、振り返りシートに書く。

(5) 声とその印象

　一般的に、人の印象に残るのは、内容7％、声60％、服装や動作33％といわれている。声が届かなければ、思いや考えは伝わらない。しかし、ただ大きな声を出せばよいというものでもない。声の質（高・低）、音量（大・中・小）、速さ、イントネーションという「ボーカルバラエティ」を意識した発声ができるようになれば、コミュニケーション力の変化を期待できる。
　ここでは「ボーカルバラエティ」を取り入れたリーダーズシアター（朗読劇）を例に示す。このリーダーズシアターは、詩や小説でなくとも、取扱説明書など感情を込めて声に出して読むことのない文章をBGMにのせて朗読してもよい。戯曲であれば、シェークスピアの『ロミオとジュリエット』のバルコニーの場面はお薦めである。以下、『ロミオとジュリエット』リーダーズシアターの手順を説明する。
①ロミオ役とジュリエット役は、くじ引きで決める。男性がジュリエット役をすることもあれば、女性がロミオ役をすることもある。
②10～15分で通読し、ボーカルバラエティをどのように使い分けて朗読するかを考え、各自でイメージづくりする。
③ロミオ役とジュリエット役に分かれ、一台詞ごとに交替しながら朗読をしていく。クラスの人数が多い場合は、4グループまたは6グループに分かれてやるとよい。
④ワーク終了後には、自身のボーカルバラエティについて振り返りシートに記入をする。また、このシートには、参考になるクラスメートの朗読について感じたことなどをメモしておくとよい。

(6) 認証――スピーチ＆アドバイス（ペアワーク）

　人は、認証されたいという欲求をもっているものである。発言の内容を受け入れてもらいたい、言動を認めてもらいたい、努力を認めて評価してもらいたい、など

である。対話やディスカッションの場では、この認証の役割が大きい。

　自らの考えを伝え、説得し、納得してもらわなくてはならないからである。大切なのは、認証することが認証してもらうことにつながるということを知ることである。そこで、スピーチ＆アドバイスの実践から、認証する／認証されることを体感していくワークを紹介する。この認証ワークは、コーチングやカウンセリングの研修でも実施されることがある。手順は、次の通りである。

①スピーチの題は、共通とする（例：「今、これに夢中です」「私のイチ押し」）。
②スピーチは約5分。ワーク前10分でスピーチの準備をする。
③ペアはくじ引きで決める。そして、どちらが先にスピーチするかを話し合う。
④ベルの合図でスピーチを始める。5分後のベルで交替する。
⑤会話ではないので、聞く側は傾聴を心がけ、レスポンスは相槌程度にする。
⑥互いのスピーチが終わったら、付箋紙（一人7枚）に、相手の「すてきなところ」を短文で書く。「すてきなところ」は、スピーチの内容はもちろんのこと、スピーチ中の相手の様子から感じたことを書いてもよい。
⑦付箋紙に書き終わったら、一枚ずつ読み上げながら相手に渡していく。
⑧渡された付箋紙は、振り返りシートに貼り付けていく。振り返りシートには、「認証されてうれしかったこと」「認証されて意外だったこと」の2項目を設ける。
⑩2項目に貼り付けたコメントを読み返し、気づきや感想を余白に書きとめておく。

6 3　異文化を理解するためのコミュニケーション力向上に向けて

　ここまで述べてきたことを、異文化理解のなかで考えてみよう。異文化を理解するためには、コミュニケーションが不可欠である。たしかにコミュニケーションをとるには、共通言語となる語学の習得も大切な要素だ。しかし、異文化を受け入れ、同時に自国の文化を発信するには、語学習得やコミュニケーションのツールのひとつであるプレゼンテーションなどのテクニックを鍛える基礎として、「キャッチボール」のできる柔軟な心身が求められる。

　紹介した自己チェックと5つのワークのコミュ体操は、ファシリテーター（進行役）のもとで実施すると効果的である。ファシリテーターは、授業の場合は教師がその役割を担うことになるが、振り返りシートにファシリテーターからのコメントがあると、自身の状況をより客観的に分析でき、次なる行動を考える契機となる。

　こうした「準備体操」を行った後、今まで以上の異文化理解をしていけるようにしてほしい。

Engineering ethics

第 **2** 部

異文化の人々とともに

7 外国人から見た日本人

どこの国の人でも、どのような文化や風習をもっていても同じ人間であるという点で、違いはありません。だから、みな良い面も悪い面もあるし、日本人にも「すごいところ」も「変と思われるところ」もある。

自分が異なる人種、民族、宗教などの集団の中へ入ってコミュニケーションをとりながら、仕事をする場面を想定してみよう。そうしたとき、「外国人が私たちをどう見ているか」「日本人の何が好きか、あるいは変だと思っているか」「私たちは外国人について何を知っているのか」などと考えないだろうか。

本章では、日本に暮らす外国人（モンゴル人）からみた「日本人のすごいところ」「日本人の変なところ」について、個人的な見解を記してみる。

7 1 日本人のすごいところ

①初めて見た日本人

筆者は、モンゴルの首都ウランバートルに生まれ育った。少年時代は、日本について、日本人についてあまり知らなかった。高校卒業後モンゴル科学技術大学に入学すると、日本について知る機会が増え、日本人を自分の目で見るチャンスも得られた。大学へ通学する途中に、日本を含むいくつかの国の大使館の前を通る道があった。日本の大使館前に掲示されていたお相撲さんの写真は衝撃だった。「デカイ、この世のものとは思えない。強そう……」とびっくりした。富士山、満開の桜や自然のきれいな景色、さらに大都会に並ぶ高いビルや東京タワーの写真を見て「日本はすごい国だなあ」と感激し、一度行ってみたいと思っていた。

ある日、日本大使館前を通ると、大使館から車が出てくるところだった。後部座席に男性が一人座っていた。顔はモンゴル人とよく似ている。背格好もモンゴル人とほぼ同じぐらいであった。初めて見た日本人だった。

②日本人は時間を守る

時刻表どおりに運行するのが日本では当たり前だ。これはすばらしい文化だと思う。新幹線をはじめ、鉄道、飛行機、バスなどが時刻表どおりに運行している。

1990年後半、チャンスが訪れ日本に留学することになった。来日すると、迎えてくださった方から、「明日、オリエンテーションがあるから留学生センターで9時に」と伝えられた。もし遅れたら、「モンゴル人は時間にルーズである」と間違ってとらえられると感じ、当日開始の5分前、つまり8時55分に大学の留学生センターに着いた。「たぶん、自分が一番の到着だろうなあ」と思って留学生センターに入ると、すでに教員、チューターの学生たちが待っていた。少しびっくりして、「9

時に集まるのではなかったのでしょうか」と聞くと、「日本人は通常開始時間10分前に集まります」との答えだった。

　留学当時に所属していた研究室にある日本人学生がいて、その彼が私にとって典型的な日本人だと映った。毎日、同じ時間に到着し、食事に行き、帰宅していた。彼の行動で、時計を見なくても、お昼だ、19時だ、23時だ、とわかるようになった。モンゴル人は、用事があれば早く帰るし、やると決めれば翌日まで頑張る。昼食を忘れるときもしばしばある。

③ルールやマニュアルを守る

　来日後、感心したこと。日本人は、道路を渡るときは必ず横断歩道を使うし、信号が青に変わるまで待つことだ。すばらしい。モンゴルでは、車が来なければ青信号を待たないし、どこからでも道路を渡る。

　日本人学生とともに実験や研究をやり始め、手順の違いに気づいた。日本人はまず、説明書やマニュアルを最初から最後まで読んでから機械に触る。そして、説明書どおりに作業を行う。モンゴル人の私は、まず機械に触れてみる。そして、わからなくなってから説明書やマニュアルの必要なところだけを読む。

　さらに、日本で自動車を運転して10年以上になるが、自分でタイヤを交換したことがない。日本では定期点検でマニュアルどおりにしっかり点検し、異状があれば修理し、部品交換をしてくれる。モンゴルにいるとき、ロシア製の中古車に乗っていたが、自分で修理することが多く、ほとんどの部品を自分で分解したり修理したりしていた。

　日本人は普段からルールやマニュアルを守ることによって、能率的に世の中を動かしているのはすばらしいところだと思う。

④責任感がある

　日本人は、約束を守り、一度引き受けたことはきちんとこなす人が多いと思う。

　大学院での研究結果を国際学会で発表するため、初めて一人で東京へ行き、戻るときのことだ。安いので東京駅から成田空港へ行くため1000円の高速シャトルバスを利用した。飛行機に乗るまで3時間半しかなかった。バス乗場に着くと一台のバスが止まっていた。運転手さんに「成田空港行きますか」と尋ねると「はい」と答えたので、そのバスに乗った。

　席に座って窓から見ると外にたくさんの人が並んでいた。バスが出発してから成田空港の方向へ向かっているのかを確かめたくて、道の標識を見たがわからない。一眠りして目が覚めると、バスは高速道路から降りて止まり、乗客はみな降りていく。運転手さんがマイクで終点だと放送している。「バスを間違えた。飛行機に遅れる。どうしたらいいか」と、運転手さんに間違ったバスに乗ってしまったことを伝えていると、会社の人がやって来た。「お客さんが行き先を確認した時に運転手が"はい"と答えたのだから会社の責任です」と言い、車で成田空港まで送ってくれた。空港に着いて、「間に合うでしょう。今後も、我社のシャトルバスを利用し

てくださいね」と言われ、うれしかった。

7 2 日本人の変なところ

①はっきり言わない

　日本という異国をさまざまな角度から観察してみると、日本人の変なことや特性もみえてくる。私からみると、日本人は思っていることをあまり直接的に言わないで、遠回しで言う。空気を読んで周囲に合わせるという日本独特の美意識は、海外ではなかなか理解されにくい。言いたいことをぐっとおさえたり、欲しいものを我慢するなど、そのとき裏にある気持ち（本音）と彼らの行動（建て前）が一致していない点は、多くの外国人にとって面倒で厄介なことかもしれない。日本人の本音と建て前は、言葉にもよく現れていて、YES か NO かがはっきりしないことがよくある。

②仕事人間

　大学院に入学した日の夜、指導教授への挨拶に研究室を訪ねた。「頑張って勉強します」と言うと、「そんなに遅くまで頑張る必要はありません。午前8時から午後8時まででいいよ」との答えだった。ところが、研究室へ朝早く行っても、すでに先生や院生たちが仕事をしているし、夜10時ごろにも、まだ仕事中である。当時、大学には世界のさまざまな国々から来た300人ぐらいの留学生がいて、彼らとそれぞれの国の文化や生活、日本の文化などについても話し合った。ほとんどの留学生が、日本人は仕事人間だと思っていた。私も、これが日本の文化の一部かと思った。仕事にしがみついているようにみえるという意見もあった。そこまではいかなくても、「仕事だから仕方ないだろう」という言い方は他の国では通用しないかもしれない。

　多くの国では、仕事の時間とともに、プライベートの時間も大切にする。その点は、日本人に違和感を覚えるのだ。

③知らない人に声をかけない

　日本人は知らない人に自分から声をかけることが苦手なようだ。学生のとき、同じ留学生から「クラスメイトと仲よくなるのに時間がかかる」と聞いたことがある。

　外国人は、いずれは友達になるのだから積極的に会話を始めた方がよいと考えているともいえる。私は来日後、国際交流会館で生活していて、ここには、いろいろなところからさまざまな留学生が遊びに来ていた。来日してから数カ月で彼らとすばらしい人間関係がもてたことは、われわれが留学生、外国人だったからかもしれない。そのときから外国人、とくにアメリカ人、ヨーロッパ人は話しやすくてコミュニケーション能力が高いかも、と考えるようになった。

COLUMN
コラム……4 ● 新興国で外国人と働く日本人整備士の孤軍奮闘

　日本で自動車整備専門学校を卒業した三宅弘晃さんは、自動車整備士歴約20年。30代半ばに青年海外協力隊員としてトンガに赴任。南の島で現地の人と同じ生活環境で暮らしたことで、現地の文化に溶け込むノウハウを身につけた。

　トンガからの帰国後、熱心に仕事をオファーされたのが、現在所属しているモンゴルの自動車整備工場である。

　三宅さんの立場は主任エンジニア。数名の若手整備士に技術指導をする傍ら自らスパナを持ち、現場で整備の陣頭指揮をとっている。自動車整備士人生の三分の一を外国人とともに異国の現場で過ごしている経験から、外国で整備士として働くときの心得や試練などを聞いた。

――大好きな自動車整備の仕事で、やりがいもあります。異国で働く以上、体調管理や治安対策にはつねに気を配っています。

　外国人の中で働くと新たな発見や違和感との葛藤の毎日です。

　現地の人は、教科書には載っていない知識が豊富で、私も整備士としてもっと勉強したい、と研究意欲が刺激されています。

　モンゴルでは、修理に持ち込んだ車の持ち主が、作業をのぞき込んでくるんです。邪魔だし、迷惑だなあとイライラしたこともありますが、皆さん田舎で車が故障することもあるので、プロの技が見たいのかもしれません。過酷な自然、劣悪な道路、廃車寸前で輸入された中古車！　経年劣化という概念がないのか、部品交換しても直せない車を持ち込んで、なんとかしてくれと言われて途方に暮れることもあります。

　輸入に頼っているため、整備工のレベルを低く感じることもあるけれど、モンゴルの事情を考えれば、やむをえないことだと思い直したりします。外国で工業の仕事に携わるには、日本で働くより感情のコントロールが必要とされます。

　日本は工業製品を設計、生産、整備ができる世界でも数少ない国であり、もの作りのレベルが相当高い。外国で働くことになったら、相手を尊重し、慎重に考え、言動に注意することが、日本の技術を生かして職場環境になじみ活躍するためのコツだと、頭の片隅に置いておいてほしいと思います。

（モンゴル在住エンジニア　三宅弘晃/山本千夏［インタビュー］）

8 異文化の人とともに働く① ヨーロッパ

明治以降、日本人は、先進国としてのヨーロッパから多くのことを学んできた。お雇い外国人が招かれるだけではなく、日本人もヨーロッパに渡り、先進技術を学んできた。さらに、輸入や輸出に従事するためにヨーロッパに渡った日本人も多い。

今では、ヨーロッパに工場を設立したり、ヨーロッパの企業と協力して技術開発をしている企業も少なくない。

そのヨーロッパでは、欧州連合（EU）という形で地域統合が進んでいる。ヨーロッパは、現在どうなっているのか、今後どうなるのか。また、技術者は、ヨーロッパの人々と一緒に働く場合、どのような形で働くことになるのだろうか。

8.1 ヨーロッパと欧州連合（EU）

(1) ヨーロッパとは？

ヨーロッパといっても広大であり多様な地域である。南は地中海に面したスペイン、イタリア、ギリシアから、北は北極圏内も含むノルウェー、スウェーデン、フィンランドまで、西はポルトガルから東はロシアまで広大な地域である。

宗教も、キリスト教に限っても、カトリック、プロテスタント、イギリス国教会、ギリシア正教、ロシア正教など多彩である。イスラム教は、バルカン諸国のようにもともとイスラム教徒が多い地域もあれば、旧植民地からの移民としてイスラム教徒が増えたフランスやイギリス、移民労働者政策の結果イスラム教徒が増えたドイツ、さらに難民を受け入れてイスラム教徒が増えた国々などさまざまある。言語の多様性はいうまでもないし、国境線も戦争のたびに変更された。

ヨーロッパでは、多様性をかかえながらも、EUとして地域統合が進展している。たとえば、EU内で移動するときには、パスポートのチェックがない。さらに、単一通貨ユーロが使用されているので、いちいち両替をする必要もない。とはいっても、28カ国（2018年現在）の加盟国すべてで、ユーロが使用されているわけでもなく、パスポートのチェックを受けないで入国できるわけでもなく、適用除外も認められている。地域統合とはいえ、かなり複雑である。EUとしての地域統合はどのように進んでいるのか、なぜ地域統合されてきたのか、どのようなメリットがあるのか、地域統合は今後どうなるのか。ヨーロッパを考えるときに、EUの存在を抜きにして語ることはできない。

(2) EU統合の歴史

ヨーロッパは、20世紀に入ってからも、第一次世界大戦、第二次世界大戦とい

う大きな戦争を体験した。これら大戦のあとで、長年にわたって構想されてきた欧州統合が実現に動き出した。なにもよりも戦争を回避するためであり、また戦争で荒廃した欧州を復興させるためであった。まず、重要な資源を共同管理するための欧州石炭鉄鋼共同体（ECSC）が1951年に設立され、1958年に発効したローマ条約により設立された欧州経済共同体（EEC）と欧州原子力共同体を含めて、欧州統合が進められた。欧州経済共同体では、共同市場を形成して相互に関税を撤廃するなど経済統合の実現がめざされた。加盟国は、フランス、西ドイツ、イタリア、オランダ、ベルギー、ルクセンブルク6カ国であったが、1973年にはイギリス、アイルランド、デンマークが加盟した。

欧州統合の歩み

1951年	欧州石炭鉄鋼共同体創設	石炭と鉄鋼の共同管理
1958年	ローマ条約発効	欧州経済共同体（EEC）、欧州原子力共同体設立
1985年	シェンゲン協定	人の移動の自由化
1987年	単一欧州議定書発効	
1993年	マーストリヒト条約発効	欧州連合（EU）創設
2002年	統一通貨ユーロ流通開始	
2004年	欧州憲法条約調印	一部で批准されず、未発効
2007年	リスボン条約調印	EU統合のさらなる推進
2016年	イギリス、国民投票実施	EU離脱が賛成多数

1987年に発効した単一欧州議定書では、1970年代の石油危機以降の経済停滞に対応するために、商品・サービス・資本さらに人が自由に移動できるように域内単一市場の形成をめざすことが定められた。またEU（欧州連合）を設立させたマーストリヒト条約（1993年発効）では、まず、域内の単一市場形成だけではなく、単一通貨ユーロの導入が決まり、中国や米国に匹敵する巨大な市場が形成されることになった。さらに、EUは、経済統合にとどまらず、東ドイツの崩壊と統一ドイツの形成、東欧諸国の民主化へも対応して、共通の外交・安全保障政策を求めるなど政治統合をめざすことになった。現時点のEUを規定したリスボン条約は、2007年に調印され2009年に発効している。EUの主要機関として、欧州理事会（加盟国首脳で構成）、欧州委員会（行政機関）、EU司法裁判所、EU理事会（加盟国閣僚で構成）、欧州議会（加盟国での直接選挙で選出）、欧州中央銀行、欧州会計検査院、欧州対外活動庁（外務省に相当）などが設置されている。

EUは、さまざまな面で統合が進んでいる。まず、マーストリヒト条約に定められた通貨統合が進められて、1998年に欧州中央銀行が設立され、2002年からは統一通貨ユーロが流通している。さらに金融政策は、国ごとの中央銀行でそれぞれ

に実施されていたのに対し、EUでは欧州中央銀行が金融政策の責任を担うことになった。そして、加盟国の国民はそれぞれの国籍をもっているが、EU加盟国に国籍をもつ人は、それぞれ国籍をもちつつも、EU市民権を有することになった。たとえば、イタリア国籍をもつ人がドイツに移動しても、ドイツにおいてEU市民という地位をもち、移住や居住の権利、地方選挙や欧州議会選挙に参加する権利などをもっている。

(3) ゆらぐEU統合

　以上のようにEUは、超国家的性格を強めているが、欧州統合が順調に進んでいるわけではない。2004年欧州憲法条約が締結されたが、フランスとオランダの国民投票で否決されて、実現には至らなかった。国家の基本法である「憲法」という名称をもっていたために、それぞれの国家・国民が主権を喪失するのではないかと危惧されたためである。また、統一通貨ユーロの導入を定めたマーストリヒト条約について、デンマークでは国民投票の結果、批准されなかったために、デンマークはユーロに加入していない。ユーロの導入については、デンマーク以外にイギリスも適用除外を受けている。さらに、EU加盟国間すべてにおいて、国境で検査を受けることなく国境を越えることができるというわけでもない。関税を撤廃して商品が自由に移動できるだけではなく、人も自由に移動できるようにすることは1980年代にめざされていたが、加盟国で合意をみることができなかったために、1985年数カ国でシェンゲン協定という形で実現した（1995年から実施）。のちにシェンゲン協定はEUのルールのひとつとして組み込まれるが、イギリスとアイルランドは適用除外が認められており、たとえば、フランスからドイツに移動するときには国境で検査を受ける必要はないが、フランスからイギリスに移動するときには検査を受けなければならない。他方では、シェンゲン協定には、EUに加盟していないスイス、ノルウェー、アイスランドなどが参加している。

　特筆すべきは、2016年イギリスでEU離脱の是非を問う国民投票が実施されて、離脱を求める意見が多数を占め、EU離脱の手続きが進められていることである。これは、EU離脱の初めての手続きであり、どのように進められるか予断を許さない。イギリス以外のEU加盟国でも、国政選挙においてEU離脱を求めたり、EUの政策に批判的な政党が得票を伸ばすケースが増えてる。EUが今後どのようになるのか目を離すことができない事象となっている。

　EU統合の歴史を振り返ると、1970年代に原型ができた後、拡大を続けている。まず、1980年代になると、ギリシア、ポルトガル、スペインが加わった。1970年代に民主化を果たしたこれら南欧諸国は、原加盟国と比べると経済格差は大きかったにもかかわらず、民主化を支援するという政治統合の動機が優先された。さらに1990年代には、オーストリア、スウェーデン、フィンランドが、また2000年代に入ると東欧諸国など12カ国がEUに加盟して、現在加盟国は28カ国になっ

ている。東西冷戦の時代、東側諸国と対決して西欧諸国が結束して欧州経済共同体（EEC）などが結成されたが、東欧諸国が崩壊・民主化する中で、南欧、北欧、そして東欧諸国にまでも拡大している。とりわけグローバル化が進展するとともに、中国や米国、さらに新興諸国との競合が激しくなる中でEUは拡大を続けているが、それゆえに、一致した経済政策、安全保障政策、移民・難民政策などを実現できるのか、多くの課題を抱えることになる。

（4）EUと国民国家

　加盟国とEUとの関係を考えるとき、EUの権限が大きくなるにつれて、加盟国の権限が縮小していくことがしばしば危惧されており、拡大するEUに対する反発も広がっている。EUという超国家的機関と国民国家との関係はどうなるのだろうか。

　現在、EUに加盟するためには、民主主義、法の支配、人権、マイノリティー（少数派）の保護などの基本的な価値を共有するとともに、市場経済を維持できること、EUの法体系に国内法を合わせること、均衡財政を維持できることなど多くの条件を満たす必要がある。EUへの加盟条件をみても、加盟国は、EUの制約下に置かれることがわかる。

　EUが経済統合から政治統合へと強化される際にも、EUと加盟国の関係が問題になり、その際に導入されたのが「補完性の原理」という考え方である。EUで採用されている「補完性の原理」は、政治的決定はできるだけ小さな単位で行い、小さな単位で決定できないことだけをより大きな単位で決定するというものである。加盟国が国ごとに実施しては十分に効果が得られないことのみ、EUが実施する原理である。

　また、EUが十分な権限をもたない領域、たとえば、雇用や社会政策などの領域においては、「裁量的政策調整」という手法が採用されている。通常、国家では、国家が拘束的なルールを制定して、ルールに反する行為に対しては処罰を加えるというやり方がとられている。これに対してEUは、目標やガイドラインを設定して、加盟国がどれくらい実施できているかを定期的にモニタリングし、加盟国が相互に学習を重ねて、政策を実現していく。「補完性の原理」や「裁量的政策調整」の手法などは、EUの権限拡大を防ぎ、EU全体の多次元的なガバナンス（統治）を維持するために導入されている。

　これに対して、統一通貨ユーロが導入される際に、加盟国の財政規律は大きく制約されるようになっている。ユーロを利用する加盟国は、協定により、財政赤字はGDPの3％以下に、政府の債務残高はGDPの60％以下に抑えなければならないという制約が課された。欧州債務危機以降、さらに厳しい財政規律が要求されるようになっている。EUの手続きによると、加盟国の財政収支がEUの基準から乖離している場合には、EUは是正を勧告することができるし、基準からの乖離が解消

しない場合には、加盟国に対して制裁金を課すこともできる。

　今日、加盟国内においてEUに対する反発が強まっているのは、移民・難民政策への反発もあるが、EUによって緊縮財政をとるように余儀なくされている点にもある。

(5) EUの将来

　EUはなによりも、一国では対応できない問題に対処するために、商品・資本・人が自由に移動できるように域内市場を統一し、通貨までも統一した。さらに外交や安全保障政策や金融政策などさまざまな分野の政策を統一している。EUの周辺には、EUの豊かさや民主主義の価値を享受するために、加盟を望んでいる国々がある。同時に、国民の意思がEUの政策には反映されないとして（「民主主義の赤字」と呼ばれる事態）、加盟国内の一部にはEUへの反発も広がっている。ユーロ圏を解体あるいは離脱しようという志向も生じている。実際に、移民・難民の排除を求め反EUを掲げる政党が、民衆の支持を受けるポピュリズム政党として議席を獲得し、場合によっては政権に就いている国も出現している。

　今後どのような国がEUに加盟し、EUがどこまで拡大するのか、逆に、イギリスを含めてEUを離脱する国が出てくるのか、目を離すことができない。ポピュリズム政党が民衆の支持を背景としてマイノリティーの人権や法の支配などEUの基本的価値を攻撃する傾向も無視できない。EUは、21世紀における地域統合の実験場であり続けるだろう。

8 ❷ 技術者とヨーロッパ

　技術者が海外で働く場合、いくつかのパターンが考えられる。ヨーロッパの人々とともに技術者が働く場合として、2つの事例を紹介したい。ひとつは、ヨーロッパで工場を立ち上げるときに、技術者が現地でかかわる事例である。もうひとつは、日本にいながら、テレビ会議システムなどを利用して、共同して開発する事例である。

(1) 現地生産の立ち上げ支援

　ヨーロッパでEUとして地域統合が進み、域内の関税が撤廃されて、巨大な市場が成立した。たとえば、ヨーロッパ内の賃金が安い国で生産して、他の国に輸出する場合、輸出入に関税がかからなくなった。こうして日本企業の中には、日本で生産してヨーロッパに輸出するのではなく、ヨーロッパ現地で生産するようになった企業がある。そして現地生産のために工場を設立し、生産を開始する際に、開発部門の技術者が支援を求められる場合がある。ヨーロッパという異文化の地において、開発部門の技術者が仕事をする場合、どのような注意が必要となるのだろうか。

Aさんは、現地工場で生産ラインを実際に稼働するにあたって、そこで働く労働者を指導するように求められて、短いあいだ、日本から現地に派遣された。生産ラインに機械が設置されて、それを稼働させるために、機械をスムーズに動かすために、実際にそこで働く労働者がどのように作業すればいいのか指導することが求められた。技術者が開発した生産ラインがうまく稼働するように指導して、軌道に乗せることも技術者の重要な仕事なのである。

　派遣されたAさんは、誰が働いても同じように作業できるように説明することが求められたが、なによりも、言葉が十分に通じないことが心配だった。Aさんが現場で説明する際には、有能な通訳が立ち会い、Aさんと労働者のあいだの会話を助けてくれた。しかし、通訳が正確に訳してくれていても、なかなか伝わらなくてもどかしく感じることが少なくなかった。そこで、Aさんは、作業手順についてポイントを簡潔にまとめ、図を示しながら、Aさん自身が身ぶり手ぶりで説明することにした。

　Aさんは、言葉も十分に通じず、文化が異なる人と一緒に働くことに不安を覚えながら現地に赴いたわけであるが、実際に作業に携わったあとで、自分の経験についてどのように感じるようになったのだろうか。Aさんは、言葉の問題はあっても、機械や作業内容についてよく知る技術者であるからこそ、うまく伝えることができたと感じている。この点で、たとえ言葉や文化が違っていたとしても、日本で生産を立ち上げるときに行うことと基本的には変わりがないと感じている。

　しかし、説明した手順でないと何が問題なのかなど多くの質問に対応しなければならず、その点に、Aさんは少し戸惑いを感じたという。Aさんにとっては、説明は必要ないくらいに自明であることにも説明を求められていると感じた。私たちは、ふつうコミュニケーションをとる場合、自明であることについては話の前提としてとくに言及しない。しかし、異文化コミュニケーションの場では、私たちにとって自明であることであっても、相手にとっては自明ではないために、それをきちんと説明することが必要となる。

　また、Aさんは、現地で部品を調達して現地で組み立てるにあたって、日本の生産現場との違いを感じたという。日本であれば部品を供給する業者は、組み立てるにあたって不具合があった場合には、不具合を解消するために積極的にかかわるが、Aさんが派遣された現地では、供給される部品と組立部門のあいだの不具合をどのように解消するかは、Aさんたち開発部門から派遣された技術者に対応が求められることが少なくなかったという。これは、部品供給業者と組立企業とのあいだの取引の慣習が違うことに由来する問題である。Aさんは、技術者として、このような取引慣習の違いに目配りすることが重要であると感じた。

　Aさんの場合、生産の現場では、現場を熟知している技術者であるからこそ、うまく説明しコミュニケーションできたと感じている。しかし、Aさんは、日本での現場では当然とされていることでも、異文化の現場では当然とされていないことが

少なくないことに気づくことになった。私たちにとって当然であっても、異文化の場面で当然とされていないことに気づくこと、そこから異文化コミュニケーションが始まるのである。

(2) 共同研究開発

　Bさん所属の企業は、ヨーロッパの企業と提携関係を強め、技術の共同開発を行うことになった。Bさんの部門では、日本にいながら、テレビ会議システムを使って、車の衝突安全開発の技術交流を行うことになった。

　共同開発するにあたって、テレビ会議システムを使って、月1回のペースで、テーマを定めて交互に報告するというスタイルでミーティングが実施された。技術交流を進めるにつれて、相手企業はシュミレーションや計算解析に優れており、Bさんの企業は実験データを積み上げて安全開発する手法が得意であることがわかってきたという。お互いに相手の優れているところを認め合って、お互いの開発技術を尊重し、ウイン・ウインの関係を構築することができた点で、この技術交流は、Bさんの企業内にあっても成功した事例のひとつであるという。

　Bさんの部門では、技術者どうしがお互いに違いを認め合い尊重し合ったうえで、共同開発を進めることができた。しかし、消費者の好みやニーズに関して検討した別の部門では、少し事情が違っていたという。というのも、日本とヨーロッパの国々では、消費者の好みやニーズが違っていて、商品開発をするにあたって、考慮しなければならないポイントも違ってくる。こうした場合には、消費者のニーズの違いを前提としたうえでデザインや広告戦略を工夫する必要がある。技術的に優れているという観点ではなく、その国の消費者のニーズに合っているかどうかが重要となる。技術に国境はなくても、ニーズや好みに関しては文化的国境は依然として存在するのである。

　Bさんの部門は、技術者どうしのコミュニケーションで進められたが、より消費者のニーズや好みにかかわる部門においては、現地の消費者という異文化とのコミュニケーションが必要となってくる。つまり、技術者どうしのコミュニケーションとは異なるコミュニケーションが必要となってくる。これは、国境を越えた技術開発においてだけではなく、技術者が消費者のニーズや好みに応じて開発を進める場合に必要とされるコミュニケーションである。

　科学技術という共通のコミュニケーション手段があっても、文化が異なる場合には、異文化に対する感受性を高めて、コミュニケーションのための共通の基盤を探し出したり、お互いに尊重して妥協点をみいだす態度が重要となる。その点で、AさんやBさんの経験は、ヨーロッパ以外の地域で働く技術者にとっても有用であろう。

COLUMN
コラム……5
・ロシア・東欧を歩く

　東ドイツが西ドイツに統合されてから約10年後、旧東ドイツ地域のとある都市で、大学生の自宅にお世話になったことがある。その父親は、激動の10年を振り返って、「公害がなくなったが、同時に仕事もなくなった」としみじみ話してくれた。東ドイツは、民主化されただけではなく、市場経済の荒波に飲まれてしまったのである。

　中央集権的な計画経済が行き詰っていた旧ソ連では、1980年代、ゴルバチョフの登場とともに、計画経済を市場経済に転換し、政治的民主化を開始するという壮大な実験が始まった。それまで何度となく民主化の動きが弾圧されてきた東欧諸国では、市民が声を上げて、非民主的な政府から自立した市民社会が形成されたと評価したものである。

　民主化の結果、ソ連では、それまで支配されていた諸民族がソ連から独立し、ソ連は解体してロシアとして再生した。エストニア、ラトビア、リトアニアのバルト三国は、ロシアから分離独立して、さらにEUに加盟している。それ以外の旧ソ連圏の諸国では、EU加盟を志向している国もあれば、親ロシア政権が誕生している国もある。

　東欧諸国では、ポーランド、チェコスロバキア、ハンガリーなどでは、民衆自身が立ち上がって民主化を推進したこともあり、いくつかの国で開催された「円卓会議」や、ポーランドの「連帯」など、東欧民主化革命を推進する市民社会に注目が集まった。東欧諸国は、民主主義の価値を実現し経済的豊かさを享受しようとして、EUに加盟している国もあれば、EU加盟を志向している国もある。いずれにしろ、東欧諸国では、政治的民主化と市場経済化が同時に進められた。市場経済化が経済的豊かさをもたらすのではなく、格差を拡大させる場合には、民主化を推進した市民社会の基盤が掘り崩されるかもしれない。

　東欧諸国と旧ソ連圏の諸国は、東欧革命・ソ連崩壊以降、EUとロシアのあいだの綱引きに翻弄され続けている。市場経済化が進められたこれらの諸国には、日本企業も進出している。そこで働いている技術者にとっても、私たちにとっても、これらの諸国の変化から目を離すことができない。

　1989年、ベルリンの壁崩壊の直前、森鷗外の『舞姫』が映画化された。篠田正浩監督は、東ベルリンの古い街並を映画フィルムに焼き付けたが、その街並は、もはや存在していない。

（木原滋哉）

9 異文化の人とともに働く② 北アメリカ

　この章では、アメリカ合衆国（米国）を中心に、北アメリカについて取り上げる。

　北アメリカの先住民は、約2万5000年前、ユーラシア大陸からベーリング陸橋を渡って、北アメリカに移住してきたと考えられている。アメリカ大陸はその後、ユーラシア大陸とは隔離され、アメリカ先住民は他の大陸とは異なる独特の文化を発展させてきた。

　この状況を一変させたのが、1492年のコロンブスによるアメリカ大陸への到達である。その後、ヨーロッパ諸国による植民地化が進行して、ヨーロッパ人が入植し始め、アメリカ大陸は開拓されていった。さらに、黒人が奴隷としてアメリカ大陸に連れてこられ、またアジア系の人々が労働者として移民してきて、現在の姿へと発展してきた。米国は比較的新しい国で、1776年に建国され、現在の人口約3億2000万人（2017年）。カナダは1867年に建国され、人口約3700万人（2017年）である。

9　1　多人種・多民族社会の米国

　米国は、人口の過半数以上がヨーロッパ系白人である。ヒスパニック系白人・黒人・アジア系を含めた人種は、少数派（マイノリティー）となっている。米国商務省国勢調査局が公表する米国の将来人口推計によれば、今後、45年間で人口は約3割増加すると推計されているものの、ヒスパニック系白人は高い出生率によって、アジア系は移民数の大幅な増加によって、非ヒスパニック系白人の人口割合が40%台にまで下がると予想されている（図1参照）。統計情報も、米国が多人種・多民族であることを示している。

　多人種・多民族状況は地域によって異なる。ニューヨークなどの大都会では、文化的な融合が起こっているかのようにみることもできる。さまざまな人種と民族の人が行き交い、共生しているかのような外見をみせている。しかし、大部分の米国人が暮らす郡部（カウンティー）では、様相は異なる。カウンティーの多くの街では、非ヒスパニック系白人とマイノリティーとでは、住んでいる場所、買い物に行くショッピングモール、入学する学校などが明らかに異なっている。使用する言葉（英語）すら異なることがある。黒人社会では、独特な黒人英語が使われており、たとえば黒人英語では、the を da と発音するなど全体的に聞き取りにくく、非ヒスパニック系白人にはあまり理解できないといわれている。もともとこのような黒人英語は、黒人が奴隷だった時代に、白人にはわからないような独自の言葉をつくったことに起源をもつ。今でもそのような黒人英語が多用され、非ヒスパニック系白人社会、とくに WASP（ホワイト、アングロ=サクソン、プロテスタントの3条件

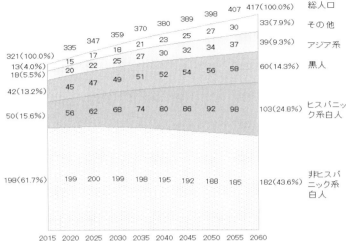

(注）白人、黒人、アジア系、その他は人種区分であり、ヒスパニック系か否かは民族別である。
(資料) U.S. Census Bureau, 2014 National Population Projections
社会、実情データ図録（http://www2.ttcn.ne.jp/honkawa）より

図1　米国の人種・民族別人口の将来推計

をもつ層のこと）とは隔絶している。表面的には平等で、どの人種にも自由に生きる権利を保証する米国にも、表にはなかなか出てこない別の顔が存在する。

米国は、かつて多様な人種・民族の多様な文化が社会で溶け合い、新しい文化を醸成すると考えられていた。しかし、多人種状況を融和させて一つの均質なものへと変えていくのではなく、人種的な特徴と社会的な属性を保持しつつ、全体として米国という一つの社会を構成していると考えられている。いずれにしても、米国は多人種・多民族的な社会である。

9-2　米国で働く

一般的に、日本人は米国人よりよく働くと思われているが、実態はどうなのだろうか。時間当たりの労働生産性で比較してみよう。

2016年の日本の時間当たりの労働生産性は46.0ドルで、OECD加盟国35カ国中20位となっている。一方、米国は69.6ドルで6位だ。主要先進国7カ国の中で日本は、残念ながら1970年代以降、最下位にランキングされ続けている（図2参照）。日本人には、「長く働く」＝「頑張っている」という固定観念があるため、時間当たりの生産性が低くなると考えられる。米国人は、早朝から集中的に働き始め、就業時間が過ぎたら上司の顔色などうかがわずに帰宅することが多い。もちろ

ん上司もそれに対して文句を言うようなことはない。与えられた仕事がきちんとできていればそれでよいと考えていて、「成果主義」に基づいて部下の能力を評価している。たとえ長時間働いていたとしても、成果が伴わなければ、高く評価されることはない。

アメリカ映画でよくみる突然の解雇（レイオフ）は実際に行われている。転職大国ともいわれる米国では、レイオフは日常的に起こることである。米国では18～46歳の間に平均11.3回の転職をするとの報告がある。転職に対する人々の心理的障壁が低い。日本人が米国企業で働く場合、成果を上げることができなければ評価されないということを肝に銘じておかなければならない。

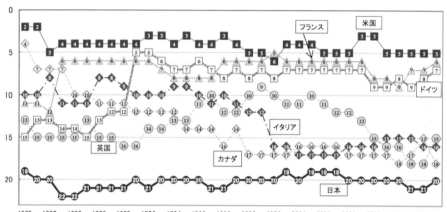

OECD National Accounts Database より

図2　主要先進国7カ国の時間当たり労働生産性の順位の変遷

3　米国は熾烈な学歴社会

米国は実力社会であるともいわれるが、実力があれば学歴など必要ないということではない。米国は、日本以上の学歴社会でもある。ただし、米国人の考える学歴は、日本人の考える学歴とはやや異なる。日本では、どこの大学に入学したかによって将来に大きく影響がある。しかし米国では、どの大学、どの大学院で、どのような分野の教育を修了したのかが重要になる。また、米国の大学卒業率は入学者の50％程度といわれている。一方、日本では大学入学者の卒業率は約80％（文部科学省調査資料）といわれている。この数値は、米国の大学は、日本よりも厳しく教育するとともに、学習成果を厳正に評価していることを示している。

米国人が転職しようとするとき、学歴により転職の仕方が異なる。たとえば、高学歴で管理職として転職する場合、さまざまな有料サポートサービスが充実してい

る。

　日本ではいったん社会に出ると、大学に入り直すことはほぼないが、米国では普通に行われている。米国の大学には、いったん社会人として働き、学業に必要な資金を貯めてから大学院に進学してくる年上の大学院生が数多く在籍している。学部や大学院で教育を受け、実力と学歴を身につけて、ふたたび社会へと戻っていくのである。

　米国では1960年代の初め、大学進学率は約10％であったが、現在では日本と同じく50％をはるかに超え、米国でも大学をランキングするようになった。同じ「学士」や「修士」「博士」でも、どの大学・大学院を修了したかにより収入が大きく変わるようになっている。全米大学経営者協会の調査によると、いわゆるアイビー・リーグ（東北部の有力私立大学8校）をはじめとした一流大学と下位の大学では、卒業後の平均初任給に2倍以上の差があるとされる。米国も学歴社会になっているのである。

　ただし、学歴によって永遠に社会的地位が決まるのではなく、永遠に実力が問われ続け、新たな実績を出すことが求められる実力社会、競争社会でもある。

　米国の学歴社会は、平等を実現するための方法でもある。米国は競争による階級社会であり、その階級はもともと存在するものではなく、努力により勝ち取るものと考えられている。その努力を具体的に示すものが学歴であり、努力の成果として勝ち取った学歴が、米国の階級社会でのスタート地点を決めてしまうのである。その意味において、学歴社会は平等な社会を実現するものだと考えられ、米国は日本よりもはるかに熾烈な「学歴社会」となっている。

9　4　米国人とのコミュニケーション：討論する社会

　米国人の多くは、たしかに議論好きである。米国の初等・中等教育では多くの時間が議論（ディベート）に割かれ、ある議題に関して「賛成」あるいは「反対」であることをはっきり主張することが求められる。それが、議論好きになる原因でないかといわれている。米国では、自分の意見をハッキリと主張するような教育が行われ、それにより論理的思考力や自己主張する能力が育成されている。日本では、どちらにも良い点があり悪い点もあるという考え方が奨励され、結果として自分の意見を表明することが苦手となっている。このような日本の教育に対して課題が指摘され、教育改革が徐々に進行している。

　日本の教育により自らの意見を明確に表明することが苦手になっていることは、米国人と仕事をするうえでも大きな障壁となりえる。「日本人は議論をするのが苦手である」とよく言われるし、実際、議論を苦手としている人が多い。その一方で、米国人は議論することを楽しむ傾向があり、会議などで意見をハッキリと言わない者は無能であると思う傾向がある。日本では重要視される「同調性」は、米国社会

で尊重され容認されるようなことはない。また、米国人は異なる意見をもつことについて自由かつ寛容である。最も大切なことは議論する（意見を交わす）ことであり、それは「より正しい解」を得るためのプロセスであると考える。だから、客観的なデータに基づいた激しい議論を含む意見交換の結果、到達した結論について不満を述べないのが原則とされている。

一方、日本人は「異なる意見」＝「敵」とみなす傾向が強く、反対意見を述べる者は「和」を乱すものとして敵視される傾向が強い。このような感情を優先するために、「根回し」「空気を読む」「阿吽の呼吸」などという独特な文化の土台を生みだし、会議が始まる時にはすでに結果が決まってしまっている場合が多い。また、決定に不満がある場合、決定後でもくつがえされることが多くあり、非常に効率が悪い。グローバル化の時代に乗り遅れてしまうのではないかと危惧してしまう。

このような日本的なやり方は、とくにビジネスの世界で顕著であるといえよう。良くも悪くもこのような日本に根づく文化や風土、慣習は米国では通用しないことが多い。優劣を判断することはできないが、一般的に、米国企業における意思決定は速く、上司は決定に従う許容範囲で部下に自由を与え、さらなる迅速な意思決定を促す。すなわち、すべての者に決断力やリーダーシップが求められることになる。一方、日本企業では「稟議書」が、役職に応じて下から上に順次、回覧・承認されることが多い。多数の会議や書類作成に忙殺され、決定が遅れる傾向が強い。また部下はその決定に粛々と従って仕事を進めることになり、チームとして行動することが重視され、自分の判断だけで意思決定するようなことは少ない。また、日本人はよほどの確信がなければ「できる」とは言わないが、米国人はそれほどの自信がなくても「できる」と気軽に言ってしまう傾向があり、ともに働く場合には気をつける必要がある。

5 個人主義

米国は個人主義が強い国である。米国が個人主義的な国家となったのは、この国が多民族国家であり、そのため多様な価値観が存在し、それぞれの主張をはっきりすることが必要であったことと無縁ではないだろう。これに対して日本は、個人主義の傾向が強まりつつあるとはいえ、集団主義が強い国である。

日本でもようやくワークライフバランスが議論されるようになったが、米国では個人主義の考え方に基づき、家族や友人と過ごす時間が最優先される。日本の会社のように同僚と頻繁に飲みに出かけて、仕事のことを議論するようなことはほとんどない。クリスマスパーティーなどは、社内の全員が集まり盛大に行われるが、これも家族同伴であることが多い。米国にはさまざまな企業があり、単純に一般化することは困難だが、仕事が生活の中心となってしまう日本の社会とはまったく異なる個人主義的価値観が大切にされている。このような社会で最も重要視されるのは

「学歴」に伴う「実力」である。そのような意味で、米国が実力重視の社会であることは正しいといえよう。

　米国は「経済的な成功を人生の成功」ととらえる個人主義の国であるとはいえ、深刻な社会問題の解決に見通しが立たないため、しだいにそうした状況に変化が生じつつある。その端的な事例が、社会保障制度をめぐる問題である。高所得者は、保険料が高額であっても民間保険会社と契約することで十分な社会保障を受けることができる。低所得者、障害者、65歳以上の高齢者はメディケイドという国が運営する公的保険制度に加入できる。そうでない人々は、不十分な社会保障を、民間保険会社と契約するしか方法がないのである。所得を個人の能力の成果としたために、このような格差が生じ、深刻な社会問題になりつつある。

9.6 貿易摩擦

　米国と日本は、第二次世界大戦後、日本経済が復興するとともに、貿易戦争とも呼ばれる深刻な経済的対立、貿易摩擦を引き起こした。戦後、焼け野原から出発した日本は、経済成長と技術革新により国際競争力を回復させ、米国への輸出を増加させた。1960年から1970年にかけては繊維や鉄鋼など数品目であったものが、日本が米国の技術水準に追いつき、また産業構造を変化させつつあったことなどから、1980年代にはカラーテレビ、VTR、半導体、工作機械、自動車などに拡大し、対米輸出が急増した。他方、日本は、当時まだ市場規模が小さかったことや、日本市場にさまざまな規制があるために外国の製品を輸入しづらい状況もあった。そのため、日米間では恒常的な貿易不均衡が生じ、米国は膨大な貿易赤字に陥り（米国民の過剰な消費行動にも一因があるものの）、日米の経済摩擦に発展したのだった。

　米国では、日本の自動車や家電製品などを叩き壊すパフォーマンスが行われるなど日本に対する不当な政治的・経済的な攻撃、ジャパン・バッシングが顕在化してきた。こうした状況のもと、米国議会では不公正貿易国を一方的に認定して対抗措置を可能とする、いわゆる「スーパー301号」を成立させた。日本にとってもつねに厳しい状況となり、日米両国は、貿易不均衡を是正するために日米構造協議や日米包括経済協議を行い、市場開放（輸入自由化）、輸出の自主規制、米国内での工場建設と生産拡大（雇用確保）について交渉してきた。

　近年、急速に経済成長した中国との間で、米国と中国の経済摩擦が生じている。中国による知的財産権の侵害や米国企業への技術移転の強要などを、米国は批判している。世界第1位の経済大国である米国と、第2位の中国の対立は、グローバル社会に大きな影響を及ぼすだろう。今後とも関心を寄せ続ける必要がある。いずれにしても、現在、米国には数多くの日系企業が進出し操業をしている。今後、技術者として仕事に従事する場合には、このような背景を知っておくことも肝要である。

COLUMN
コラム……6 連邦制と大統領選挙

　米国は、50の州（State）が一定の範囲内で国家のように機能しながらも、一つのまとまった連邦国家（The United States）を構成している。イギリスの植民地から独立する際、強力なイギリスに対抗するために、当時の13州が強固な同盟を結成したことに起因している。1787年のフィラデルフィア憲法会議では、より完全な結合体としての連邦制をとることを決定し、権限を連邦政府と州政府に配分する合衆国憲法の採択を決めた。

　連邦政府は、憲法第1章第8条に列挙された権限以外は権限行使できないとされている。ただし、州際通商規制権限に関する規定によって合衆国が一体となり経済的に統合されたものであるとされたり、第18項の「必要かつ適切であるようなすべての法律」の制定権限が認められたりするので、連邦政府の権限が広く認められるようになっている。

　連邦制であることを象徴する政治制度の一つとして、大統領選挙をあげることができる。大統領選挙は、まずそれぞれの州で大統領を選出する大統領選挙人を選出し、その後、各州で選出された大統領選挙人が大統領を選出する間接選挙となっている。2016年の大統領選挙では、一般投票の得票数が少ない候補が大統領に就任したと話題となったが、それは連邦制を重視する大統領選挙の仕組みによるものだった。

　大統領選挙人は各州に、上院と下院の議員数に等しい数が配分される。上院議員数は各州2名の100名。下院議員数は10年ごとに実施される国勢調査の人口に基づいて決められ、2018年の時点で下院議員は435名。大統領選挙人総数は、議員総数と同じ535名となる。人口の少ない州の大統領選挙人は、上院議員2名と下院議員1名を合わせた3名、最も人口の多いカリフォルニア州では55名（上院議員2名＋下院議員53名）となる。ほとんどの州で勝者総取り方式が採用されているために、上記のような一般投票得票数と大統領選挙人による結果とに齟齬が生じる可能性があるのだ。

　この制度は各州が対等な権限をもっていることを保障するものである。同時に、人口の多い州と少ない州とでバランスをとることにも配慮されている。人口の多い州は選挙人数が多いため絶対的な発言力をもっている。一方、人口の少ない州でも選挙人数が一定数保証されていることから、相対的な発言力をもつことになるからである。多様で多元的な社会をもつ米国で、連邦制は、一定の地方分権と、平等な経済的・社会的な機会を保障することに機能していると考えられている。

（藤本義彦）

コラム……7 ● 米国と NAFTA

　第二次世界大戦後の国際秩序は、米国主導のもとで構築されました。保護貿易が第二次世界大戦につながったことを反省し、米国のドルを国際基軸通貨として世界経済を安定させ、自由、無差別、多角主義を原則とする国際貿易を発展させるために、ブレトン・ウッズ体制がつくられたのです。

　ヨーロッパや日本が経済復興し、米国の米ソ冷戦のために費やす軍事費が巨額になるにつれ、米国の経済力は相対的に低くなってきました。米国は関税と貿易に関する一般協定（GATT、現在の世界貿易機関）の多角的交渉を通じて、新たな貿易のルールを策定しようとしましたが、1986年から始まったウルグアイ・ラウンドでは、なかなか合意に至ることができませんでした。また、1980年代の途上国の累積債務問題は、途上国の経済危機が先進国の経済に深刻な打撃を与えてしまうことを示しました。

　米国は、メキシコがふたたび債務危機に陥らないように経済発展を確保し、かつ北米でのリーダーシップと世界における自由貿易推進のリーダーシップをとるために、北米自由貿易協定（NAFTA）の締結に向けて動き始めました。米国、カナダ、メキシコの3カ国が1992年に合意し、NAFTAは1994年に発効しました。NAFTAは、北米域内における商品・サービスの貿易障壁を撤廃して国境を越えた移動を促進することや、金融や投資の自由化、知的所有権の保護、公正な競争を促進することなどを目的とした、自由貿易協定（FTA）の一つです。

　NAFTAは現在、地域経済共同体としては世界一の経済規模を誇っています。欧州連合（EU）とともに地域協力のモデルの一つとなっています。

地域経済統合体の比較（2016）

	加盟国	人口（万人）	名目GDP（億ドル）	GDP/人（ドル）	貿易（輸出＋輸入）（億ドル）
北米自由貿易協定（NAFTA）	3カ国	48,693	212,072	43,553	52,420
	米国	32,313	186,245	57,638	
	カナダ	3,626	15,358	42,349	
	メキシコ	12,754	10,469	8,209	
東南アジア諸国連合（ASEAN）	10カ国	63,862	25,547	4,000	22,555
欧州連合（EU）	28カ国	51,150	163,980	32,059	106,292
南米南部共同市場（MERCOSUR）	6カ国	30,413	27,430	9,019	5,430

出典：World Bank, World Development Indicators Database ほかより筆者作成

（藤本義彦）

10 東南アジア
異文化の人とともに働く③

　東南アジアは、インドと中国に挟まれたインドシナ半島から、マレーシア半島、さらにインドネシアやフィリピンに至る地域である。気候は、ミャンマーの北部を除く大部分が熱帯に属している。現在、総人口は約6億3000万人にのぼり、急速な発展を続けている経済圏として、国際的にも注目を集めている地域である。

　日本との交流の歴史も古く、徳川幕府が鎖国政策をとる以前、南蛮貿易時代（16〜17世紀）には、タイ、ベトナム、フィリピンなど東南アジア各地に日本人町が形成されるほどに、日本との交易が盛んであった。現在でも、多くの日本企業が進出し、日本との経済的な関係もますます深まっている。

　東南アジアとは、どのような地域なのだろうか。また、これまで、現在、そしてこれから、日本とどのような交流を続けることになるのだろうか。

10-1 文明の交流地点

　東南アジアは、古来文明の交流地点としてさまざまな影響を受けて形成された多民族・多言語社会である。インドと中国文化から強い影響を受けているのは、文字通りインドと中国に挟まれたインドシナ半島だけではない。島嶼部であるインドネシアでは、現在はイスラム人口が大多数であるが、ボロブドゥール仏教遺跡があるだけではなく、有名な観光地のバリ島ではヒンドゥー文化が今なお息づいている。さらに近代以降は、欧米諸国の植民地になり、その影響は今なお残っている。東南アジアは、多様な文化が幾重にも層をなしている魅力あふれる地域なのである。

　宗教的には、大陸側のメコン川流域に、インドからヒンドゥー教が、そしてその後、仏教が伝わってきた。カンボジアのアンコール・ワットはヒンドゥー教の寺院であるが、カンボジアはその後、仏教が普及することになる。そしてタイやミャンマーなどでも仏教が盛んになった。海側では海上交易路に沿って、アラビア商人によってイスラム教が伝搬された。マレーシアやインドネシアでイスラム教徒が多いのはそのためである。イスラム教は、東はフィリピンまで伝搬しており、現在でもミンダナオ島ではイスラム教徒が多い。フィリピンでは、16世紀にスペインの植民地になると、カトリック教が持ち込まれて、現在でも国民の90％がキリスト教徒である。ベトナムは古来、中国の強い影響を受けており、現在でも中国を経由した仏教、そして儒教の影響がみられる。

　言語面でいうと、東南アジアでは、さまざまな系統の言語が使用されている。言語が表記される文字としては、マレーシアやインドネシアなど東南アジアのいくつかの国では、言語の違いがあってもアルファベットが利用されているが、タイ、ミャ

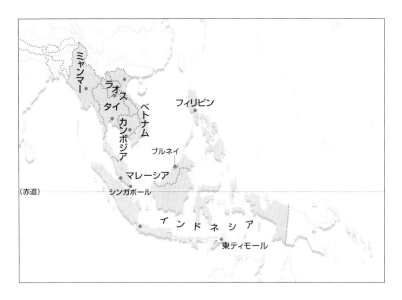

ンマー、カンボジアでは、インドに由来する文字が使用されている。中国の影響を受けていたベトナムでは、19世紀まで漢字が利用されていたが、いまではアルファベットが利用されている。

　さらに、国語、公用語、地方語など言語は多種多様である。多くの国では、最も多くの人が使用している言語が国語とされているが、フィリピンやシンガポールでは、複数の言語が公用語とされている。国語や公用語以外に、地方語で初等教育が行われている国もある。国語や公用語以外の言語が母語として話されていることが当たり前の光景であり、多くの島を抱えるインドネシアでは、インドネシア語という国語以外に、数百の言語が使用されているほどである。他方、英語が、シンガポールやフィリピンでは公用語のひとつとなっており、それ以外の国でも旧宗主国の言語である英語、場合によってはフランス語が、高等教育の場で使用されることも少なくない。英語は、東南アジアでも国際共通語として広く使用されている一方で、中国の国際的地位が高まるにつれて中国語も国際共通語として影響力を強めるかもしれない。

10 2 脱植民地化と国民国家

　東南アジアは、近代に入り、タイを除いて、植民地化された歴史をもつ。欧米諸国による東南アジアの植民地化は、16世紀に始まり20世紀初頭には完了し、東南アジア諸国が独立を果たすのは、ようやく第二次世界大戦後になってからである。
　フィリピンは、当初スペインの植民地であったが、米西戦争の後に米国の植民地になった。インドネシアはオランダの植民地であった。インドからミャンマー、そ

してマレー半島までインドシナの西側、そしてカリマンタン島の一部は、イギリスの植民地であった一方で、インドシナの東側、現在のベトナム、カンボジア、ラオスはフランス領インドシナであった。タイは、フランスとイギリスの緩衝地帯として、独立を維持することができた東南アジア唯一の国である。

東南アジア諸国は、第二次世界大戦中に日本に支配されるものの、その後旧宗主国の欧米諸国からの独立を勝ち取り、国民国家を形成していった。しかし、独立の過程では、米国と旧ソ連の対立を背景としたベトナム戦争やカンボジア内戦などに苦しむこともあった。また、近代化を進める中で、独裁政治を経験した国もあり、今もなお民主主義の確立と定着が重要な課題となっている。また、植民地時代に、コーヒーやゴムなど輸出用の単一作物の栽培（プランテーション）を強制されたモノカルチャー経済のせいで、政治的には独立した後になっても経済的に自立するのに苦闘を重ねることになった。

10　3　経済発展と民主化

東南アジア諸国が国際政治の動向に大きく左右されたのは、独立後も同様であった。東アジアで中華人民共和国が社会主義国として1949年に誕生し、東西両陣営の支援を受けて朝鮮戦争（1950～53年）が勃発すると、フランス植民地であったインドシナ3国は、東西冷戦の最前線に置かれることになった。ベトナムでは、旧宗主国のフランスに代わって米国が関与を強め、南ベトナムを支援することでベトナム戦争となり、1975年まで戦場となった。また、タイ、インドネシア、フィリピンでは、共産主義勢力の阻止を掲げる米国の支援を受けて、反共政策を掲げる政権のもとで、強権的な開発が進められた。さらにマレーシアやシンガポールでは、表現の自由など市民的自由が十分保障されないまま、一党制の下で開発が進められた。

これらの諸国は、援助だけではなく、外資を導入して、工業化を推進する。外資を導入して、強権的に開発を進めることによって経済発展を進め、安定した秩序を形成しようと試みたのである。国内市場が狭く資源も乏しいシンガポールは、外国資本を導入して輸出志向型の経済発展を進めた。マレーシアも、「ルックイースト政策」を採用して、旧宗主国のイギリスではなく日本をモデルにした経済発展を探った。

一方、ベトナム戦争終結後、1976年には南北に分裂していたベトナムが統一されたが、ベトナムとカンボジアの対立が深まり、今度はベトナムがカンボジアに侵攻し（1978～89年）、カンボジアを支援する中国がベトナムに侵攻して（1979年）、1980年代後半まで戦乱が続いた。カンボジアが平和の道を歩み出したのは、1980年代以降であり、ようやく1993年に国連の下で選挙が実施された。

戦乱で混乱したベトナムやラオスは、1970年代に社会主義国として計画経済を

実行したが、経済が停滞してしまった。そのため両国は、1970年代末から市場経済を導入して、外資も受け入れて経済発展をめざしている。こうして、東南アジアで社会主義を志向していたベトナム、ラオス、カンボジアにおいては、市場経済へと方向転換をすることによって経済発展を進めている。

1980年代以降、多くの日本企業は、円高を背景にして、海外に直接投資を行い、東南アジア諸国にも工場を移転させるようになった。東南アジア諸国はいまや、日本への資源の供給地や市場であるだけではなく、生産や輸出の拠点になりつつある。とりわけ東南アジア諸国は、ASEAN（東南アジア諸国連合）域内で関税を引き下げるなど一つの大きな経済圏となり、日本企業の進出がますます活発になっている。

東南アジア諸国は、政治面でも大きな変化を経験しつつある。東南アジア諸国では、強権的であったとしても、開発が進められることによって中間層が形成されている。その中間層が、非民主的な政治体制に対して批判の声を上げるようになってきた。タイの軍部独裁政権は1973年、学生革命により崩壊、フィリピンのマルコス政権は1986年いわゆる「ピープルパワー革命」により崩壊、スカルノ政権に代わってインドネシアを支配していたスハルト政権も1998年に辞任するに至る。このように開発を進めることによって独裁を強めていた政治体制（開発独裁体制）は岐路を迎えている。

とはいっても、東南アジア諸国の民主化は完全に安定しているわけではない。限られた市民的自由があるだけで政党間の競争が十分ではないために政権交代が起こりにくく、一党制に近い政治体制もある。また、不安定な政治を安定させるという名目で軍部が実権を掌握している政治体制もある。強権的な政権が倒れても、すぐに民主的な政権が安定して成立しているわけではないのである。経済面でも、外資を導入して経済発展をはかっているので、経済状況によっては外資が急に引き上げられて、経済的苦境に陥る場合も少なくない。安定した経済運営と民主主義の定着が、今後とも東南アジア諸国の大きな課題である。

10 ４ インフラ輸出とその課題

東南アジア諸国は、経済発展のためにも、交通網、水資源開発、電力供給などのインフラストラクチャーの整備を必要としていた。1950年代日本は、第二次世界大戦中に東南アジア地域を支配していた戦後賠償の一環として現金を支払うのではなく、発電所、港湾施設、道路網などインフラ施設の建設などを実施した。戦後賠償が終了した後も円借款などの形でインフラ施設の建設が進められた。

今日インフラ建設のための資金は、民間銀行からだけではなく、世界銀行、アジア開発銀行、さらにODA（政府開発援助）などから融資を受ける。

A社は、東南アジアにおいて日本のODA資金などを利用して電源開発を受注し、巨大ダムを建設した。A社で働く技術者Bさんにとって、日本とは自然環境が異な

り、熱帯特有の雨の降り方などを考慮してダムを設計し維持管理しなければならないことに注意を払うことが必要だった。しかし、建設途中から、想定外のことが問題となった。

　ダムが建設される場合、自然環境の大きな改変にともなう環境問題が発生する。さらになによりも多数の住民の移転が必要とされる場合がほとんどである。こうした問題については、いうまでもなく日本の法律ではなく、まずは現地の法律が適用される。しかし、現地政府の下では、環境問題や移転住民の生活保障が十分ではない場合が少なくない。しかも、このダム建設は、強権的な政府の下で計画されていたために、ダム建設によって影響を受ける住民の声は反映されていなかった。しかし、民主化運動の結果として強権的な政府が倒された後で、生活保障を求める住民が声を上げ始めたのである。Ａ社にとっては、住民が生活保障を求めて声を上げ始めたことは青天の霹靂であった。というのも、Ａ社は、ルールに従って環境アセスメントなどを実施してきたからである。そしてなによりも現地住民の移転や生活保障は、現地政府が責任をもって実施することになっていたからである。

　住民は、現地政府に生活保障を求めて、現地の裁判所に訴え出て裁判になった。住民は、それだけではなく、Ａ社や日本政府を相手に、日本の裁判所にまで訴えた。直接の責任を負う現地政府だけではなく、出資者として、また工事担当者としての責任が問われたのである。

　日本の裁判所での判決では、日本政府やＡ社の責任が問われることはなかったとはいえ、Ｂさんにとっては、ダム建設によって多くの住民の生活が損なわれたという事実は、驚きであった。技術者であるＢさんにとって、ダム建設は技術的には何の問題もなく完成させることができたからである。技術的に問題がなくても、社会的・経済的な影響が大きいことに初めて気づかされたのである。

　またＢさんは、自給自足に近い生活スタイルがまだ存在していることにも驚いたという。日本でも東南アジアでも都市部での生活にはそれほど違いを感じなかったＢさんにとって、自給自足に近い生活スタイルとの出会いは初めてであった。自給自足の生活では現金収入がなくても生活できるが、ダム建設に伴う移転後、涙ばかりの賠償金を使い果たした後では、現金がなく困窮した生活に陥った人々がいることを知ったのである。

　民主化されていない国では、開発に伴う住民の困窮などはほとんど問題にされることがなかった。しかし、東南アジア諸国において、今後民主化が進展し、定着した後では、これまで以上に関係する住民から不満の声が出されることになるだろう。Ｂさんのような技術者にとって、技術上の問題だけではなく、住民に対する社会的・経済的影響も考慮に入れることがますます重要になるだろう。

COLUMN
コラム……8　ラオスの異文化体験談

　ラオスの首都ビエンチャンの街中を移動すると、どこかで交通渋滞にぶつかります。私もラオスに赴任してまもなく通勤時に渋滞にはまりました。そこで、いつもは大通りではなく、裏の抜け道を通勤に使うようにしていました。ある日、とても長い渋滞ができており、待っても待ってもいっこうに車列は動きません。このままでは遅刻してしまうと思った私は、バイクだったこともあり、渋滞の車列の隙間をすり抜けていきました。すると、目の前に、驚きの光景が広がっていました。

　公道に接するある民家が、自宅前の公道にテントを張り出し、テーブルや椅子を並べてパーティーをしているのです。そして、付近の路肩にはパーティーに集まる人たちの駐車列で道路幅が狭まり、行き交う通勤自動車が身動きとれなくなってしまっていたのです。

　「この通勤時間帯に公道でパーティーをするなんて、非常識じゃない。そもそも公道を私的利用するなんて許される行為なの？」とラオスの友人に聞いてみました。すると、「ラオスではよくあることだよ。彼らも村長から公道の使用許可は得ているはずだよ」と、気にかける様子もありません。たしかに、渋滞にはまったドライバーたちも、とくにいら立ちを見せる様子もありません。のんびりと渋滞が解消されるのを待っていました。

　ひとむかし前のラオスでは、レストランやホテルなどのパーティー会場があまりなく、結婚式やお葬式、新年の祝いなど特別な行事は、自宅やその前の公道に飛び出して行うのが当たり前だったそうです。今もその習慣が続いているのです。お葬式などは長いと１週間以上続く場合もあります。

　私が「みんなが通勤しづらくなるし、他人の迷惑とか考えないの？」と友人に聞くと、「日本人は他人に迷惑をかけたらいけないと思うけど、ラオス人は『今日はあなたの番ね。今度私がパーティーするときは協力してね』と考えるんだ。ラオスでは迷惑というのはお互いにかけ合っていいものなんだよ」と答えるのです。

　このお互い様の精神は仕事や生活のさまざまな場面で垣間見られます。規律のある日本から来た私には、すべてがゆるいラオスに腹の立つことは多くあります。しかし、便利だけれども規律にがんじがらめになり窮屈になってしまった日本社会を振り返ると、じつはラオスの人たちのほうが他人を思いやる心のゆとりをもった暮らしをしているのかもしれないと、考えさせられるのです。

　　　　　　　　　　　　　　　（元 JICA 在外専門調整員　須田裕美）

COLUMN
コラム……9 東南アジア諸国連合（ASEAN）の活動

　東南アジア諸国連合（ASEAN）は 1967 年、タイ、インドネシア、シンガポール、フィリピン、マレーシアの 5 カ国が、政治的団結を強化し、経済協力を促進することを目的として設立された。1984 年にブルネイ、1995 年にベトナム、1997 年にミャンマーとラオス、1999 年にカンボジアが加盟し、現在の加盟国は 10 カ国となっている。

　ASEAN 加盟国の経済成長はめざましく、過去 10 年間に GDP は約 3 倍になった。1998 年以降、貿易黒字を続け、貿易量も急増している。人口約 6.3 億人の巨大市場は、経済成長に伴って購買意欲のさかんな中間層人口を急増させ、その潜在力をいっそう高めている。ASEAN 全体の GDP は、日本の GDP の約半分であり、世界第 7 位の経済圏となっている。今日、「開かれた成長センター」として世界から注目されている。

　日本との関係もいっそう拡大している。ASEAN は日本にとって貿易相手国第 2 位であり、東アジア最大の投資先となっている。訪日観光客も増加している。日本企業の進出も急増していて、技術指導などで訪問したり駐在したりする技術者も増加している。

　ASEAN 本部はインドネシアのジャカルタに置かれ、年 2 回開催される ASEAN 首脳会議が最高政策決定機関とされている。その下に、外相で構成され最低年 2 回開催される ASEAN 調整理事会を置き、3 分野に分かれている ASEAN 共同体理事会（閣僚級会議）の調整をはかっている。政策や決定の具体化を行う ASEAN 共同体理事会は、政治・安全保障、経済、社会文化の 3 分野に分かれ、地域協力を強化するため、加盟国への提言を行い、さまざまな政策的調整を行っている。

　ASEAN 加盟国の政治的状況や経済的状況は多様である。経済・金融センターとしての地位を確立し高い個人所得を誇るシンガポールや、石油資源によって豊かなブルネイがある。カンボジア、ラオス、フィリピン、ベトナムは近年、急速に経済成長を遂げつつある。また、長年にわたる軍政のため経済開発の遅れたミャンマーは、ようやく国際社会との関係を再構築し始めている。

　ASEAN が経済成長を達成するために取り組んできたのは、ASEAN 域内での物品、サービス、投資の分野での自由化の推進である。

　物品に関しては、1993 年、域内で生産されたすべての産品にかかる関税障壁を取り除くために ASEAN 自由貿易地域（AFTA）を締結した。2008 年にはより包括的な ASEAN 物品貿易協定（ATIGA）を締結し、貿易の円滑化や税関、任意規格・強制規格および適合性評価措置などが盛り込まれた。サービスに関しては、1995 年に ASEAN サービスに関する枠組み協定を結

び、段階をおって自由化を進めている。投資に関しても、2009年にASEAN包括的投資協定を結び、投資の促進と保護を進めている。

2015年には、ASEAN経済共同体（AEC）を設立し、単一の市場・生産拠点、競争力ある経済地域、衡平な経済発展、世界経済との統合を原則として、ASEANの統合を進めようとしている。

ASEAN域内における物流や人の流れの円滑化を促し、ASEAN諸国の連結性を強化しようと、交通インフラなどの整備も進められている。海の回廊と呼ぶ海上交通の連結性を強めるために港湾を整備し、陸の回廊と呼ぶ陸上の連結性を強めるために、南シナ海とインド洋を結ぶ道路や橋梁などのハードインフラを整備している。

経済協力を強化しているASEANが直面する課題の一つが中国との関係であろう。急速な経済発展を遂げた中国は、ASEAN諸国にもその影響力を拡大させ、ASEANは中国との経済関係を拡大・深化させている。また、南シナ海のスプラトリー諸島（南沙諸島）の領有権をめぐる対立は継続している。

ASEANの動向は、地理的に近接する日本、中国、韓国だけでなく、グローバル社会の関心事となっている。

ASEAN諸国の統計・経済指標（2016）

	人口（万人）	面積（万km²）	名目GDP（億ドル）	GDP/人（ドル）
ASEAN	63,862	449.0	25,547	4,000
ブルネイ	42	0.5	114	26,939
カンボジア	1,576	18.1	200	1,270
インドネシア	26,112	186.0	9,323	3,570
ラオス	676	23.7	159	2,353
マレーシア	3,119	33.0	2,964	9,503
ミャンマー	5,289	67.7	674	1,275
フィリピン	10,332	30.0	3,049	2,951
シンガポール	561	0.1	2,970	52,961
タイ	6,886	51.3	4,068	5,908
ベトナム	9,270	33.1	2,026	2,186
日本	12,699	37.8	49,394	38,895
中国	137,867	959.7	111,991	8,123
韓国	5,125	10.0	14,112	27,539

出典：外務省（2017）『目で見るASEAN　ASEAN経済統計基礎資料』ほか

（藤本義彦）

11 東アジア
異文化の人とともに働く④

　東アジアの韓国、中国、台湾と日本は地理的に近接していることもあり、政治的にも経済的にも社会的にも密接な関係をもっている。安全保障上は対立構造を保ちつつ、経済関係は急速な一体化が進行している。ヒトやモノの交流が活発になることで、これまで表面化してこなかった問題が生じている。東アジアの国々はともに重要な国となっているため、問題への冷静な対処が必要となっている。ここでは、技術者が中国と韓国の人々とどのように協働していけばよいのかについて考えてみたい。

11　1　中国の動向

　まず、現在世界第2位の経済大国である中華人民共和国（以下、中国）の動向を概観してみる。

　中国は、中国共産党が国家を指導する社会主義体制をとる国家である。第二次世界大戦後、毛沢東率いる中国共産党が、蒋介石率いる中国国民党との内戦に勝利し、1949年、中華人民共和国の建国を宣言した。内戦に敗北した国民党は台湾に逃れ、中華民国の実効支配地域は台湾島などに限定され、現在の台湾につながっている。

　毛沢東は、周恩来らとともに、マルクス–レーニン主義、1950年代後半以降は毛沢東思想に基づく国家建設を進めていった。大躍進政策や文化大革命などの政策で、共産党による支配を強化しようとするものだった。一方で、戦争と内戦によって荒廃した中国経済は停滞し続け、立て直すことができずにいた。

　状況が大きく転換するのは、1978年に経済改革・対外開放政策が導入されてからである。1976年に周恩来、毛沢東が亡くなると、当時、失脚させられていた鄧小平が復権し、経済の立て直しをはかるために大きな政策転換を行った。鄧小平は、共産党による支配は堅持しつつも、経済改革・対外開放政策と国際協調政策を軸として経済発展を促す政策へと転換していった。深圳や厦門などに経済特区を設置するなど外国資本の積極的な導入をはかったり、人民公社を廃止したりして、中国経済が市場経済へと移行することを推進した。1985年には「豊かになれる者から先に豊かになってよい」とする先富論を示し、経済発展を優先することを示した。2001年に中国は、世界貿易機関（WTO）に加盟し、国際経済への全面的な参加を果たした。中国は、年率10%を超える高度経済成長を遂げ、2010年には日本を追い抜き世界第2位の経済大国になったのである。

　鄧小平による経済改革・対外開放政策が実施されてから、中国はいくつもの矛盾に直面することになった。その一つは、共産党支配に関する矛盾である。社会主義の平等を重視した体制を否定し、先富論を是認することで、階層格差は拡大し、中

東アジア諸国の統計・経済指標（2016）

	人口（万人）	面積（万 km^2）	GDP（億ドル）	GDP/人（ドル）
日本	12,699	37.8	49,393	38,972
中国	137,866	956.2	111,991	8,123
韓国	5,125	10.0	14,112	28,124
台湾	2,354	3.6	5,286	22,456

出典：World Bank, World Development Indicators；日本貿易振興機構「基礎的経済指標・台湾」などによる

　国社会は多元化した。その多元化した社会において、さまざまな階層から湧き上がる要求に対して共産党は対応できずにいる。共産党は権力のさらなる集中を果たすことで対応しようとするが、それは党幹部らによる不正や腐敗を蔓延させることになり、一般大衆の不満をより蓄積させてしまっている。社会不満が噴出した事件の一つが、1989年の天安門事件といえよう。

　経済的には市場経済化しつつも、政治的には社会主義体制、つまり共産党支配を堅持しようとすることの矛盾が顕在化しつつある。現在の習近平体制は、共産党支配の堅持と経済発展の継続を推進するために、国際的協調を軽視してでも、強権的な政策を実施し、共産党幹部の不正や腐敗を厳しく取り締まるとともに、体制批判を行う言論を厳しく取り締まろうとしている。

　もう一つの矛盾は、グローバル化にともない生じた矛盾である。市場経済の導入は、中国経済を国際経済のなかに位置づけることになった。経済改革・対外開放政策は当初、経済特区など地域を限定し、経済分野に限定する形で行われてきたが、しだいに地域は拡大し、欧米文化の浸透が社会のすべての分野に広げられた。中国は国際標準を受け入れざるをえなくなったのである。

　一方、中国国内では、ナショナリズムに基づく愛国主義運動の高まりもみられる。共産党は党幹部らによる不正と汚職で信頼を低下させているため、国内で高まる愛国主義運動を取り締まるのではなく、逆にそれらを利用して共産党への信頼をつなぎとめておこうとしているのである。2012年に起こった反日デモ活動に対する中国政府の対応は、これを示している。

　こうした矛盾を抱えながらも、中国は、2008年秋のリーマンショック以降も堅調な経済成長を続け、2008年の北京オリンピック、2009年の建国60周年、2010年の上海万博を成功させた。世界第2位の経済大国になった中国は、グローバルガバナンスの各領域で制度形成に積極的に関与し始め、国際公共財の提供も行おうとするようになっている。それは時として、米国が中心となって構築してきた国際秩序への挑戦ととらえられることもある。

11-2 韓国の動向

　大韓民国（以下、韓国）は1948年の建国後、1950年の朝鮮戦争を経て、1960年代後半以降、高度経済成長を遂げ、産業の高度化を実現した。1980年代後半には民主化運動が起こり、政治的な民主化も実現し、1990年代後半には先進国に匹敵する経済大国となっている。韓国も、日本にとって重要な隣国である。

　韓国の建国を宣言した李承晩政権は、北朝鮮と中国という共産主義勢力の脅威にさらされ、米ソ冷戦のなかに巻き込まれたため、強権化した。1960年の学生運動によって李承晩は退陣し、その後、軍事クーデターによって政権を掌握したのが朴正煕であった。

　朴正煕政権は、政治的安定と迅速なる経済発展をめざして、強権的に経済開発政策を推進し、開発独裁を強めていった。また、米国の友好国である日本との関係改善をはかり、1965年、日韓基本条約を締結して日本との国交を回復した。日本との国交正常化によって、対日賠償請求権が放棄され、代償として経済協力資金および政府や民間からの資金が韓国に流入した。朴正煕は、日本から資金と技術を導入し、優秀な人材育成政策とあわせて、輸出志向工業化を成功させ、急速な経済成長を遂げることができた。また、1970年代からは、セマウル運動と称される農村振興運動を開始し、経済成長に取り残されつつあった農村の振興にも取り組んだ。1970年代から80年代にかけての韓国経済の急速な成長は「漢江の奇跡」と呼ばれた。

　1970年代後半には、格差の拡大など急速な経済成長のひずみが顕在化するとともに、中間層人口が増大したこともあり、民主化運動が高まった。朴正煕暗殺事件（1979年）や光州事件（1980年）など政治的な事件も起こった。1980年代後半には、大統領直接選挙、言論の自由の保障、反体制運動家の釈放など民主化要求が達成されるようになった。1988年にはソウル・オリンピックが開催され、1991年には韓国、北朝鮮両国が同時に国際連合に加盟した。

　一方、経済的には課題を残していた。急速な経済成長を実現するために資金と技術を集約したため、韓国経済は一部の企業に集中する財閥経済となっている。1997年のアジア通貨危機の直撃を受け、国際通貨基金（IMF）の管理下に置かれたため、市場の寡占化と外貨の導入がいっそう進んだ。現在では、サムソン、現代、LGグループ、SKグループなど、10大財閥の売上げが韓国GDPの約4分の3を占めるほどになっている。

11-3 歴史認識をめぐる動き

　日本の技術者が中国や韓国で現地の技術者や一般の労働者と協働しようとする場合、かならず直面する問題が、歴史認識に関わるものであろう。「侵略」や「謝罪」、

「慰安婦」などの問題が、激しく、時に感情的に議論されている。そしてそれが、他者をあしざまに批判したり、見下したりするものになることもある。技術者が、そうした歴史論争に巻き込まれる必要はない。ただし、中国にも韓国にも日本とは視点の異なる歴史認識が存在していることだけは知っておくべきだろう。

近代の東アジアにおいて、日本は列強と同じく帝国主義的な領土の拡張をはかっていた。具体的には、朝鮮半島および中国北東部（満州）を植民地にしたのである。日清戦争、日露戦争を経て、朝鮮半島での権益を確保したいと考えた日本は、1910年、日韓併合（植民地化）を断行した。その後、中国にも侵略（進出）して、1932年には満州国を建国した。1945年、日本は敗戦し、日本が中国や朝鮮半島にもっていた権益はすべて放棄させられることになった。

朝鮮半島が植民地化される過程で、それに反対する朝鮮半島の人々の運動があった。ここでは安重根という人物の評価を比較してみよう。日本では、1909年、伊藤博文をハルビンで暗殺した人物と認識されている。一方、韓国では、強い愛国心と正義感をもって朝鮮の独立を守るため抗日戦を展開し、初代統監として朝鮮侵略の先頭に立っていた伊藤博文を処断した民族の英雄として認識されている。日本と韓国で、真逆の評価が行われていることを知っておく必要があろう。

また、中国の少数民族チベット族の精神的指導者であるダライ・ラマ14世に対する評価を比較してみる。中国には、56の民族が存在するとされるが、人口の約92%を漢民族が占め、残りの8%を55の少数民族が占めている。少数民族のほとんどは、民族自治地域を生活の基盤とし、めだった民族対立も反政府活動もない。しかし、チベットと新疆ウイグル両自治区では、宗教と結びついた反政府活動が断続的に発生している。ダライ・ラマは、チベット族の宗教的な指導者であり、同時に政治的な影響力をもつ指導者でもある。現在のダライ・ラマ14世は、世界平和やチベット宗教・文化の普及に関する貢献が高く評価され、1989年にノーベル平和賞を受賞した。日本においても、国際社会においても、ダライ・ラマ14世は、肯定的に評価されている。しかし、中国においては、中国社会を乱すテロリストと評価されている。中国は、1950年代にチベットに軍事侵攻し、中国に編入していることから、インドへ亡命しているダライ・ラマ14世を中国国内の治安を乱す人物と認定しているからである。

11　4　人材育成に関する注意点

中国も韓国も経済成長を遂げたため、日本から両国に派遣される技術者は、両国における工場などの操業の監督と技術指導をするようになっている。その際、技術者は、いくつかのことに注意しておかなければならない。

その一つは、技術指導され技能を高めた現地の技術者や労働者は、より条件の良い職を求めて転職していく可能性があるということである。韓国では1960年代か

ら、優秀な人材を育成するために教育制度が整備されてきた。大学を卒業した優秀な人材は財閥への就職を望むものの、意に染まないまま日本企業に就職した労働者も多い。中国では、急速な経済成長を賄う人材を供給しきれないため、人材育成の機能を海外の大学に依存したが、留学して帰国してきた優秀な人材は、機会があればより条件の良い職へと転職していく。賃金体系も終身雇用制ではないため、転職が日本より容易だという事情もある。技術指導し、優秀な人材を育成しても、転職されてしまうリスクがあることを考慮しておく必要がある。

　また、日本人技術者が、日本企業を退職して韓国や中国の企業に再就職することが、技術流出の観点から問題視されることもある。韓国のサムソン社をはじめ韓国や中国の企業の急速な成長には、日本人技術者が必要とされていたといわれている。日本企業が所有する機密情報を、日本企業の元社員が韓国の企業に不正に譲渡したとして訴訟になった事例もある。技術上の秘密をいかに守るべきか、細心の注意を払う必要がある。

11　5　法の支配と「人治主義」

　中国も韓国もそれぞれに特有な統治の仕組みをもっている。中国は、共産党支配の国であり、共産党の指導に従わなければならない。韓国は、財閥経済の性格を強めているため、企業による統治が強い傾向をもっている。民主主義では本来、議会で成立した法律に基づいて統治すべきところを、共産党とその幹部、あるいは企業とその幹部らの恣意に基づき統治していく傾向、つまり人治主義の傾向が強くなっているのである。日本や中国、韓国では、儒教が人々の思考や信念の根底にあり、目上の者を敬う気持ちが強いため、人治主義をいっそう強化している。中国で共産党幹部の不正や汚職がなくならないのは、幹部個人の問題行動という側面とともに、幹部の地位にいる者が目下の者に自らのもつ特権を使ってでも施しを与えようと考えているということも無視できない。

　ただし、人治主義は、特定の組織や個人の裁量に統治が依拠するものであり、それぞれの国や地域、企業などの組織ごとに統治のあり方が異なる。人治主義は、その統治の内部にいる者にとってはある程度の秩序が保たれ、利害の調整もされることになるが、部外者にその恩恵が与えられることは少ない。外部からみたとき、この形態の統治は、縁故主義であり、法に基づかない統治であり、民主主義の原則に反するものとなってしまう。

　日本の技術者は、人治主義に基づく統治の領域には一定の距離を保つべきであろう。そのなかに巻き込まれた場合には、意図せず不正に加担してしまうことにもなりかねない。所属企業などの明文化された規則と、現地社会の法律とに従った行動をとることが自らの身を守ることにつながる。

コラム……10
台湾で感じるすれ違い

　台湾で生活していると、文化が異なるために起こる小さな衝突、つまり「すれ違い」を感じます。それを紹介してみます。

　第一は、言葉の違いによって生じるすれ違いです。台湾の人々とコミュニケーションをとるときに起こる誤解の一つが、時制表現にかかわるものです。日本語と中国語の時制表現に違いがあるためです。中国語を学び始めたばかりの日本人には、「すでにした」のか「これからする」のかがわかりづらいことがあります。

　単語の意味するものが異なることから生じる誤解もあります。日本語で「責任をとる」は、何か失敗したときの始末を引き受けるといったことを意味しますが、台湾では指を差して罵ることを意味します。一つ一つ確認していかざるをえません。

　第二は、台湾人の行動様式によるすれ違いです。台湾でも行列に割り込む人がいます。「やめてくれ」と注意すると、たいていはハッとして最後尾に移動します。悪気をもってやっていることは少ないようです。「思いついたことをやってみる」ということのようで、状況の変化に応じて柔軟にそして迅速に対応する台湾人のスピード感の源なのかもしれません。日本人は、少し慎重になりすぎているのかもしれません。

　第三は、時間の使い方におけるすれ違いです。日本人は時間に正確で、台湾人は遅れる場合が多いといわれています。これは計画の立て方によるすれ違いです。台湾人はまず大雑把に物事の計画を立て、計画が進むにつれて計画をより詳細にしていこうとする傾向にあります。日本人が最初から詳細な計画を立てているのとは異なります。締切り間際に慌てさせられることも多々ありますが、これも愛嬌、と思うようにしています。

　第四は、少し色合いが変わりますが、ピンク色のとらえ方のすれ違いもあります。日本人のピンク色は白に赤を加える感じで、台湾人のピンク色は赤に白を加える感じのものです。この違いは花見に行く「桜」の色によるもののようです。日本の桜はソメイヨシノのように淡いピンクが主流です。一方、台湾の桜は緋寒桜または芝桜にさらに赤を加えた感じの色が主流です。この色合いの違いが市販製品のピンク色の違いとなっています。

　文化が違えば、言語や行動様式、時間の使い方、色のとらえ方まで異なります。「みんな違って、みんないい」のでしょう。

（日本企業(製造業)台湾駐在員　K.M.）

異文化の人とともに働く⑤ インド

インドといえば、日本人にとっては、はるか昔にお釈迦様が活躍した仏教の発祥の地、あるいはカレーの故郷、というイメージだろうか。あるいは、非暴力・不服従主義のガンディーの国、ガンジス河の流れる悠久の地というイメージもある。

多くの日本人が考えるインドは、このようなイメージで終わっており、現在のインドとは大きく異なっている。新しいインドの姿といえば、まもなく人口は中国を追い抜き世界最大になる、IT技術の超大国になりつつある、世界最高峰の大学であるMIT（マサチューセッツ工科大学）に比肩するといわれるぐらい入学が難しいIIT（インド工科大学）がある、などであろう。インドには古い伝統があるだけではなく、新しい時代の熱気にもあふれているのだ。

12 1 世界最大の民主主義国家

（1）多民族と多言語の連邦制国家

国際連合の推計によれば、2015年のインド共和国の推計人口は約13億900万人であり、人口13億7100万人の中国に迫っている。

インド共和国は連邦制度の国であり、構成する州は29、連邦直轄領が7、そしてデリー首都圏がある。都市の人口規模でいくと、デリー首都圏が約2200万人、商・工・金融の中心地ムンバイで約2100万人（いずれも2011年）である。

連邦制国家というのは米国と同様に、州政府が一つの国家としての権能をもつ、その連合体である。インドでは、それぞれの州が大きな人口と独特の言語と文化をもつことから、それぞれの独立性は米国よりも強いものがある。

連邦政府の公用語はヒンディー語だが、準公用語として英語が指定されており、政府に公的に認められた言語として連邦憲法には22の言語が明示されている。一つの民族が固有の州を形成していることが多く、その州の公用語は英語とその州の多数派民族の言語である場合がほとんどである。インドの紙幣には17の言語でその金額が記述されている（図1）。連邦公用語とはいえかならずしもすべての人がヒンディー語を話すわけでなく（ヒンディー語母語者は全人口の18%にすぎず、話者は全人口の30%を超える程度。十分に理解できる人は人口の過半数を超える程度であると考えられている）、公用語ではないが、民族固有の800を超える言語が存在し使用されていると考えられている。

宗教をみると、約8割の人がヒンドゥー教徒である。それ以外に、イスラム教徒が1割強、キリスト教徒が2%、シク教徒が2%、仏教徒が1%、ジャイナ教徒が

0.4％程度となっている。圧倒的にヒンドゥー教徒が多いわけだが、教義からも歴史的な経緯からも軋轢をもっているイスラム教徒が1割以上存在している点に注意が必要であろう。

　ヒンドゥー教は多くの教えと考えを受容し続けてきたというところに特徴がある。戒律に厳格なイスラム教と異なり、ヒンドゥー教にはさまざまな流れがあり、それらに共通する考えとして、輪廻転生を信ずる、聖なる牛と聖なる河ガンジス河への崇拝、菜食主義と禁酒等があげられるが、さまざまな考え方を受容する点にも特徴がある。多くのものを受容し包摂し、そして変化させ自らのものにしていくという点では、私たち日本人の一般的な生活態度や宗教観に近いものがあるといえるかもしれない。

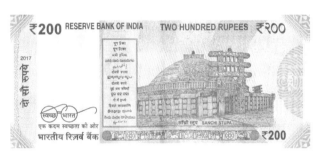

「BANK OF INDIA」の文字の下の枠にならんでいるのが、インドの連邦政府が認めている言語の一部。大半のインド人はどれが何語かわからない

図1　インドのルピー紙幣

(2) 識字率とカースト制

　2013年の国連の統計によれば、世界の179の国のうち識字率が99％を超えるのは46の国・地域である。過半数の105の国で90％を超えているのだが、インドは75.6％で137位である。

　人口が多く、カースト制が根強く残っていることも関係して、非常に貧しい人々が多いのもインドの現状である。その結果、学校に通えない人たちも多く、識字率も低いままである。カースト制度は、憲法では明確に禁止され、独立以来長い時間をかけて融和策がとられているものの、いまだにそのしばりから逃れられない人々は多い。法律上の規定では、大学や公職などで、定員のほぼ半数が下位カーストと少数民族などへの留保枠として設定されている。

　カースト制は、外部からは理解が難しい。法的には禁止されているが、インド国民には抜きがたい「違い」意識がある。彼らは初対面でも、ある程度話をすれば、相手がどの程度のカーストに属する人か判断できるという。それが理由で明確な差別をすることはないというが、カースト制度の影響が厳然として存在していることは理解しておく必要がある。

識字率が低いため、低額硬貨には、数字だけではなく、指のイラストが描かれている

図2　インドの2ルピー硬貨と1ルピー硬貨

(3) 多様性への理解

　どこの国でも、この国ではかならずこうだと言いきることは難しいが、インドという国を一言で表すのはとくに難しい。日本でも、本州内の東北地方と中国地方では、やはり多くの点が異なっている。たとえば、和食の味付けは関西では薄く、関東では濃いといわれている。インドでは、それがもっとバラエティーをもっており、いまだに大事にされていると考えれば、わかりやすいことだろう。インドは、国土が南北・東西に大きく、人口が多い。そして、最古の文明圏の一つでもあり、その多様性は私たちの想像を超えるものがある。

12　2　インドでのビジネス

　日本企業は外国で事業展開するときにさまざまな困難に直面する。インドは、広大な国土、膨大な人口、言語や文化の多様性、カースト制の影響などはいうまでもなく、1947年にイギリスから独立して以来、民主主義を掲げながら外国からの影響を排するために外国製品を輸入する代わりに国内での生産をめざす内需主導型の発展戦略を採用してきたために、外国企業の進出は困難を極めていた。

　そうしたなかで1980年代にインド政府と合弁企業を設立して、2015年のデータではインド国内普通自動車市場シェア47％にまで成長した自動車メーカーS社は、なぜ、どのようにしてインド市場で成功したのか紹介したい。あわせて、2010年代、インドが市場経済を広く受け入れていた時代に、プラント輸出に従事したT社の事例も紹介したい。

(1) 自動車メーカーS社の場合

　1980年代、インドは外資を導入した新しい発展戦略を採用していた。国内の自動車会社2社を保護するために閉鎖されていた自動車市場も、外国からの投資に開かれようとしていた。しかし、欧米、日本の有力な自動車メーカーがインドに進出を試みたが、失敗に終わった。インド政府は、自動車製造の合弁会社のパートナー

を探していたが、日本のS社は、低燃費の小型車に強く、低価格で生産・販売できる自動車メーカーということで、パートナーとして選ばれた。こうしてS社は、インド政府と合弁会社M社を設立した。

M社がインドで成功した理由のひとつが、インド市場のニーズに合った小型自動車を製造したことである。製造する車種を決定するに際して、徹底的な市場調査も実施された。M社が製造する小型自動車は、S社が製造していた車種をモデルにして、さらにインドの道路事情などに合わせて、いくつかの変更を加えたものであった。

次に、生産設備は、S社のものを利用するとしても、そこで働く従業員をどのように教育するか、経営者を含めてどのような企業文化を育てていくかが最初の課題であった。というのも、多くの海外進出企業は、現地の労働者の行動パターンを理解できず困惑していたからである。

S社は、インドに技術者を派遣するだけではなく、インドから多くの技術者を日本に長期にわたり受け入れてトレーニングを実施した。マンツーマンで指導者をつけ、社員寮でともに暮らした。また、M社では、管理職も従業員も同じ大部屋で仕事に従事し、制服や食堂も同じにした。こうしてM社は、従業員に技術を学ばせただけではなく、会社と従業員のあり方を変えて、新しい企業文化を導入しようと試みたのである。注意しなければならないのは、S社の企業文化をそのままの形で無理矢理にインドに持ち込んだのではない点である。経営陣も従業員も、新しい企業文化が自分たちの待遇を上げ、給与をよくするものであると納得して理解したうえで日本の自動車生産システムを受け入れたのである。

自動車の生産は、自動車の組立てだけではなく、部品メーカーから部品の供給を受け自動車を生産し、さらに販売網を通じて販売するなど、一大産業である。S社は、従業員を教育するだけではなく、部品メーカーや販売ディーラーの利益を保証する形で育成した。インドと日本のあいだに文化の違いがあることはいうまでもないが、M社は、日本のシステムを受け入れる際に、管理職や従業員、部品メーカーや販売ディーラーの利益を配慮しながら、現地化させたのである。

(2) プラント輸出の場合

ある日本企業が、2010年代に、インドに排水処理プラントを輸出した。プラントを輸出する場合、日本で設計してから現地で建設する。そして、プラントを建設した後に、装置を知っている日本の技術者がオペレーションのトレーニングをする。現地の自然環境に合わせるとか、機械の不具合など技術的に解決しなければならない問題もあるが、インドという国にプラント輸出をする場合、どのような問題が生じたのだろうか。

現地に排水処理施設を設置する場合、「日本の品質を現地のコストで実現」することが、目標であり課題であった。そのためには、日本から運搬できないボイラー

など大型の機械は現地で調達することになる。プロジェクト・マネージャーは、そうした機械を設置し、施設を建設するための労働者は、現地メーカーから紹介してもらったが、現地の労働者にいかに仕事をしてもらうかが、もっとも大変だったという。

工事の責任者とのあいだでは、英語でコミュニケーションがとれたが、現場の労働者とのコミュニケーションは難しかったという。しかも、安全靴やヘルメットもない労働者に安全教育を実施し、きちんとスケジュール管理をして、予定通りに建設することはかなり困難であった。「やれる、できる」と言われるものの、スケジュール通りには進捗しないことや、スペック（仕様）通りになっていないことなど面食らうこともたびたびであったという。

インドのメーカーから機器を調達する場合、工場を訪問して製造工程や出荷検査の実態を把握したり、その機器が稼働している現場を確認して、品質を確保したという。場合によっては、製造方法や検査方法についてアドバイスをしたり、製造状況を確認したりして、品質や納期を管理する必要があった。こうしてインドへのプラント輸出という経験を通して、日本の品質を求めて難しくても、さまざまな工夫を重ねることが重要であると考えるようになったという。日本のやり方とどこが違うのかを見きわめたうえで、どこで折り合いをつけるのか判断することが重要であるといえるかもしれない。

12 3 インドの異文化と折り合いをつける

技術者として働くことになるどの国の文化も、それが母国の文化と比べて異質であればあるほど、とまどってしまう。相手側からしてみれば、こちらの方が異質である。双方が互いに、異質の文化に直面し、とまどう。個人としては、変わった文化や風習があれば、それを楽しむぐらいの姿勢が必要なのかもしれない。それでも、技術者としてインドで働くことになった者にとっては、インドと日本のあいだの文化の違いは大きい。

自動車メーカーS社は、文化の違いがあるにもかかわらず、日本の生産システムをインドに現地化させるのに成功した。S社は、生産システムを現地化させる際に、管理職や従業員、部品メーカーや販売ディーラーの利益をきちんと配慮することで、共存共栄のシステムを構築することができた。異文化ということを前提にしながらも、共通の利益をどのようにして作り出すかに努めた結果であった。

排水処理プラントを輸出したプロジェクト・マネージャーは、納期やスペック（仕様）などについて自社の基準をなかなか達成できないインドの現場において、日本の基準とインドの現場の現実のあいだで折り合いをつけていくやり方を学んで、プロジェクトを成功させた。インドの習慣をはじめから知っていたら、スケジュール管理を最初から工夫し、人材を投入するなど、もっとスムーズに対応できただろう

という。

　文化の違いを前提として、異文化と折り合いをつけて対応することは、インドだけではなく、グローバル化する世界で活動する技術者にとって必要なことである。違いを見きわめ、折り合いをつけることは、異文化コミュニケーションのひとつの手法なのである。

COLUMN
コラム……11 ● ヒンドゥー教の神々と仏教の仏たち

　ヒンドゥーの神々というと皆さんは何を想像しますか？　数多い神々の中の三大神は、まず世界を維持するヴィシュヌ神、すべての存在を与えるブラフマー神、世界の創造と維持・破壊を司るシヴァ神、この三大神に加えてシヴァ神の妻パールバティ神、その息子で象の頭をもつ姿で知られるガネーシャ。ちなみに、ガネーシャは首から下が人間の姿をしていますが、頭は象という変わった姿をしています。この神は富と知恵の神様です。これらの由来を知り、ヒンドゥーの神々の人間臭さに魅力を感じる日本人も多くいます。

　ヒンドゥー教では、あらゆる存在に神を見いだすといわれます。私たちが八百万(やおよろず)の神々を考えたように。そして、これらの神々の多くは、日本に伝わり、そのまま仏教の仏・菩薩・神将として考えられています。たとえば、皆さんも写真は見たことがあるでしょう、東大寺の大仏様は、毘盧遮那仏を表しており、お釈迦様のことでもあります。また、お釈迦様は、ヴィシュヌ神の第9番目の化身とされていますから、この三者は同一の存在です。ちょっと混乱していますよね。上述のシヴァ神は仏教では大黒天です。ブラフマー神は梵天です。

　京都の古いお寺を参観すれば、そこに祀られている仏像の解説が英語で書かれている場合が多いのですが、筆者は、千体千手観音像で知られる三十三間堂にインドから来られた先生方を案内したことがあります。その時に、仏像（正確には二十八部衆像だそうです）についていた解説を一つ一つ読みながら、ヒンドゥーの何とか神だ！　と喜んでおられた姿を思い出します。

（田上敦士）

13 異文化の人とともに働く⑥ 中東・アフリカ

　中東やアフリカに進出する日本企業は、近年増加している。中東には、石油など豊富な天然資源に関わる企業や、将来の市場拡大を期待する企業が進出している。アフリカにも、人口12億人の「最後の大市場」への参入を狙う企業が進出し始めている。そして、日本企業が中東やアフリカに進出する際、石油などの資源の採掘など、大型の機械や生産設備をまとめてプラント輸出し、技術指導などを行いながら中長期にわたり現地の企業と関わり続けることが多い。

　中東やアフリカの企業の経営トップの人々は、欧米での教育を受けたエリートである場合が多いが、日本から赴く技術者が接するのは、プラントで働く技術者であり、多くの場合、現地の高校、大学で教育を受けた技術者が多い。作業現場で直接に接する労働者には、初等教育を受けているだけという場合も少なくない。そうした人たちは、現地社会の習慣や風習、宗教など文化的背景を色濃くもち、そして、それに基づいた生活をしている。現地の人たちもまた日本人と接するとき、相手の文化に困惑し、どのように接すればいいのか戸惑っていることが多い。

　中東やアフリカの人々と接するとき、彼らが友好的で、こころ優しく接してくれると感じることも多い。礼儀正しく、相手を尊重しようとしていることも多い。日常生活に溶け込んでいる日本製品に対して敬意を表しているからだ。彼らの知る日本とは、日本企業の製造する家電製品や自動車なのである。壊れることの少ない高品質のものを作ることのできる国をイメージしている。

　その一方で、日本人からみた中東やアフリカはどうだろうか。中東やアフリカは地理的にも離れ、文化的な関係も希薄で、なにやらよくわからない不思議な地域だという印象を抱く人も多い。中東や北アフリカに多いイスラム教徒（ムスリム）の宗教的行動が、イスラム教に関する知識に欠ける日本人には理解できず、奇異なものとして受け取り、偏見を生み出すこともある。黒い肌をもつアフリカ人に対する偏見や差別感情を表に出してしまう人物も残念ながら少なくない。さらに、中東やアフリカに関する報道には、戦争やテロなどのニュースも多く、多くの日本人がもつ偏見や先入観を助長し、中東やアフリカの人々とともに働きたいという気持ちをそぐこともある。

　中東やアフリカで働こうとする日本の技術者にとって、パートナーとなる現地の技術者がどのような人たちなのかを知ることは必要であり、その第一歩として、中東やアフリカの実情や、そうした地域の人々の心情を構成する歴史をひもとくことから始めてみよう。

13 ① 世界帝国の誇りとイスラム教

　中東は、古代のメソポタミア文明とエジプト文明が発祥した地であり、ユダヤ教、キリスト教、イスラム教が誕生した地でもある。また、ペルシャ帝国、イスラム帝国、オスマン帝国などの世界帝国がこの地に建国され、インドや中国と並び、世界の中心地の一つであった。ペルセポリス、ウマイヤ・モスクなどの遺蹟に示される世界帝国の歴史は、中東の人々の誇りでもあり、彼らの心情を構成する重要な要素となっている。

　8世紀頃、アラビア半島に勃興したイスラム帝国（アッバース朝）は、中央アジアから地中海地域までを支配する大帝国となった。アッバース朝は、すべてのムスリムに平等な権利を認め、イスラム教の教理に基づく統治を行った。部族社会を単位とするのではなく、イスラム教、シャリーア（イスラム法）、アラビア語によって部族社会は統合され、イスラム教に基づくイスラム共同体が形成されたのである。

ペルセポリス遺跡

　13世紀末、中東の帝国として台頭してきたオスマン帝国でも、支配民族がアラブ人からトルコ人になったものの、イスラム共同体としての特質は継承され、人々は民族や部族によって区分されるのではなく、イスラム教によってさまざまな民族や部族の人々が緩やかに統合されていた。

　人々を統合するイスラム教は、唯一絶対の神（アッラー）を信仰し、アッラーが最後の預言者であるムハンマドを通じて人々に下したクルアーン（コーラン）の教えを信じる一神教である。人々の生活にかかわるさまざまなことを細部にわたって規律し、生活していくために必要なすべてを教え導くと考えている。その教えは六信五行とされ、唯一神、天使、啓典、預言者、終末と来世、定命（運命）を固く信じる六信と、信仰告白、礼拝、喜捨、断食、巡礼というイスラム教徒がとるべき5つの信仰行為の五行とで成り立つとされる。

　ムスリムの行動を規定する五行の具体例は次のようなものである。イスラム教徒は1日5回、聖地メッカに向けて信仰を告白する礼拝を行う。喜捨は、困窮者を助けることであり、イスラム国家では税金の一種として徴収されるとともに、街角に設置さ

イマーム広場、正式名称はメイーダ・ナクシェ・ジャハーン（世界の肖像の広場）

13 異文化の人とともに働く⑥　中東・アフリカ……87

れている喜捨ボックスに小銭を寄付するなど、人々の間で互助の精神を示す活動が行われている。断食は、年に約1カ月、ラマダン月（イスラム暦の9月）の日の出から日没まで、一切の飲み食いを断って信仰を深めることである。また食事に関する禁忌も定められ、飲酒や豚肉は禁止されている。鶏肉や牛肉などもイスラムのルールに従って屠殺しないかぎり、食べることは許されない。ムスリムが食べることを許されている食事を「ハラール」と呼ぶ。巡礼に関しては、ムスリムは少なくとも人生の中で一度はメッカ巡礼をしたいと考えている。

　ムスリムはクルアーンの教えを守ろうとする。女性に関する教えもある。肌の露出を禁じて長衣の着用を義務づけたり、親族以外の男性との接触を制限したりしている。見知らぬ男性と握手することも宗教的禁忌だと考えられている。中東の風土や当時の社会情勢などから、女性を守ろうとした教えでもあると考えられる。

　中東の人々に限らず、イスラム教の教義に基づいて生活している人々と協働しようとすれば、イスラム教に関する理解と認識は、必要不可欠なものである。円滑なコミュニケーションをとるためだけでなく、相手を尊重し敬意を払い、相互の信頼関係を築く第一歩となるからである。

13　2　パレスチナ問題とナショナリズム

　中東は今も政治的に混乱が続き、紛争も絶えない。政治的に安定しない中東をみて、中東は危険な地域だと決めつける人も多いが、政治的に混乱する原因は中東地域だけに帰すべきものなのだろうか。

　13世紀末、中東の帝国として出現したオスマン帝国は、ヨーロッパの動向にも大きな影響を与えた。ただ、産業革命によって急速に経済圏を拡大するヨーロッパ諸国が台頭してくると、しだいにその勢力を衰退させ、第一次世界大戦に敗戦した後は、事実上解体されてしまった。帝国の版図は、現在のトルコ共和国の領域に押し込まれたが、残された帝国の領域の分割をめぐって対立が起きた。

　イギリスは、オスマン帝国の領域について3つの約束を行った。まずアラブ人には、戦争協力の見返りにパレスチナにおけるアラブ人の独立を承認すると約束した（フサイン＝マクマホン書簡）。ユダヤ人にも、戦争への支援を取り付ける見返りとしてパレスチナにおけるユダヤ人国家の建設を認める約束をした（バルフォア宣言）。さらにフランス、ロシアとは、戦後のオスマン帝国領土の分割支配を密約した（サイクス＝ピコ協定）。オスマン帝国の領域は結局、イギリスとフランス、ロシアとで分割統治された。イギリスの委任統治領パレスチナには、多くのユダヤ人が入植し始め、この地で生活していたアラブ人との対立を生み出していくことになった。1948年、ユダヤ人国家であるイスラエルの建国が宣言されると、ユダヤ人とアラブ人の対立は決定的になる。四次にわたる戦争が勃発し、いまなおユダヤ人とアラブ人の対立は、中東における政治的緊張を引き起こす最大の要因となって

いる。

　また、イスラム共同体として緩やかに統合されていたオスマン帝国の領域には、地域を分割し分断するために、ナショナリズム（民族主義、国民主義、国家主義ともいう）が外部から持ち込まれることになった。中東では、ヨーロッパのように宗教権力と世俗権力を分離するような動きが内発的に起こらなかったため、部族や民族を単位とする共同体ではなく、宗教と世俗権力とが結合しつつ、イスラム教によって緩やかに統合されてきたのである。そこに、第一次世界大戦後、イギリスや米国からナショナリズムに基づく主権国家の建設を強制されるようになるのである。

　イギリスは、地中海からスエズ運河を経て紅海、インド洋、ペルシャ湾にいたる地域を支配下におさめ、そこに主権国家を建設し統治し始めた。当時、石油に対する需要が高まりつつあり、石油を産出する地域の権益を獲得するためであった。ただ、1920年代初頭、現在のサウジアラビアの地域に石油資源はないと考えられたため、イギリスは関心を寄せず、新たに世界的大国になりつつあった米国がそこに進出していくことになった。中東は、ナショナリズムが台頭する中で主権国家が誕生したという外見をとりながらも、石油という天然資源を欧米列強が収奪するために分断されてしまった。つまり、資源をめぐり紛争の絶えない地域へと変貌させられたと理解することもできるのである。

13　3　反欧米感情とイスラム復興運動

　第二次世界大戦後、イギリスと米国は、石油資源を確保するために、中東の新興独立国に対する干渉をいっそう強めていく。

　イランで1950年代、民主的選挙によって首相となったモサデグは、石油の国有化政策をとろうとした。イラン国内で採掘される石油の利益が、イランにほとんど利益をもたらさない状況を改善しようとするものであった。しかし、米国とイギリスは、自国の権益を侵す石油国有化政策に反対し、激しい内政干渉を行い、モサデグを失脚させ、国王親政を復活させた。サウジアラビアでは、親米路線をとる国王を支援し続けた。

　欧米諸国の干渉が強まると、中東諸国の国民から反発が生じてきた。政府は国民の反発を弾圧するようになり、それに国民がさらに反発するようになった。イスラムによる統治、イスラム共同体の復興を求めるイスラム復興運動（イスラム原理主義とも称される）が中東各地で生まれてきた。エジプトのナセルらの自由将校団によるクーデタ（1952年）や、国王（シャー）を追放しイスラム法による支配を実現しようとしたイラン革命（1979年）などは、そうした事例である。

　イスラム復興運動の中には、より過激な手段を用いて目的を達成しようとしてテロを行おうとする過激派集団も現れた。ソ連のアフガン侵攻に対抗しようとしたム

ジャヒディーン（「聖戦を行う者」の意）らが、反米テロを行うアルカイーダになったことは、その一例である。ただそのような過激派は、きわめて少数である。多くのムスリムは、天然資源の収奪を目的とした欧米諸国による帝国主義的な干渉に反感を抱きつつも、暴力をもって要求を押し通そうとはしていない。中東の人々は争いを好むという印象をもつ人は多いが、それは事実と異なる。どうしてそのような偏見をもつようになったかはあらためて考え直してみる必要があるだろう。中東の人々は欧米諸国の天然資源を目的とした干渉に反発しているのであり、けっして争いを好むような民族でもなければ、宗教でもない。

　欧米経由のニュースを無批判に受け入れているわれわれは、偏見や先入観を知らず知らずのうちに刷り込まれているのかもしれない。中東で活躍しようとする技術者は、中東での紛争や対立の表面的な現象だけでなく、この地の歴史と経験を知り、彼らに敬意を払える知識を身につけておく必要があるのではないだろうか。

13　4　植民地化されるアフリカ

　アフリカに関しても、中東と同じく、現在のアフリカを形づくるヨーロッパ諸国との歴史を知ることが必要となる。ヨーロッパ諸国と接触する前のアフリカには、独自の文化と生活が存在し、それぞれの地域を結ぶ交流ネットワークも構築されていた。それらが破壊され、ヨーロッパ諸国にとって都合のよい地域に変貌させられることになるのは、15世紀以降のことである。

　オスマン帝国が誕生すると、アラブ商人に高い関税をかけたため、アラブ商人を介した香辛料取引が激減した。ヨーロッパ列強は香辛料の新たな入手経路を求めて、インドへの航路を「発見」しようとする大航海が行われるようになった。15世紀末のヴァスコ・ダ・ガマによるアフリカ大陸南端を経由するインド洋航路の発見、コロンブスの大航海は、その例である。

　ヨーロッパからアフリカ大陸を回遊してインドへと向かう航路が発見された後、ヨーロッパ諸国は、アフリカ大陸の海岸線の都市を寄港地とし、交易を始めた。16世紀になると現地首長から、銃、酒などと交換に、奴隷を手に入れるという、いわゆる奴隷貿易が始まった。ヨーロッパ人は、北アメリカ、カリブ海地域でのプランテーション農場における労働力として奴隷を売却し、砂糖、綿花などの植民地産品を購入するという貿易を行うようになった。こうしてアフリカから大量の「奴隷」が「輸出」されるようになり、奴隷貿易が禁止される19世紀までに、1200万人とも1500万人ともいわれるアフリカ人奴隷が、大西洋を越えて「輸出」された。働き盛りの労働力を奪われたアフリカは、経済発展が数百年遅れたといわれるほどの影響を受けた。

　ヨーロッパで産業革命が進行し、モノの生産が急速に増大すると、その生産活動に必要な原材料の生産と、製品の消費地としての役割がアフリカに強制されるよう

になった。ヨーロッパの製造業で機械の潤滑油として使われたのは、アフリカで栽培された落花生から搾り取った油だった。モノを運ぶための麻袋になるサイザル麻は、アフリカのプランテーションで栽培された。また、金やプラチナ、ダイヤモンドなどの貴金属、銅やコバルトなどの鉱物資源も豊富に産出された。ヨーロッパ列強は、そうした生産をより効率的にかつより安価に行うための仕組みを、アフリカに導入し

サイザル麻のプランテーション農場

た。経済は単一産品を大量に生産するためにモノカルチャー（単一あるいは少数の産品の生産に依存する経済形態のこと）化され、アフリカ人の伝統的な生産活動は破壊され、アフリカ人はプランテーション農場や鉱山・工場で働かざるをえないように仕向けられていった。

　1884年にベルリンで開催されたアフリカ分割会議で、アフリカはヨーロッパ列強により分割支配されることが、一人のアフリカ人が参加することもなく決められた。現在のアフリカの国境線は、ほぼこの時に引かれた植民地境界線である。また宗主国となった国の言語が、アフリカ植民地の公用語となり現在に至っている。アフリカは、第一次世界大戦までに一部の例外（リベリアとエチオピア）を除いてほとんどの地域が列強の植民地とされた。奴隷貿易と植民地支配を通じて、ヨーロッパへの政治的・経済的・社会的従属を強制され、支配と服従の関係を強制されることになったのである。

13　5　パン・アフリカニズム、ナショナリズム、そして独立

　さらに、アフリカ人は精神的な隷属状況を強いられることになる。アフリカ人はヨーロッパ人に比べて劣った人種であるとする人種差別主義（レイシズム）である。人種差別主義を克服しアフリカの主体性を回復しようとするパン・アフリカニズムは、19世紀末に米国やカリブ海地域のアフリカ系知識人によって始められた。これがアフリカ現地のナショナリズムと結びつき、第二次世界大戦後、1960年代以降にアフリカ植民地が独立していくことになる。1960年には一挙に17カ国が独立し、国際連合に加盟した。新たな時代の幕開けを予感させたが、新たに独立したアフリカ諸国には多くの課題が残されていた。

　新たに独立した国家には、多様で複数の民族が混在していた。さらに植民地統治下で、それぞれの民族が分断し、対立するようになったことで、民族間の融和を期待することは難しかった。1994年、ジェノサイド（集団殺害）が発生したルワンダでも、少数派ツチと多数派フツとが敵対するような植民地統治が行われていた。

国内の経済構造はモノカルチャー化され、経済発展のための資本蓄積も乏しかった。

新たに独立したアフリカ諸国は、ゼロからの出発ではなく、マイナスからの出発を強いられた。そのため、アフリカ諸国の経済開発は期待したように進まなかった。先進国からの経済援助も、当該国の技術水準や労働者の労働慣行を無視していたりして、期待した成果を出せずに終わるプロジェクトが多かった。1980年代、ラテンアメリカ諸国の累積債務問題を契機に、アフリカ諸国の経済危機も表面化した。アフリカ諸国は、世界銀行や国際通貨基金（IMF）などの融資を受ける見返りに、政治的民主化を受け入れたが、停滞した経済状況の中で、急速かつ劇的な政治的な変容を強いられ、アフリカ諸国は動揺した。権威主義的な独裁体制を打倒する国もあれば、新たな政権が従前と同様、権威主義化し独裁を敷く国もある。また内戦に陥った国もあった。

アフリカ経済は、2000年を境に急速に発展し始めた。鉱物資源、とくに石油の価格上昇に起因するものである。また、中国資本の海外進出がアフリカにもたらされたことも大きく影響しているためでもある。経済発展から唯一とり残されてしまったかのようなアフリカ経済が、反転、急速に成長するようになった。人口も10億人を超え、消費の中核を担う中間層も拡大しつつある。アフリカは、世界市場に残された数少ない魅力ある巨大市場に成長しつつある。

13　6　アフリカの伝統社会と近代社会

アフリカの社会には、伝統的社会の要素と、欧米型の近代社会の要素が混在している。

アフリカ人の伝統的社会では、農村部においても、都市部においても、家族や親戚・一族などの血縁と、ムラなどの共同体や同じ出身地などの地縁を大切にする。人と人とのつながりを重視する。そこには、外部の人間には気づきにくい、社会的な紐帯や連携を促す意識が存在している。アフリカ人が挨拶を交わすとき、「元気ですか」に続き、「家族も元気ですか」と尋ねることが多いのは、その現れである。

そうした集団を基礎とする相互扶助の精神も強い。たとえば、家族や、同じ一族の者、同じ出身地の者が都市に出稼ぎに行くとき、都市部にすでに暮らしている縁者が、出稼ぎに来た者の生活を支援する。都市で暮らすアフリカ人の部屋に、数多くの人が暮らしていることが多いのは、そのためだ。貧しいという経済的理由だけでなく、新たに都市に出てきた者の生活がある程度整うまでは助け合おうとする相互扶助の精神によるものでもある。

国家の制度は、植民地時代に整備された統治機構を、独立後もそのまま継続していることが多い。アフリカの独立国の国境も、植民地の境界線をそのまま使っている。植民地支配によって分断されてしまったアフリカの人々を、独立後のアフリカ国家が国民として一つに統合するという課題も、達成できないまま現在に至ってい

ることも多い。アフリカの多くの人々は、自らが帰属する集団として、国家を想定することは少なく、自らの出身民族・部族に帰属意識を置いていることが多い。国家は植民地宗主国がつくったものであり、必要なものかもしれないが、むしろ国民のさまざまな活動を阻害するものだと考えていることもある。国家によって統治されれば、秩序だった生活を送ることができると考えることも少ない。国家に対する信用は薄いのである。だからこそ、人々は、自らが帰属する集団に依拠し、その中でお互いを助けあう相互扶助の精神を大切にしている。

　相互扶助は、近代社会においても肯定的に評価されているが、行き過ぎた相互扶助は、時としてネポティズム（縁故主義）につながり、政治的な腐敗を引き起こすことになると考えられている。アフリカ諸国に近代社会的な要素は、アフリカ植民地が独立する以前から導入されていたが、1980年代の民主化以後、本格的に導入されている。アフリカ諸国への経済支援の条件とされたこともあり、なかば強制されるように導入されていった。アフリカ諸国の都市部の風景は、そうした近代化された社会を映し出そうとするものでもある。人々の暮らしも近代化され、考え方も近代化の影響を受けつつある。

　それでも、アフリカ諸国には伝統的な紐帯に依拠するさまざまなネットワークが存在する。その一つが、国の枠を超えて存在する商業ネットワークであろう。アフリカの東部と西部には、イスラム商人やインド商人を介する商業ネットワークが存在している。アフリカ人自身も自らの人的つながりを活用する商業ネットワークを構築しつつある。こうした商業ネットワークは、違法なダイヤモンドや象牙の取引などに関わることもあれば、アフリカ人のビジネスマンがヨーロッパや北アメリカ、アジアに活動の拠点を置くときに利用されることもある。麻薬などの違法な薬物の取引に関わるネットワークもある。さまざまな活動が、政府の統治から外れて、自律的に行われている。

　こうした自律的なさまざまな活動は、アフリカ人が生き抜いていくための活動でもある。伝統的な社会だけでなく、都市部の近代的な社会の中でも、相互扶助のためのさまざまな活動が存在しているのは、そうした相互扶助のしくみがなければ、生き抜くことさえ難しい状況が存在しているからでもある。アフリカ人が貧困に追いやられた歴史的事実を知れば、一方的に、ネポティズムだとか、前近代的だとか批判することは難しい。

　植民地経験を経てきたアフリカ人の多くは、辛いことを表情に出すことは少ない。むしろ、他者から批判されないよう、警戒感を表に出さないために、心に思っていることとは別に、他者にとって都合のよい表情を浮かべる知恵を身につけるようになっている。辛い経験を積み重ねてきたことによる護身術なのだが、これが外部の人にすれば、アフリカ人の考えていることがわからないと思わせ、アフリカ人を誤解してしまうことにもなる。

7 中東やアフリカの人々とともに

　中東にしろ、アフリカにしろ、人々は礼節を重んじ、家族や友人を大切にする。自らがもつ価値観に誇りをもつとともに、外部の価値観にも適応しようとしている。ただ、彼らの歴史的経験は過酷な部分が多く、外部の人々との接触ではストレートに感情を表さないことも多い。

　外部に翻弄される歴史経験をもつアフリカの人々は、見下されることに敏感だ。人種差別主義に対する反感も強く、人種差別主義者を信用しない。そのような人物には、自らの心情を直接的に表すことなどせず、表面的には優しく振る舞いつつ、一定の距離を保ち続ける。アフリカ人の信用を得るための前提条件は、人種差別主義に対する感性をもつことである。そして対等な関係を構築しようとする、ごく当然の人権感覚をもつことである。

　彼らと協働していこうとするのであれば、彼らには誇るべき歴史があり、対等な人間として礼節をもち接することが基本であろう。教えてやる、指導してやるなどといったおごり高ぶった思いをもったままでは、信頼関係を構築することはできない。

COLUMN
コラム……12
「なんであんな黒いのが好きなんだ」発言から考える

　日本のある国会議員が2017年11月、同僚議員の主催する政治セミナーで、この同僚議員のアフリカとの関わりについて、「（私が）ついていけないのが（同僚議員の）アフリカ好きでありまして、なんであんな黒いのが好きなんだと言っておるんですが……」と発言し、新聞などでも大きく報道されました。なぜ、問題だと考えられたのでしょうか。

　議員の発言に対して、日本アフリカ学会有志の大学教授らが抗議文を出すなど、批判の声が高まりました。「アフリカンキッズクラブ」の子どもたち42名も連名で、その議員に手紙を送りました。アフリカンキッズクラブは、両親または親のどちらかがアフリカ出身で、アフリカにルーツをもつ子どもたちが交流する場として活動しています。

　その手紙の一部を抜粋します。「私たちの親はアフリカ諸国の出身です。私たちにとってアフリカの国も母国であり、そのことを誇りに思っています。議員の言い方は、どう考えても差別的で、蔑んでいるようにしか聞こえません」、「このような発言を国会議員で、大臣経験者でもある方がされることは、アフリカ諸国をはじめ、国際的に信用をなくすことにつながるでしょう。私たちは、すべての人・文化・社会を同等に尊敬し、対等に向き合うことが大切だと思います」、「自らの発言を反省し、私たちアフリカにルーツを持つ人間、アフリカ系の人々、さらには差別と真っ向から向き合い反対する勇気をもつすべての人に対して真摯に謝罪するよう求めます」。子どもたちは、抗議だけでなく、アフリカや自分たちへの理解を求め面会を申し出ましたが、断られました。しかし、この手紙は、日本にもこの差別発言で傷つく当事者がいることが知られる機会ともなり、共感や応援の輪が広がりました。

　グローバル社会の中で、多様な民族・人種のアイデンティティーや尊厳を認めることは、必須のことです。「差別する意図はなかった」ではすまされないのです。視野を広くもって、世界の歴史や文化、社会を学んだり、自分の関心を広げることも大切でしょう。日本で生まれた子どもの35人に1人が外国人の親を持っています。多様な文化を理解し、互いに尊重しながら共に生きる社会を「多文化共生社会」と呼びます。私たちは、地球上に生き、同時に地域コミュニティーで生きています。「地球規模で考え、地域で行動しよう。(Think globally, Act locally.)」という言葉のように、その両方を意識し、大事にしながら、身近なことから行動できればと思います。

（アフリカ日本協議会代表理事／関西大学客員教授　津山直子）

Engineering ethics

第 **3** 部

グローバルエンジニアの倫理

14 異文化の中で働く

　グローバル化が進行している現在、異文化の中で働く機会も増えるだろう。日本企業の海外事業所に派遣されることがあるかもしれない。日本にいながらも外資系企業で働くこともあれば、所属する日本企業が外国企業の傘下に入り外資系企業で働くことになるかもしれない。企業活動がグローバル化する中で、日本国内でありながら外国人従業員とともに働くことも珍しくなくなっているのが現状である。異文化をもつ人々とともに働く機会はこれからも増えるだろう。異文化の中でのコミュニケーションはどのようにして可能だろうか。

14　1　多国籍企業からグローバル企業へ

　企業は、企業活動を活発に進める中で、海外市場に輸出をするために販売のための拠点を置く。さらに海外に輸出するだけではなく、生産拠点を設置して、本国から部品を運んで組み立てる場合もあるが、現地で部品を製造・調達する一貫した工場を設置する段階の日本企業も多い。さらには、現地のニーズに応じた商品開発をするために現地で研究開発も始められている。現地で生産する目的は、市場の確保、生産コストを抑える、資源を確保するためなどさまざまである。いずれにしろ、企業が海外で事業展開するにつれて、技術者としても海外で仕事をする機会は増大している。

　海外で展開する企業は、多国籍企業あるいはグローバル企業などと呼ばれる。多国籍企業は、本国に拠点を置きながらも、多くの国の文化に対応しながら経済活動を展開している。多国籍企業の現地法人は、人事、製造、開発、マーケティングなどの機能をもち、現地に対応する。これに対して、グローバル企業は、異なる国の文化に対応するよりも、世界中に拠点を置きグローバルな規模で最適化をめざしている。グローバルな視点に立って、人材や資源を最適に配置して、収益の最大化をめざして企業活動を展開しているのである。多国籍企業と比べて、人材などもさらに多国籍化しており、そこで働く場合には、外国人も同僚となる。

　企業が海外に直接投資をして工場を設立するなどのほかに、現在では、買収によって多国籍企業化する場合も少なくない。日産自動車は、もとは日本の企業であるが、経営再建のためにフランスのルノーと資本提携して、ルノーの傘下に入っている。現在では三菱自動車を傘下に収め、ルノー・日産・三菱で連係した企業活動を行っている。また、最近ではシャープが台湾の鴻海（ホンハイ）の傘下に入り、再建の途上にある。発祥も活動の中心も日本ではあるが、親会社は台湾の企業であり、売上げの多くも海外からである。いずれの場合も、多国籍企業といえるだろう。

14-2 海外現地法人の日本人スタッフとして

　日本企業の海外事業所では、現地人スタッフが大多数を占め、日本人スタッフは少数しかいないことが多い。そのような現地事業所で、日本人スタッフに必要とされるスキルのひとつは、日本の本社の意向を現地に伝え、また現地スタッフの声や消費者のニーズを本国に伝えることである。

　「以心伝心」という言葉が示すように、日本人には自分の気持ちは言葉に表さなくても相手に伝わるだろう、という思い込みがあるかもしれない。しかし、日本であっても初対面の人物に以心伝心に気持ちを伝えることはできないだろう。海外で外国人のスタッフとともに働くというのは、初対面の人物とコミュニケーションをとっているようなものかもしれない。なぜ話が伝わらないのか、考え方の違いはどこにあるのか。日本人の価値観だけで相手を単純に否定するのではなく、なぜコミュニケーションができないのか、その原因まで想像することが重要となる。

　もとはスイスの企業であった総合食料品企業のネスレは、現在では世界191カ国に展開する典型的なグローバル企業である。グローバル企業には、世界中すべての地点を拠点として、資材や人材を最適化して配置し、世界共通の商品を開発生産し販売するという特徴がある。ネスレの場合には、全世界の標準となる商品を開発し販売している一方で、各国の現地法人がそれぞれの地域において現地のニーズに応じた商品を開発して売上げを伸ばしてきた。

　ネスレの商品のように、現地に合った商品を開発生産し販売するためには、現地のニーズを的確にとらえることがきわめて重要となる。物事の考え方が異なる相手方と異文化コミュニケーションを通じて、異なる文化の中でニーズを探るというのは、困難な作業である。

14-3 雇用慣行

(1) 日本企業の場合

　日本企業に特徴的な雇用制度といえば、これまでは終身雇用制であり、年功序列の賃金制であった。日本では、3月の学校卒業時期に合わせて4月に新入社員が採用される。そして、新入社員は、職場において業務を通じて職業訓練を受けて、一人前の社員として教育される。企業は、新卒の社員を正社員として採用して定年退職するまで雇い続ける。新入社員の給料は低くても、長く勤務するほどに給料も上がり、退職金も高額になる。

　かつては日本でも離職や転職が珍しいものではなかったが、高度経済成長期に人手不足を解消するために、また時間とコストをかけて教育した新入社員が転職するのを防ぐために、年功序列賃金制や終身雇用制が形成された。終身雇用制と年功序列賃金制は、社員にとっても企業にとっても利益になる制度であったといえよう。

こうして日本で働く労働者には、終身雇用制や年功序列賃金制によって形づくられた職業観が染みついている。

日本の企業では、新入社員は仕事ができない、わからないことが前提であり、だからこそ社員教育が重視される。しかし、欧米型システムのようにあるスキルをもった人間を雇うシステムであれば、採用された翌日からそのスキルに基づいた職務を遂行できる。働く側からみると、身についたスキルに対して正当に評価を与える職場で働き、自分自身のスキルアップと給料・待遇の向上を求めるというのが、当たり前の感覚となる。これらの労働観の違いは歴然としており、その違いがトラブルの原因となっている。

(2) ガラスの壁

ベトナム人の日本留学経験者の話である。彼女は日本の企業の日本本社で採用され、現地の駐在スタッフとして母国で働いている。日本人スタッフは数が少なく、ベトナム語もできない。そういう環境でベトナム人スタッフとの橋渡し役を務めている。国籍はベトナムではあるが、雇用形態も給与体系も、あくまでも日本本社扱いの人材である。しかし、日本本社からの指示があったときの会議に彼女は参加できるが、そのあと日本人スタッフどうしで「打合せ」が行われ、自分には決まったことが伝えられるだけで、疎外感を感じている。彼女はマネジメントスタッフであるが、この処遇はどう考えてもおかしい。彼女は会社のために活躍したいのに、それを許してもらえないのである。女性の社会活躍を阻害する役職などの目に見えない障壁のことを「ガラスの天井」というが、外国人スタッフの活躍を阻害する目に見えない「ガラスの壁」が日本人との間に存在しているかのようだ。

これは、海外に展開する日本企業で働く外国人スタッフがきちんとした待遇を受けることができずに、責任ある仕事を任せてもらえない事例である。企業がグローバルに展開する際に、解決しなければならない重要な問題のひとつである。解決できない場合には、外国人スタッフは転職を考え、どんなに会社が金と時間をかけて優秀なスタッフを育てても、そのスタッフは流出するだけである。そして、流出先は多くの場合、同業他社のライバル企業である。ひいては日本企業への就職自体が避けられて、競争力を失ってしまうことにもなる。

(3) 転職する外国人スタッフ

外国人従業員の転職は、現地進出の日本企業が直面する問題の最大のものの一つである。少しでも条件の良い企業があれば、そこに転職を繰り返すのである。せっかくトレーニングを受けさせても会社に定着してくれないと嘆く日本企業は非常に多い。どうすれば会社への定着率を高めることができるのだろうか。

一番問題なのは、通常の日本国内での企業のように、「今辛抱すれば、いつかは良くなる」ということが外国では通用しないことである。なぜなら、その実例が目

の前にいないからだ。まずは、そうやって成功、出世した事例を輩出することからではないだろうか。そして、おそらく最も大事なことは、現地の人たちがその会社でずっと働きたいと自発的に思える環境をつくることだろう。

　日本企業は、年功序列賃金制と終身雇用制に基づいた雇用システムを採用してきた。この雇用システムの中で外国人スタッフも平等に待遇するのか、それとも、雇用システムを大きく転換して、たとえば成果を重視する雇用システムにするのか。企業が採用している対応策はさまざまである。いずれにしろ、異文化コミュニケーションの問題であるというよりも、雇用システムそのものを考え直さなければならない。

14.4　職能型システムから職務型システムへ

　それでは、日本企業の雇用システムと多くの外国企業の雇用システムは、どのように違うのだろうか。また、海外に事業展開する日本企業、日本国内であっても外国人を多く雇用するようになっている日本企業は、どのような雇用システムを採用すべきなのだろうか。

　日本企業の雇用システムは、職能型のシステムである。新卒の新入社員は、さまざまな仕事を経験し少しずつスキルを身につけて、長く勤めるほどに給与も上昇し、昇進していく。製造の現場では、長年の勘と経験を重視して、評価されることになる。年功序列といわれるゆえんである。これは、基本的に、人の（総合的）能力を評価するシステムである。これに対して、日本以外の欧米企業などでは、仕事の内容を基準にして、職務を細かく分析・評価して、給与や序列を決める職務型の雇用システムが普及している。

　職務型の雇用システムは、仕事の内容を定義して、それに基づいて給与や序列を決めるために、社員はどこまでもその仕事しかしないというデメリットが生じる。逆に、職務を基準にしているために、人種や性別や年齢による差別を避けることができるし、仕事ぶりを客観的に評価することができるというメリットがある。

　日本企業は、高度経済成長期を通じて、企業活動を拡大し、その間は年功序列に基づいて昇進した社員を処遇することが可能であった。しかし、低成長期に入り、企業活動を再編しなければならないようになり、年功序列型の雇用システムを維持しにくくなり、多くの日本企業では、職能型システムに代えて職務型システムの導入を試みている。しかし、どのような仕事の内容をどのように客観的に評価するのかは、評価そのものが煩雑なこともあり、試行錯誤が続いている。

　しかし、日本企業が海外に事業展開し、日本国内であっても外国人を雇用する機会が増えている現状を考えれば、人事評価をより正確で客観的なものに変更していくことは必要不可欠の課題である。国内企業が多国籍企業、さらにはグローバル企業として事業展開するためには、雇用制度そのものをグローバルなものに変更する

必要がある。

14　5　働く個人として

　製造業の世界では、「自動」ではなく「自働」という言葉がある。「自働化」された機械とは、たとえば、作業工程のミスがあれば、それを機械が発信し、故障部位を管理する人間が把握しやすくなる。そして、管理する人間にとっては、その仕事は、命じられたことをそのままするのではなく、機械の不具合の改善を通じて工程全体を把握しなおし、改善を続ける。その結果、技術者は、多くの機械と工程を受け持つことが可能となり、全体の生産性も上がり、その能力も向上する。そして、全体として企業は利益も上がり、成長もできる。そして、その利益は、企業の従業員全体に還元されていくという好循環を生み出してきたのである。

　この仕組みこそが、日本の企業の強さの源泉だと考えられているのだが、これは終身雇用制や年功序列制といった雇用慣行だけとは少し異なる。「自らの仕事」として仕事に取り組むことによって、自分自身のスキルを向上させるとともに、従業員個人にとっても会社にとっても好循環を生み出すという考え方である。

　個人のスキルアップ、地位向上が会社の業績向上につながり、企業の業績向上が個人の地位向上につながるという好循環を示すことができるかどうか。グローバル社会においては、このことが、海外で働くにしろ、日本国内で文化を異にする人々とともに働くにしろ、重要となってくる。

　文化を異にする環境で働くと、なによりもまず異文化との違いに目を奪われてしまい、多くの問題が異文化が原因で生じていると考えがちになり、思考停止に陥ってしまうことがある。しかし、文化の違い以外にも、雇用システムや昇進システムなど制度の違いが大きく影響することもある。文化の違いを前提としながらも、従業員個人にとっても会社全体にとっても利益を生むようなシステムをつくり上げることが重要である。

　より合理的かつロスの少ない生活を私たちは送ることができるのである。

　この考え方は、男女共同参画や障碍者の社会参画などの面で考えると得るものが多くなる。バリアフリーで考えれば、高齢者や障碍者などにとって使いやすい器具や建物をわざわざ作るのではなく、はじめからどのような人間でも使いやすいものを作れば、社会の障壁は減る。

COLUMN
コラム……13
日本人から見た日本人

　日本に暮らし続けていると、日本人というものを客観的に見ようとすることはないのかもしれない。筆者はかつて南アフリカ共和国に2年間暮らしていた。インターネットが普及する前のことで、南アフリカに日本の情報はほとんど伝わってこなかった。日本に帰国して、それ以前には気づくことのなかった日本の姿に驚いたことがある。

　帰国直後、成田空港で感じたことなのだが、みな同じ顔、同じ肌の色、同じ目の色、同じような服装をしていた。三月末のことだったので、着ている服も黒っぽいものが多かったというのもあるのだろうが、「モノトーンののっぺらぼう」というイメージが湧いてきた。それまでの2年間、肌の色はいろいろ、髪の毛も縮れ毛から直毛までさまざま、服装もカラフルな社会で暮らしていたためか、強い違和感を覚えた。

　帰国して日本での生活を再開すると、何となく不便さを感じるようにもなった。日本と南アフリカでは日本の方が便利に違いないと思い込んでいたのが間違いだった。銀行のATMが24時間稼働していない。今でこそ、24時間、ATMを使えるところも出てきたが、それでもすべてではない。南アフリカでは治安がとても悪いにもかかわらず、ATMは24時間稼働していた。

　また働き始めると、何やら自由に意見を言うことのできない無言の圧力のようなものを感じることが多くなった。先輩教員、上司にあたる教員などから「自由に意見を言いなさい」と言われたので、自由に意見を言うと、何やら嫌そうな顔をされた後で、「周りのことも考えてから発言する方がいい」と助言してもらうこともあった。アパルトヘイトという人種差別をしていた南アフリカでも、発言は自由で、まずこちらが求めていることを主張し、ダメならダメ、可能であれば受け入れてもらえた。口に出して主張し合うことで、組織の中にあるさまざまな意見を調整していた。以心伝心、忖度など考えられなかった。「日本人の美徳」を忘れたのかと言われたこともあるが、残念なことにいまだ思い出せずにいる。

　当然、日本には世界の諸国にないすばらしいものもある。夜でも歩くことのできる安全は、世界に誇ってよいと思う。ただ、すばらしいものにだけ目を向けて、日本に欠けているものには目をそらそうとするのは残念だ。グローバル化が進展している今日、画一化された価値観や文化を、日本に暮らすすべての人に求めることなどできるのだろうか。

〈藤本義彦〉

15 異文化と消費者のニーズ

「良いものを作れば売れる」とよく言われるが、はたしてそうなのだろうか。作る側の視点に立てば、より良いものを作れば消費者に理解してもらえ、売れ行きが増していくという考え方に疑問をもつことはないかもしれない。また、消費者の視点に立って考えると、まず、価格があって、その価格の制約のなかで、それに見合う性能をもつかどうかで購買を決断するのではないだろうか。

しかし、異文化コミュニケーションを考える場合、問題は、日本で製品化されたものが、文化が異なる地域で受け入れられるかどうかである。文化が異なる人々は何を考え、何をどう選び、そして購買行動に移るのか。本章ではこの点を考えていく。

15.1 マーケティングとは何か

マーケティングとは、市場における消費者の動向を調査して、消費者のニーズに応じた商品を企画し、販売することをさす。同じものを売るにしても、受け止める人間側の価値観により売れることもあれば、売れないこともある。社会には千差万別の価値観があり、だからこそ多種多様な商品があり選択肢が存在する。環境や経済力、歴史や文化などすべての国にはそれぞれに特有な状況があることを無視して、この製品は良いものなのだから売れるはずだ、とは考えられない。「良いものは売れる」というのは、「神話」かもしれない。

日本企業の製品は、欧米企業に追随していた時代には、「安かろう、悪かろう」と揶揄されていた。現在では日本企業の製品は、「値段は高いけれども性能がいい」から売れると言われる。しかし、日本企業の後塵を拝していた途上国の企業も、いまやかなりの品質の製品を生産できるようになっている。そうした企業は、「値段は安いけれども品質がいい」製品を市場に供給することによって、途上国だけではなく欧米諸国の家電量販店でも売り場のメインになっている。「値段は安いけれども品質のいい」製品は、中産階級のニーズに対応することによって、途上国でも販路を広げているのである。

15.2 良いものは売れるのか

① 「ガラパゴス化」した製品開発：スマートフォンの場合

具体的な商品をいくつかみてみたい。まずは、スマートフォンである。現在の日本国内では、さまざまな機能が詰め込まれたスマートフォンが主流であり、資金に余裕のあまりない若い人もまず間違いなくほどほどの機能と値段のスマートフォン

を購入する。これに対して、途上国においては、日本で独自進化した多機能・高性能のスマートフォンのニーズはなく、日本製のスマートフォンの販売は伸び悩んでいる。必要な機能に限定した低価格帯のスマートフォンへのニーズに対応できた製品のみが販路を広げることができている。

　独自技術を発展させた日本製のスマートフォンは、海外市場では売れなかったという。日本製のスマートフォンは、日本市場において独自に進化したために、世界には展開できなかった「ガラパゴス化」した日本製品の代表であると揶揄されることもある。日本市場では「高価格ではあっても高品質」だから売れるとされ、日本国内のニーズに対応した製品であっても、海外でのニーズには対応できなかったといわれているのである。

② **現地のニーズに応える：自動車の場合**

　インドでは、タタモーターズが開発したタタナノがニーズに対応する意図で開発されている。原付自転車に家族3名が乗る国情を憂えたタタグループの会長ラタン・タタ氏が開発を指揮した自動車は、親子3人が乗れればよい、最低限の装備さえあればよいという発想で開発されている。だから、ドアミラーも運転席側にしかないし、エアコンも付けられない。

　この実機を見学した日本の自動車産業のベテラン技術者は、自分らだったら絶対に出荷できない、販売できない精度のものでしかない、スピードも出ない、ちょっとアクセルを踏むと振動がすごいと、感心するようなあきれるような感想を述べていた。

　では、現地の人にとってはどうなのだろうか。たしかにスピードも出ないし、車体の剛性も低い、組立ての精度も低い。衝突でもしたら、大けがは必至だろうと思われる。しかし、インドの道路は、一日中大渋滞といってもよい交通量で、かつ道路の舗装事情も悪い。つまり、初めから高速で運転することは不可能だ、と現地の人は語っている。そして、たいへん古い車がまだまだ現役で走っているし、リクシャー（日本の人力車から）と呼ばれる小型タクシーは、バイクの後ろに2人が乗れるリヤカーのような座席を付けたようなもので、高速走行は不可能である。結果的に道路を占める自動車の大半は非常に遅い速度で走るしかない。

　「良いものだから売れる」かもしれない。しかし、消費者にとって良いものとは、限られた予算のなかでバランスのとれたものだということを忘れてはいけない。途上国で受け入れられるのは、こうした見きわめができる企業の製品なのかもしれない。いや、途上国だけではない、先進国でも同様である。必要な機能をもったものを適正な価格で手に入れたい、これが通常の人々（＝消費者）のニーズなのである。

③ **ブランド化した製品：オートバイの場合**

　これらの製品とは異なる様相をもつのがオートバイである。ベトナムやインドネシアではホンダが小型オートバイの代名詞である。ベトナムでは、どのメーカーのオートバイであっても「ホンダ」と呼ばれているのである。日本で原付と呼ばれる

クラスから125 ccのクラスぐらいまでのオートバイが大量に走っている。これらの国々のオートバイ市場は、他の国々とは異なり、ヤマハとホンダがいまだに圧倒的なシェアを誇っている。

　この違いは何なのだろうか。結局のところ、消費者が何を求めているのか、に尽きるのだろう。この2社のオートバイは競合他社の製品より間違いなく高価だが、その分性能は良いし長持ちする。長持ちするオートバイであれば、中古車としても十分な商品価値をもつ。技術もいわゆる「枯れて」いるので、新しい技術やスペックは生じない。そのうえ、ブランドが確立しているから、カッコいい。さらにいえば、これらが事実上のスタンダードになっているので、国内どこでも修理ができ、修理用部品も簡単かつ安価に手に入る。これらの点は非常に大きい。

　つまり、消費者が求めるものは何なのか、それを見きわめることに尽きる。オートバイの事例のように、潜在的な市場を発掘しそれをつくり上げることで、独占的な優位性を確保することも可能なのである。いわゆるブランドイメージを確立できれば、多くの場合ビジネスは楽になる。現に日系企業の製品に対する信頼度は、諸外国で、とりわけアジア諸国では非常に高い。

　しかし、残念ながら高機能すぎる、高価すぎるという傾向は否定できない。日本製品はすばらしいが、高すぎる。だから、とりあえず別の国のメーカーの製品で十分だ、というのが現地の人たちの率直な反応なのである。ただし、現地の所得水準が上がっても、高性能な日本製品が売れているというわけでもないという。私たちは、必要とされる性能・機能と提供できる価格、そして現地の人たちの需要と受容の限界を考えないといけないだろう。

④　製品の現地化：冷蔵庫の場合

　冷蔵庫は、長い間日本では輸出入にそぐわない製品とされてきた。容積が大きすぎるため、輸送コストがかかりすぎるのである。現地政府の要望もあり結果的に日本国内の電機メーカーは完成品の冷蔵庫を輸出するのではなく、パーツ類を輸出したり現地で生産しながら、現地工場でそれらを組み立て、製品として売る。こうすることによりコストを削減させ利益を出してきた。この仕組みを、1970年代からの数十年間実施してきた。そして、冷蔵庫の開発に現地の視点が入るようになったのは、つい最近ともいえるようやく21世紀に入ってからであるという。

　ベトナムではビールを飲むときに、氷を入れて飲む。日本人の常識では、ビールに氷を入れることはない。これに対して、ベトナムでは、かならずしもビールは冷やされていないのである。そのかわりに、大きめの氷がジョッキに入り、生ぬるいビールを冷やしてくれる。その他のものでも同様に冷やす。したがって、冷蔵庫に必要なのは、冷蔵室もだが、製氷機能の大きい冷凍室をもつこと、ということになる。長い現地での製造の年月を経て、現地のニーズを知る現地人技術者の提案でそのような冷蔵庫を開発し売り出し、ヒットしたという。

　中国向けの冷蔵庫でも、日本国内向けとは異なるニーズが発見された。「白モノ

家電」の名のとおり、日本では冷蔵庫や洗濯機は、白いというのが基本的な概念である。しかし、中国では白い家電は歓迎されないという。陰気であり不吉とさえ考えられるからだ。中国人は一般に、赤色や金色といった華やかな色合いを好む。冷蔵庫は私たちの家の中で最も目立つ家具・家電の一つである。そこに白いものが存在するのが好ましいと感じる中国人は少ないという。だから、赤い地に金色をちりばめた冷蔵庫を開発し、市場に投入したところ、ヒットしているという。

韓国ではどのような冷蔵庫にニーズがあるだろうか。韓国の各家庭にはキムチ専用の冷蔵庫がある。単体でのキムチ専用冷蔵庫がない場合でも、キムチ用の冷蔵室がある。各家庭は年に一度秋口に大量にキムチを漬け、それを一年を通して食べるという。そのために必要な機能なのだ。韓国の方に聞くと、良い具合にキムチを保管し熟成させるためには、通常の冷蔵庫のキムチ室よりも、キムチ専用冷蔵庫が望ましいそうだし、また、他国のブランドよりも韓国ブランドのキムチ専用冷蔵庫がやはり具合がよいという。

15　3　異文化と消費者のニーズ

「良いものが売れる」のは間違いないのだが、「良い」とは何なのだろうか。技術者の独りよがりになっていないだろうか。市場に望まれるのは、ものすごい高性能だが高価な製品だろうか。それとも、性能はほどほどだが、安価な製品なのだろうか。「良い」製品がどのようなものか、いま一度考える必要がある。

日本では多機能・高品質のスマートフォンが開発されてきたが、海外のニーズに対応した製品にはならずに販路が限られている。「そこそこの値段でそこそこの機能と性能を備えた」スマートフォンが市場で幅広く支持されている地域では、日本製のスマートフォンはその地域のニーズに合ったものではなかったのである。これに対して、オートバイのように、ベトナムやインドネシアにおいて「ブランドイメージ」の確立に成功し、高価な製品が市場を形成している事例もある。

また、冷蔵庫の事例を通して、同じ製品であっても文化が異なる国によってニーズが異なっている例をみた。異文化に目配りがあるかどうかで、市場に望まれている製品を供給できるかどうかが違ってくるのは、驚かれるかもしれないが、それが現実なのである。技術者にとって異文化理解が重要であることを、マーケティングの領域においても確認できるのである。

技術者として、徹底した製造工程で、高い精度・完成度のモノ作りをめざすことは、たいへん重要なことである。高い技術水準で、高性能の製品を生み出すことは合理的な行動でもある。しかし、「高価格だけれども品質が良い」から売れるというわけではない。「高価格だけども品質が良い」製品にニーズがあるかどうかが問題なのである。ニーズのなかには、バランスのとれた性能と価格の製品が求められる場合もあるし、ブランドイメージが確立しているために高価格でも売れる場合も

ある。また、環境にやさしい製品なので、値段が高くても購入する消費者もいるだろう。さらに、ある文化圏では売れるのに、別の文化圏では売れない製品もあるだろう。

　技術者としての合理性を追求するだけではなく、きちんとニーズを見きわめることが重要である。そうすればマーケティングもうまくいき、多くの地域で歓迎される製品をたくさん作ることができるだろう。「良いものが売れる」のではなく、「売れるものが良いもの」なのである。

　しかしながら、ただたんにたくさん製品を作り、たくさん売り、利益を上げればよい（大量生産・大量消費）の時代は終わりに近づいている。国連が提唱したSDGs（持続可能な開発目標）の考え方に立てば、ただたんに売れるものを作るだけではなく、環境に負荷の少ない持続可能な社会を達成できる生産のあり方、販売のあり方、これらすべてを含むマーケティングの考え方が必要となるのである。消費者が考える「良いもの」の範疇に「環境に良い」が含まれるようになっているのである。

　それぞれの国々や地域の生活文化をふまえて、その地域のすべての人が使いやすい製品を環境にやさしい方法で作る。それがこれからの時代に必要な製品作りの姿勢なのである。

COLUMN
コラム……14
●「コンビニ」のない国

　ドイツに初めて滞在した時に、戸惑うことがあった。日本では、何か困ったらすぐに「コンビニ」に飛び込んで、必要なものを買うことができる。ところが、365日24時間営業しているいつでも「便利」な「コンビニ」が、そこにはなかったのである。しかも、スーパーの閉店時間が早く、当時20時には閉店していた（同じドイツでも州によって違うと思われる）。さらに、日曜日や祭日には基本的に閉店していた。消費者としては、不便この上ないと思ったものである。

　しかし、よくよく考えてみると、スーパーなどで働く人たちにとっては、遅い時間帯まで働く必要はないし、日曜日は勤務する必要がない、働く人にとって優しいルールなのである。また日本では、なかなか有給休暇もとることさえできないが、ドイツでは、夏になると長期の休暇をとってバカンスを楽しむことが普通である。小さなお店が、「バカンスに行くので1カ月お休みします」と張り紙をして、休んでいたことにも驚いた。たしかに街中の旅行代理店の旅行案内を見ると、1カ所に2週間や4週間滞在することを前提として、旅行プランが紹介されていた。短期間にあちこち見て回る日本人の旅行の仕方とは、かなり違うようだ。

　私たちがヨーロッパで働くとしたら、日本との違いに戸惑うルールのもとで働くことになる。ドイツ人から、「なぜ日本人は残業するのか」と尋ねられたことがある。ドイツでは、残業するというのは、勤務時間内に仕事を終えることができないとみなされてしまうという。残業することなく帰宅するので、スーパーも早い時間に閉店できるのである。

　ドイツで女子大生と日本女性の生き方について話をしたことがある。日本では専業主婦を選択する女性も少なくない、専業主婦でも社会活動に参加して評価されていると話をしたら、怪訝そうな反応だった。働き続けるか、専業主婦になるか、なぜ選択しなければならないのか。働きながら家庭生活を大切にし、社会活動にも貢献する、その当たり前のことが日本社会ではできないのかと、痛烈に批判されてしまった。

　ドイツのルールは、長い時間をかけて、労働者の権利が拡大されてできあがったものである。私たちがドイツで働く場合には、この仕事のルールのもとで、ドイツ人の同僚と働くことになる。　　　　　　　　　　　（木原滋哉）

16 倫理と法

　グローバル社会において技術者は、多様な社会的ニーズや要求を見いだすだけでなく、つねに生起するさまざまな問題について、倫理的な判断を下しながら問題を解決していかなければならない。一般の人々に求められる道徳や道義などに加えて、高度な専門的知識をもつ専門家としてより高い倫理観が求められている。

　技術者には、①社会や公衆に対する責任、②雇用者または依頼者に対する責任、③組織責任者としての責任、④専門職業に対する責任、などが求められる。技術者の多くは企業などの組織に雇用されているので、②雇用者または依頼者に対する労働者あるいは従業員としての責任と、③組織責任者としての責任については、日常的に感じていることだろう。①社会や公衆に対する責任や、④専門職業に対する責任については、法律さえ守っておけばいいと安易に考えてはいないだろうか。法律は倫理そのものではない。

　技術者は、自らの品位を向上させ、技術の研鑽に励み、国際的な視野に立つ倫理観を身につける努力をしながら、社会や公衆との関係の中で、倫理と法をめぐる課題について考え続けなければならないのだ。

16　1　倫理と法の相違

　古代ギリシアの哲学者アリストテレスは、主著『政治学』のなかで「人間はポリス的動物である」と記している。人間が、ポリス（都市国家）という社会を形成し、本然的にその集団の中で生きていく存在であるということを表現したものだ。自然界において「ヒト」は、単体の生物としてはか弱い。そこで、外敵から身を守るために集団生活を営み始めた。知恵が発達することによって、言語や道具、技術を生みだし、社会生活をより快適なものへと変化させ、他の生物に比べて圧倒的に優位な地位を築いてきた。人は現在もなお、家庭・学校・会社などの身近な社会集団に属しつつ、地球という運命共同体の一員として名前も知らない数多くの人たちと直接的あるいは間接的に結びついている。こうした人々は、多様で多種な価値観をもっているので、それぞれの価値観が衝突することなく安心・安全・快適に生活するためには、秩序が必要不可欠となる。

　秩序を、家庭、近隣、国家、またはグローバル社会といった集団において維持するために必要なものが、規範（ルール）である。規範には、倫理（道徳など）や法（法律など）などが含まれる。倫理は、個人の自主的な順守を期待する自律規範である。それに対して、法は、他者から強要される他律規範である。倫理と法は異なるものである。

　倫理は、個人の内面の問題であり、倫理に違反する行為を行った場合、周囲から

批判されることはあっても、他者からなにがしかの行為を強制されることはない。たとえば、若者が電車の席に座っているときに、席がなくて困っている年配者がいたとしよう。若者が、年配者に席を譲らなかった場合、周囲の人たちから白眼視され、陰口を言われるなど非難されるかもしれないが、自分の良心が痛むだけで、本人が気にすることさえなければ大きな不利益にはならないし、席を譲ることを他者から強制されることもほぼない。

　法は、規範を順守しない者に対する罰則を前提としていて、法に適う行為を人々に強制する。法に違反した場合には、誰に対しても等しく罰則が適用される。たとえば、自動車を運転しているときに、周囲に他の自動車や歩行者がいないから赤信号で交差点を進行してしまったとする。この行為に対して、注意されるだけでなく、交通違反の反則切符が切られ、行政処分と反則金の納付が課される。

　倫理と法の関係性について考えてみると、倫理と法は重なる部分がある関係にあるのか、あるいは倫理が法を包括して法は倫理の一部となっているのか、2つの関係性が考えられるが、いずれにしても技術者には、より高度な倫理観が求められると同時に、法を順守すること（法令順守）が求められるということがいえよう。つまり、法と倫理の双方を順守していかなければならないのである。

16　2　コンプライアンスの意味——安全についての社会的要請

　技術者は、国内法はもちろん、企業が進出している外国の法も順守しなければならない。どの国においても、個人の倫理観による自主規制だけでは達成されにくい公衆の安全や公共の福祉を実現するために、法律や法令による規制が行われるからである。

　法令順守の意味でコンプライアンスという語の使用が定着している。英語の compliance は、comply という動詞が名詞化されたものであり、「comply with ～」で「～に相応する、適応する」の意味となる。コンプライアンスとはもともと、法律を順守することだけをさすのではなく、自分以外の者からの要求や希望に応じることを意味している。したがって、技術者のコンプライアンスとは、その国の法令を順守することだけを意味するのではなく、法律の規制がない場合においても公衆の安全に配慮する社会的要請に応えていかなければならないと、解釈すべきなのである。

(1) 六本木ヒルズ森タワー回転ドア死亡事故

2004年3月に「六本木ヒルズ森タワー」の大型回転ドアに6歳男児が挟まれて死亡する事故が発生した。男児は、建物2階入口に設置されていた重さ約2.7tの大型自動回転ドアの羽根部分と固定部分に頭を挟まれ死亡したのである。当時、自動回転ドアの安全規格は日本で作成されておらず、建築基準法にも回転ドアについてはとくに規制はなく、メーカーが独自に行う安全対策だけであった。

本件事故の以前にも、六本木ヒルズでは開業後の1年間で、手動の回転ドアも含めて32件の事故（うち13件は自動ドアによるもの）が発生していた。そのうち16件が子供を巻き込む事故で、10件が救急車で病院に搬送されていた。事故の防止策として、検知センサーや飛込み防止用の安全柵が設置されたが、事故の起こった時間は、人の出入りが多いためにドアの回転速度は最高速度（32回転/分）のままにされていた。また、検知センサーは、当初、地上80 cmから天井までの人間を感知するように設定されていたが、誤作動が相次いだため地上120 cm以上に設定され直されていた。死亡した男児の身長は117 cmであったため、検知センサーは作動しなかった。また足元の地上15 cmにも赤外線センサーが設置されていたが、男児が頭から駆け込んだために足を感知することはできなかったと推定されている。

(2) 安全対策：本質安全と制御安全

安全対策を行う場合には主に、本質安全と制御安全というコンセプトが用いられる。本質安全とは、その製品や装置自体が安全で、使用者を危険にさらすことがないことをいう。制御安全とは、本質安全が欠ける場合に別の装置を取り付けて補助的に安全を確保しようとすることをいう。

上記事故について考えれば、そもそも回転ドアそのものが安全なものであったのかどうかに疑問がある。外国では回転ドアの重量は1t以下が主流とされ、2.7tもの重量がある上記回転ドアは、重厚な作りで威厳があり見栄えは良かったのかもしれないが、重量が重すぎて決して安全な回転ドアとはいえないだろう。2.7tもの重量をもつ回転ドアが、回転速度も速く、センサーが感知してドアが止まるまで約35 cmも動くという状況では、回転ドアに人間が挟まれたときの衝撃はかなり大きいものになることは容易に想像できる。事故を起こした回転ドアには、本質安全が欠けていたと考えざるをえない。

そうした場合に、別の装置を取り付けて補助的に安全を確保すること（制御安全）が必要となる。具体的には、検知センサーや飛込み防止用の安全柵を設置することである。上記事故の場合、当初、検知エリアを地上80 cm以上にしていたが、誤作動で緊急停止を繰り返し、入退場者の渋滞を招いてしまったので、それを防ぐために地上120 cm以上に変更されていた。安全対策の面からは、決して安全な運用とはいえない。本来であれば、幼児や小学校低学年の児童のように、危険を察知す

ることが十分にできない者こそが、検知センサーによって守られるべき対象だったはずである。制御安全を、効率性を口実に解除していた責任は決して無視することはできない。子供を擁護監督すべき保護者の責任もあるのだが、それよりも、技術者や企業の責任が大きいといわざるをえない。

　事故後、ビルの責任者と製造業者の担当取締役は、業務上過失致死罪で起訴され、東京地方裁判所で事故の予見可能性が認定され、執行猶予付きの禁固刑という有罪判決が下された。また、国土交通省と経済産業省は 2006 年に、自動回転ドアの事故防止に関するガイドラインを策定した。

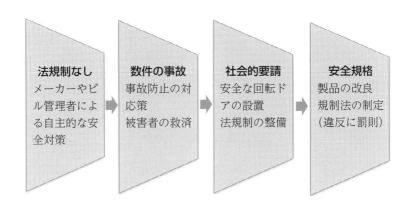

　上記事故の事例からうかがえることは、法律による規制がない場合でも、技術者や企業には、自主的な安全対策が公衆から求められているということである。つまり、技術者は、公衆の安全に配慮しなければならない社会的要請に応える責務を負っているのである。設計段階で、安全対策を何もしないというのは論外だが、形だけの安全対策を講じるのでなく、安全性が十分に確保されていなければならない。そして、安全性が設計通りに機能しているかどうか、不十分な点がないか、欠陥がないか、などの点検作業を随時行い、問題がある場合には改善していく姿勢や努力が当然のこととして期待されているのである。

16 3 技術者倫理の本質——技術者の安全配慮義務

　技術者がもつ倫理の本質は、万に一つの事故も起こさないように配慮することである。技術者や企業は、公衆に重大な危害が発生しないように配慮し、事故を未然に防がなければならない。

　残念なことに、この理念は、実行に際し困難がつきまとう。労力や時間、あるいは経費などがかかってしまうからである。経営者の立場では、経費や労力を厭い、安全対策に前向きになれない傾向がある。これまで大丈夫だったので、今のままで

大丈夫なのではないか、コストをかけてそこまでしなくてもよいのではないか、と考えてしまいがちである。

　2011年の福島第一原子力発電所の事故では、経営者の立場での考えが重視されすぎていたことも指摘されている。約百年前の明治三陸地震（マグニチュード8）による津波が38mで、政府の地震調査委員会が、同程度の大地震が起こる可能性のあることを発表した後、東京電力は2008年に、津波の想定を従来の5mから8〜15mと試算しなおした。原発事故までの約3年間の時間的余裕がありながらも、東京電力の経営者たちは防潮堤をより高く改修するなどの対応策をとらなかった。防潮堤の改修のコストが巨額であるというのであれば、せめて緊急時のディーゼル発電機や予備電源を大津波から守る対策や工夫をとるべきであっただろう。現実には、地下に設置されたディーゼル発電機や屋外に置かれた予備電源は、津波のために使用不能となり、原子炉を冷却できなくなった。そのため、建屋を破壊するほどの水素爆発が起き、放射能漏れや使用済み核燃料の回収ができない状況に陥っている。

　ひとたび事故が起これば、その被害を回復するためには予防対策以上に膨大な労力と費用が必要となることが多い。したがって、最優先すべきは、これまで起きなかった事故をこれからも起こさないこと（予防）である。ついで、あらゆる角度から事故の発生を想定し、それに対応する方法や設備をできうるかぎり整備し、緊急時の訓練を従業員や関係機関、時には付近住民を交えて行うことである。不幸にも事故が発生した場合は、被害の拡大を防ぎ、被害者の救済に当たることはもちろん、事故の原因究明と責任の所在を明らかにすることで、さらなる再発を防止することに努めることが必要である。

　責任の追及手続きとして、警察による捜査に重点を置く見方もある。しかし、警察の捜査は、刑事事件となるかどうかが判断の基準となる。あくまでも犯罪の有無を確認することを目的として行われているにすぎない。事故の再発防止を目的とするのであれば、事故原因の究明は、警察以外の組織、たとえば、政府の関係機関が中心となって事故調査委員会などを設置するべきであろう。そして、事故原因の究明こそが事故発生後に技術者が取り組むべきことであり、当該企業の技術者と調査委員会などの第三者機関の技術者とが互いに協力して、真相を解明していくことが社会から期待されているのである。技術者による事故原因の究明などが報告されることで、公衆は少しずつ安全を信じることができるようになる。技術者の地道な努力の積み重ねが、安全に関する公衆の信頼を高めることになるのである。

　グローバル社会にある約200カ国・地域で適用される法制度は異なる。法的な規制や義務付けがいかに異なろうとも、公衆の安全を最大限尊重する姿勢がプロフェッショナルとしての技術者に期待されているのである。

COLUMN
コラム……15 公益通報者保護法

　公益通報者保護法は、自らが所属する組織の不正事実を告発した者、いわゆる内部告発者を保護するために、2004年に制定された。わずか11条しかないこの法律は、まず、公益通報をしたことを理由とする事業者による公益通報者の解雇（労働者派遣契約の解除）を無効とし、また降格・減給・派遣労働者の交代などの不利益取扱いを禁止する。次いで、公益通報が行われた場合、事業者は通報事実の有無やその対応を、通報者に通知する努力義務を負うとする。また、公益通報された行政機関は、必要な調査を行い、通報事実があるときには、法令上の措置、その他適当な措置をとる義務を負うとされる。このように定めることによって、公益通報者の保護をはかるとともに、国民の生命、身体、財産その他の利益の保護にかかわる法令の順守を促し、それによって国民生活の安定および社会経済の健全な発展に資するようにすることが、この法律の目的である。

　法律の適用を受ける公益通報者は、企業の従業員や組合の職員などの労働者だけでなく、一般職公務員（選挙で任命される特別職公務員（議員や首長など）を除く）も含まれる。ただし、通報の目的は公衆の生命や財産を守るという公益の実現に限られ、不当な利益を得る、他人に損害を加えるなど不正の目的による通報は、保護の対象にならない。通報の内容は、事業者による法律違反の事実、あるいは法律違反がなされようとしているという蓋然性に限られているので、法律違反がなければ通報者は保護されない。

	受理件数	調査件数	措置件数
2006年度	5572	5158	4447
2010年度	4669	4271	3398
2011年度	4111	3786	3025
2016年度	4956	4573	3563

出典：消費者庁HPより作成

　この法律が施行された2006年4月以降、事業者に対する告発数は、正確には不明だが、消費者庁が公表した全行政機関に寄せられた公益通報の件数が上の表である。初年度の受理件数が約5600件（措置件数約4450件）であったが、5年後には25％減の約4100件（措置件数32％減）となる。これは、企業内部に相談窓口や対応部署を設けるよう政府が事業者に働きかけたことの成果であろう。しかし、その後は増加傾向にあり、10年後の2016年度は受理件数が約5000件（措置件数3563件）に上る。これは、通報内容が企業内部では自主的に解決されず、外部の行政機関を頼らざるをえない状況を反映してのことであろうか。　　　（野本敏生）

17 安全性とリスク

人類の工作物が安全であり続けることは、それにかかわる技術者にとって名誉なことである。たとえ設計する際に何らかの瑕疵があったとしても、被害を出すことなく未然に防ぐことができれば、技術者としての責務を果たしたといえるだろう。ニューヨークに建つシティコープタワーは、構造設計に瑕疵があったものの、建物の崩壊を未然に防ぐことができた事例である。

一方、技術者のかかわる建造物が崩壊したり、想定外の出来事に対応できず、多くの被害をもたらす事例も少なくない。

技術者は、科学技術が社会や環境に重大な影響を与えることを十分に認識し、業務を遂行していかなければならない。

17 1 「安全」の意味と説明責任

技術者に求められる最も重要なものは、安全性である。市民に安全でないもの、つまり危険であるものを提供することは、技術者としての信用を著しく毀損してしまうことになる。安全の意味を、具体的事例を通じて考えてみる。

1999年6月、山陽新幹線でコンクリート剥落事故が起こった。小倉駅と博多駅の間にある福岡トンネル（1975年竣工）で、重さ約200 kgのコンクリートの塊が剥落して、走行中の新幹線の屋根を直撃し、屋根の部分が12 mにわたって裂け、パンタグラフの一部などが破損した。JR西日本は緊急に、山陽新幹線のすべてのトンネルを調査し、異常が認められた箇所については応急処置を施して、8月に「今後10年は安全である」という安全宣言を出した。ところが、10月9日に北九州トンネルで200 kg超のコンクリートが崩落するという事故が再発し、新幹線の「安全神話」が大きく揺らぐ事態となった。

一般の人々（公衆）は、安全宣言が出されると、二度と同じような事故は起きない、あるいは事故の可能性はゼロになったと考える。しかし技術者は、安全工学上、「安全」という言葉が「事故の危険性ゼロ」を意味するものではないことを知っている。国際標準化機構（ISO）の国際規格でも、「安全」とは「許容しえないリスクが存在しないこと」であり、「危険性ゼロ」を意味しているわけではない。つまり、「絶対に安全だ（絶対に事故は起こらない）」と言い切ることはできず、いかなる場合でも必ずリスク（事故の発生可能性）は残るのである。

上記事例で技術的な問題は、多額のコストをかけ、コンクリート構造物の劣化に関する知見を深めてその対策をとるようにしたり、コンクリート構造物への検査体制を再整備したりすることで、安全性を高め、事故の再発を防ぐ努力を行うことである。そうしなければ、一度失った社会的信用を回復させることはできない。

とはいえ、公衆との関係では、最初の事故が起こった後、「今後、同様の事故はいっさい起こりません」という安全宣言は、安易に出すべきではなかった。最初の事故で失った信用を回復しようとして安全宣言を出したのであろうが、事故が再発してしまったために、JR に対する不信感は倍増し、信用を失墜させてしまうことになったからである。

　事故の発生後、企業や技術者に求められたものは、早期の安全宣言ではなく、まず、事故の原因を調査し、そのリスクを減らすためにどのような対応や対策をとるかを検討すること、そして同時に、公衆にも理解できるように事故の原因とリスクの状況を説明することである。つまり、説明責任を果たすことが重要なのである。

　「責任」といってもその内容は多義的である。企業や技術者が、社会の一員として負うべき一般的な責任（responsibility）もある。また不測の事故や企業の不祥事によって生じる損害賠償や製造物責任などの法的な責任（liability）もある。さらに、上記事例のように、JR が乗客という直接的利害関係者だけでなく、一般消費者や取引業者などの間接的利害関係者に対しても事故の原因を報告する説明責任（accountability）を意味する場合もある。

responsibility	日常語で「責任」を表す一般的な用語
liability	損害賠償などの責任を表す法律用語 例：Product Liability ＝ 製造物責任
accountability	元来、政府による国民への公金使用の説明責任（1960 年代の米国）

　説明責任は、1960 年代の米国で、国や地方政府などの公共機関が、税金の負担者である国民や住民から、その公金の使用内容について不正を疑われることのないように説明すべきである、という考え方が普及したことによって使用されるようになった。その後、公共機関だけでなく、株式会社の経営者が出資者である株主に対して、会社の資産の使途について説明する責任があると考えられるようにもなった。今日では、直接的な関係者だけでなく、利害関係者すべてに説明する責任があると考えられている。

　100％安全なものを提供することは現実的には困難である。それを実現しようとすれば、コストがかかり高価になったり、求める機能の一部を削ったりしなければならない。また、製品を使用し続けることで劣化したりすることも避けられない。技術者は、許容できるリスクが存在することを丁寧に説明し、公衆の理解を求めることが必要不可欠となっている。

17　2　ハインリッヒの法則とユニバーサルデザイン

　安全工学上、安全対策を考える時期や機会について重要な示唆を与えてくれるのが、ハインリッヒの法則である。ひとつの重大事故が起こる兆候として、それ以前に軽微な事故が29件あり、さらに「ヒヤリハット」、つまり幸いにして怪我や事故には至らなかったが「ヒヤリ」としたり「ハット」したりする事例が300件ほど存在するという経験則である。

　日常生活の中で、道を歩いていたり、自転車や自動車を運転していたりして、「ヒヤリ」とすることがある。重大な事故にならなくてよかったと胸をなでおろす。同時に、自分のとった行動のどこに問題があったのかを振り返り、注意しておけばよかった点や、状況に応じて最も適切な方法を考え、今後のための改善や対策を講じて、事故の当事者にならないように心がけようとする。

　こうした些細なヒヤリハットを認識し、それに迅速に対応することは、技術者がインシデント（事故）を減らすためにも重要なことである。企業や技術者は、製品の使用者（消費者）からの苦情やヒヤリハットの報告があった場合、それを軽視や無視、あるいは意図的に隠したりするのではなく、重大事故の前兆として謙虚に対処した方がよい。少なくともその苦情やヒヤリハットの内容を記録しておき、類似の事象が起きていないかの検証ができるようにしておきたい。蓄積した事実を、組織内部で情報共有し、必要があれば改善策や対応策を協議して、それらを公衆に開示して、事故の防止に努めるべきである。

　技術者は、人々の生活に役立つことを意図して、より安全性が高まるように細心の注意を払いながら設計し、原材料に加工を施して製品化し、さらに安全性を維持するためにそのメンテナンスや改善を行う。それらのプロセスにおける技術者自身の仕事上の安全や職場の同僚・従業員の安全はもとより、それら以上に最優先の最重要事項が「公衆」の安全である。製品がどの程度の安全性をもつかは、まず製品をどのように「設計」するかに依拠する。

　製品を使用するのは、身体的ハンデのある人かもしれないし、性格的に思慮深い慎重な人、あるいはおっちょこちょいの軽率な人かもしれない。さまざまなタイプの使用者を想定すると、彼らが設計者の意図しない使い方をする可能性や、不注意でミスを犯すかもしれないということを設計する際の前提条件としなければならない。つまり人間の誤操作を減らし、事故の発生する可能性を小さくしなければならない。これはフールプルーフの設計思想である。

　また、たとえミスや間違いがあったとしても、そのミスや間違いが製品の安全性を低下させ、人命や健康にかかわる事態にしてはならない。つまり、装置や機器、

システムなどが誤作動したり、異常な状態に陥ったりしても、安全に停止できるように設計しておく必要がある。装置が誤作動しても安全な方向に作動するように、あらかじめその製品に予防対策を組み込んでおく設計思想を、フェイルセーフという。

　2005年、ガス瞬間湯沸かし器で一酸化炭素中毒による死亡事故が発生した。台所や風呂などで使用されるガス瞬間湯沸かし器には、一酸化炭素漏れを防ぐため、不完全燃焼が起こればただちに消火する安全装置が取り付けられていた。ところが安全装置を操作するコントロールボックスの不備が相次いだことから、不正改造が横行し、取付工事の際に施工業者だけでなく製造業者でさえも不正改造するようになっていた。そのため、安全装置が作動せず、死亡事故を引き起こすことになった。事故には人的要因を伴うことが多いので、フェイルセーフが必要なのだが、フェイルセーフに基づいて設計していても、事故を完全に防ぐことはできない。

　そこで、ユニバーサルデザインの考え方は、示唆に富むものではないだろうか。1985年に米国のノースカロライナ州立大学のロナルド・メイスによって提唱されたユニバーサルデザインという概念は、「障害者に限らず、できるだけ多くの人が利用可能であるようなデザイン」をめざすものだ。その基本的な考え方は、以下の7つの原則に示されている。

① どんな人でも公平に使えること
② 使う際の柔軟性、自由度が高いこと
③ 使い方が簡単明瞭であること
④ 必要な情報がすぐにわかること
⑤ うっかりミスを許容できること（ミスに対して安全である）
⑥ 身体に過度の負担がかからないこと
⑦ アクセスや利用するのに十分な大きさと空間があること

　ユニバーサルデザインは、障害者のためにのみ提唱されたのではない。できるだけ多くの人々（公衆）にとって使いやすい、安全なデザインを心がけることを呼びかけている。技術者が安全を考える際、示唆に富む考え方といえるだろう。

3 リスク管理（マネジメント）

　自動車事故と原発事故、どちらが現実性のある危険な事故なのだろうか。米国、ソ連（現在のロシア）に続いて、日本でも福島第一原子力発電所の重大事故が発生し、甚大な被害状況が報道されると、原発の「安全神話」は信頼を失い、多くの人々の原発に対する認識は変わりつつある。

　通常、リスクの算定は、「発生の確率×被害の大きさ」で表される。自動車事故は、事故発生率が高く、生命や健康に影響を与えるので、原発事故よりも危険であるとみなす人々が多かった。しかし、原発事故は、発生確率がはるかに低くても、それ

が実際に起こるとその直接的な被害は甚大で、被害からの回復が非常に困難であることが判明した。また、生産品への風評被害や避難住民の苦難など間接的な被害が継続的に生じている。そうした状況の下で、今では、自動車事故より原発事故のほうがはるかに「危険」だとみなす傾向が強まっている。

　ラングトン・ウィナーは、人は「リスク」は引き受けてもよいと思う場合があるが、「危険」に対しては「回避する」「除去する」という対応をとるという。「リスク」という表現は、スポーツやビジネス、ギャンブル、医療の分野で用いられてきたものであるが、自分から何かに着手しようとするときに被るかもしれない不利益の可能性をさすということでは共通している。つまり、「リスクがある（不利益の可能性はゼロではない）」という場合、それでも実行してうまくいけば（不利益が起こらなければ）大いなる利益を手にすることができると期待させる。それに反して、「危険がある」という表現には、そのニュアンスは少なく、「回避すべき脅威」として受け取られる。ある事柄の推進派と反対派の議論において、推進派は「リスク」と表現して、もたらされるかもしれない可能性のある利益と比較考量すべきだと主張する。その一方で、反対派は、「危険」だから何が何でも反対であると主張する。原発を推進しようとする者は、原発推進の「リスク」を考え、反対派は「危険」を考える。リスクと危険のとらえ方に相違があるため、両者の意見がかみ合わず、意見の対立がまったく解消されないのであろう。

　何をリスクと考えるかも、立場によって異なる。福島第一原発の事故について国会事故調査委員会は、東京電力のリスクマネジメントの問題点を指摘している。「（事故の）背景には、東電（東京電力）のリスクマネジメントのゆがみを指摘することができる。東電は、シビアアクシデントによって、周辺住民の健康等に被害を与えること自体をリスクとして捉えるのではなく、シビアアクシデント対策を立てるに当たって、既設炉を停止したり、訴訟上不利になったりすることを経営上のリスクとして捉えていた」（国会事故調査報告書）という。

　調査委員会では、周辺住民に健康被害が及ぶリスクと、経営上のリスクが比較され、東京電力は後者を優先したと判定された。周辺住民にとって考慮すべきリスクは、東京電力の経営状態のことなどではなく、なによりも自らの健康被害に関係するものである。

　技術者が最優先すべきものは何か。技術者も企業で働く労働者としての役割をもち、時には経営者としての役割を担うこともあるかもしれないが、技術者が最優先すべきものは、「公衆の安全、健康、福利」である。公衆の安全にかかわるリスクを優先してとらえようとする倫理観こそが、グローバルエンジニアに求められている。

COLUMN
コラム……16 ● 安全配慮意識の習慣化と共有化

　中国の『書経』に「学ばざれば牆に面す」とある。「学問をしなければ、塀の前に立っているようなもので、前に進むことができない」という意味である。「学ぶ」の語は、「他人の真似をする」「他人から教えを受けたり見習ったりして、知識や技芸を身につける」というのが元来の意味らしい。

　車を運転することを例に考えてみよう。車を運転する際のルールである道路交通法の規定は、六法全書やネットを検索すれば明らかになる。自動車の構造やエンジンのかけ方、ウインカーやワイパーなどの操作手順も知ることができる。ただ、そうした知識を得るだけで、車の運転がうまくなることはない。自動車学校などで教習員などの指導を受けながら、実際に車の運転を練習する必要がある。教習運転中に教習員から「安全確認ができていない」と注意を受け、それが繰り返されるなかで、歩行者や他の車への安全配慮の仕方やその重要性を理解していく。そして、最初は意識しなければできなかった安全確認を、意識することなく自然に行えるようになるのである。

　市民への安全配慮やリスク管理も同様だろう。他者から直接、学ぶことがもっとも効果的な学習方法だと思う。知識を使いこなす技術を習得し、活用していくためには、誰かの指導やサポートは不可欠なのである。

　技術者は、学校では教員から、職場では先輩や上司から、技術者の心構えや設計・製造・加工過程での注意事項など、さまざまなことについての知識を教えられる。その際重要なことは、第一に、教員や先輩・上司から指導されたことを正確に習得することである。第二に、習得した事柄の根本原則や共通性を追求し、自分なりの工夫を考案してみることである。第三に、自分の工夫や新しく創造したアイディアを他者と共有することである。

　自分の工夫やアイディアを、独りよがりなものにしないためには、たえず周囲の人たちと意見交換することも大切である。『論語』に「学びて時にこれを習うまた説ばしからずや」（学んだことを時に応じて反復し、理解を深める。これもまた楽しいことではないか）とある。

　安全情報や危険情報を秘匿してしまえば、2004年のM社によるリコール隠し事件のように、尊い人命を失うような事故を引き起こすかもしれない。技術者の個人的倫理観の高さと向上心を維持するためにも、周囲の人たちと良好な意見交換をすることによって、共通の安全配慮意識を醸成するよう学び続けることこそ、必要不可欠ではないだろうか。

〔野本敏生〕

18 製造物責任

　商品を製造・販売する企業には、従来、過失責任に基づく損害賠償責任が問われてきた。近年、製品の欠陥によって生命、身体または財産に損害が生じた場合、企業の過失の有無を問わず、損害の有無を証明することで、損害賠償を求められるようになっている。ここでは、企業と技術者に課せられる製造物責任について考えてみる。

18-1 費用便益分析

　商品を製造・販売する企業はつねに、最小限の費用で最大限の効果（利潤）を獲得することをめざしている。これは、経済性あるいは効率性の追求といわれる。たとえば、製品を輸出する企業は、国内向け製品のみを扱う企業に比べて、輸送費や各種手数料など費用（コスト）がかさむため、海外での現地生産に切り替えたほうが利潤を確保しやすくなるのではないかと、つねに頭を悩ませている。為替レートの変動による利益変動もあるため、外国為替相場の動向にもつねに注視している。企業は、将来の活動や行為のなかで費用がより少なくなる選択肢を選ぶため、いくつかの行為を数値化して、比較検討する方法、すなわち「費用便益分析」（cost-benefit analysis）や「費用対効果」などが、経営戦略のために使われることが多い。

　費用便益分析について考える事例として、フォード・ピント事件を取り上げる。1972年、フォード社の販売する軽量廉価なサブコンパクトカー、ピントが、追突され炎上、1人が死亡、1人が重傷となる事故が発生した。高速道路を走行中のピントが突然エンストして停車したところに、後続車が時速約 50 km で追突した。ピントはガソリン漏れを起こし、漏れたガソリンに火が引火した。炎上したピントから逃げ遅れた運転手が死亡し、同乗者が重度の火傷を負ったのである。

　通常、普通乗用車のガソリンタンクは前輪車軸と後輪車軸の間にあり、衝突事故があってもガソリン漏れを防止する配慮がなされている。ピントは小型の車体にもかかわらず居住空間を確保するために、あえてガソリンタンクを後輪車軸と後部バンパーの間に置くように設計・製造されていた。この設計では、後ろからの衝撃でタンクが破損する可能性が高く、開発段階の衝突実験でも、12回のうち11回で発火する結果となり、問題ありと指摘されていた。

　当時の自動車安全ディレクターによる「衝突による燃料漏れと火災に伴う死亡者」と題する文書に、設計を改善した場合の損失と受益の計算が行われていた。追突されても炎上しないための改善策として、タンクにゴム製シートを装着する、あるいはタンクを後部車軸の後ろからその上に移動させるなどがあったが、これらの改善

を施すには1台当たり11ドルが必要であった。そこで、同文書には、改善にかかる費用として、ピント1台につき11ドルの追加費用で燃料漏れ防止の改善対策を実施した場合の損失を1億3700万ドルとした。一方、事故が発生した場合にかかる損害賠償金額を4953万ドルとした。これは、事故の発生による死亡者は180人と推定し、1人につき20万ドル（当時の為替相場1ドル＝305円とすると約6100万円）を支払い、熱重傷者が180人で1人につき6.7万ドル（同じく約2044万円）を支払い、炎上車両を2100台として1台につき700ドル（同じく約21.4万円）の賠償金額を支払うものとして推計された金額であった。

フォード社による費用便益分析

便益					
	熱死者	180人	死亡者1人	20万ドル	4953万ドル
	熱重傷者	180人	負傷者1人	6.7万ドル	
	車両炎上	2100台	車両1台	700ドル	

費用	販売数		修理費用		
	乗用車	1100万台	乗用車1台	11ドル	1億3700万ドル
	軽トラック	150万台	軽トラック1台	11ドル	

　これはピントの追突事故後、フォード社が安全性を改善しないまま量産を開始した根拠として公開した費用便益分析である。この分析結果では、設計上の欠陥を改善するよりは、事故が起きた後に損害賠償するほうがはるかに安価になり、改善対策費用のほうがはるかに割高になると見積もっていた。フォード社としては、費用便益分析に基づく合理的な判断であった、と主張したかったのである。

　ところが、この費用便益分析に批判が巻き起こった。人権無視もはなはだしく、悪意に満ちていると批判されたのである。人命や健康に値段をつけることを不愉快に思う人もいれば、また賠償金額そのものがあまりに安い見積額であると感じる人もいた。また、当時のフォード社の一族経営体質に起因する「フォード・ファースト（フォード一族の利益が最優先）」に対する批判もあった。

　フォード社が安全をなおざりにしたことに対する批判は強かった。費用がかかるために、公衆の安全に配慮せず、経営的利益を優先したことに対する非難は止むことがなかったのである。

18.2 製造物責任法の意義

　製造物責任とは、製品の欠陥により人の生命や健康、あるいは財産に被害が生じたとき、製品の製造者が被害者に対して負う賠償責任のことである。この責任の取り方は、米国が発祥で、「Product Liability」と呼ばれるため、製造物責任法はPL法と略称される。

損害賠償責任は、通常、過失責任主義に立つ。損害を発生させた加害者に賠償責任を負わすためには、加害者の「故意」、すなわち被害を与えようという意思があったこと、あるいはその行為に注意義務違反などの落ち度、いわゆる「過失」があったことを証明しなければならない。加害者が十分な注意を払っていたにもかかわらず事故が発生してしまった場合は、損害賠償責任を免れることになる。「過失なければ責任なし」といわれるゆえんだ。日本の民法においても、「故意または過失によって、他人の権利又は法律上保護される利益を侵害した者は、これによって生じた損害を賠償する責任を負う」（第709条）と規定されている。したがって、民事裁判において、賠償請求を提起した原告（被害を受けた消費者）は、被告である加害者（製造業者）の「故意または過失」を立証しなければならない。

　しかしながら、一般の消費者には製造企業の「故意または過失」を立証することは非常に困難である。製造過程の情報は、通常、製造業者が専有しており、また高度で複雑な専門技術を用いて製造された工業製品の特徴や品質についての知識は、専門家でもない消費者（被害者）にはまったく持ちえないものである。製造業者の「故意または過失」を証明しようとする注意義務違反を立証することは、現実的に非常に困難で、企業の賠償責任が認められるケースは稀であった。

　そこで、被害を受けた消費者の救済をはかることを目的として、製造業者の過失を立証することなく、製品に欠陥があるために損害が発生したという事実を立証するだけで、製造業者に損害賠償を認める製造物責任が主張されるようになったのである。

　米国ではいち早く、1960年代初頭には過失を要件としない「厳格責任」（strict liability）の一類型として判例で確立していた。ヨーロッパでも1985年にEC閣僚理事会（当時）において、製造物責任に関する法律の統一に関する指令が採択され、これに基づき加盟各国で立法化された。日本では1995年に、製造物責任法が制定された。

　製造物責任法第1条は、「この法律は、製造物の欠陥により人の生命、身体又は財産に係る被害が生じた場合における製造業者等の損害賠償の責任について定めることにより、被害者の保護を図り、もって国民生活の安定向上と国民経済の健全な発展に寄与することを目的とする」とした。また製造物とは「製造又は加工された動産」（同第2条第1項）をさし、欠陥とは当該製造物が「通常有すべき安全性を欠いていること」（同条第2項）と規定している。

　つまり、人の生命、身体または財産への被害や損害が発生し、その製造物に欠陥が認められ、その欠陥が被害の原因であると認められれば、製造業者は損害賠償責任を負うことになる。もし製造物に欠陥がない、あるいは欠陥はあってもそれが被害の原因として認められない場合、製造物責任を問うことができない。その場合は、次の救済策として、民法の不法行為責任、瑕疵担保責任あるいは債務不履行責任などを考慮することになるであろう。

ここで重要なのは、製造物の欠陥とはどのようなものなのか、ということである。一般的に、①設計上の欠陥、②製造上の欠陥、③指示・警告上の欠陥に分類することができるという。第一の設計上の欠陥とは、開発初期の設計段階ですでに安全上の問題があった場合である。第二の製造上の欠陥とは、設計段階では問題がなかったが、製造段階で設計や仕様どおりに製造されなかったために、安全性を欠いてしまう場合である。たとえば、電気こたつのヒーターユニットが落下する事故が発生した。ヒーターユニットの取付部品の製造を委託された海外企業が、当初の仕様と異なる安価で粗悪な部品を納入したことが原因であった。

　第三の指示・警告上の欠陥とは、製品を使用する消費者が事故の危険を予防または回避するために行う使用上の注意や製品情報が不十分であったり、取扱説明書の記述に不備があり、誤使用を誘発する可能性があったりする場合である。家庭電化製品に付属する取扱説明書に、危険な取扱いや間違った使用方法についての注意が書かれていなければ、欠陥があったとされる。男性がズボンのポケットに携帯電話を入れたまま、約2時間半にわたりこたつにいたために、太ももに携帯電話とほぼ同じ大きさの火傷を負った事故が起きた。裁判所は製造物責任法に基づき、製造業者に損害賠償（約200万円）を命じた。判決は、携帯電話を「ポケットに収納し、こたつで暖をとることは通常予想され、取扱説明書で禁止したり、危険を警告する表示をしていない」ことは、製造物が通常有すべき安全性を欠いているとした。ただし、一般に、生命・身体等への安全性に関わらない製品の不具合は、欠陥とまではいえないと考えられている。

3　消費生活用製品安全法の改正

　2005年、パロマ工業製のガス瞬間湯沸かし器の欠陥によって死亡事故が起こった。1996年に心不全で死亡したとされた男性の遺族が死因に納得せず、2006年に警察に再捜査を要請した結果、パロマ工業製のガス瞬間湯沸かし器が原因で一酸化炭素中毒により死亡したことが判明した。調査の結果、同様の死亡事故者が1985年から2006年までの約20年間で20人以上いたことが判明した。

　パロマ社は当初、事故の主な原因は取付け工事業者による不正改造（安全装置の解除）であり、製品には問題（欠陥）がないと主張していた。しかしのちに、事故原因の一部が安全装置の劣化にあることや、当時の社長が一連の事故に関して報告を受けていたことなどが発覚し、パロマは謝罪した。そもそも簡単に不正改造できる設計にも問題はあるが、それよりも20年間も長期にわたって事故情報が公表されず、製造業者が注意喚起しなかったことが問題視された。事故発生の情報がもっと早くから消費者に伝えられていたら、後続の事故を減らし、死亡事故を防止することができたかもしれない。

　そこで2007年、消費生活用製品安全法が改正され、2009年4月から施行された。

改正点は、消費生活用製品によって重大事故、すなわち死亡事故、重傷病事故、後遺傷害事故、一酸化炭素中毒事故や火災などが生じた場合、当該製品の製造業者あるいは輸入業者は、事故発生を知った日から10日以内に内閣総理大臣に、当該製品の名称・型式、事故の内容ならびに製造数・輸入数・販売数を報告する義務を法定したことと、また販売・修理・設置工事業者は、重大事故の発生を知った時点でただちに製造業者あるいは輸入業者に報告する努力義務を課したことである。
　注目すべきは、製造物責任法では製品の欠陥による事故のみが適用範囲であったが、消費生活用製品安全法改正法では、報告義務のある重大事故に、当該製品の欠陥の有無が明らかでない場合も含まれるということである。製品の欠陥の有無にかかわらず、重大事故が国に迅速に報告されれば、消費者に早い時期に情報提供をすることができ、注意を喚起することができる。同様の事故を防止することに少なからず貢献するのではないかと期待されている。
　さらに、消費生活用製品安全法改正法と同時に「長期使用製品安全表示制度」が創設され、2009年4月以降に製造および輸入された家電製品5品目に、①製造または輸入された年、②設計上の標準使用期間、そして、③たとえば、「設計上の標準使用期間を超えて使用すると、経年劣化による発火・けが等の事故に至る恐れがあります」というような注意を製品自体に表示することを義務づけている。対象とされたのは、扇風機、換気扇、エアコンおよび電気冷房機、電気洗濯機および電気脱水機、ブラウン管テレビの5品目である。

　日本では、これまで企業の自主的な対応に任せてきた製造物の責任に関して、公衆の安全を守る観点から、企業がもつ情報の開示を法的な義務とする法制化がなされてきた。日本の企業や技術者が、広く海外で活動するときでも、日本で活動するときと同様に、現地の消費者や住民に対して必要不可欠な安全配慮や対策を自主的に判断し、実施していく責務がある。国によっては、そのようなことを規制する法律はないかもしれないが、技術者のもつべき倫理は、日本においても外国においても、同じである。また、そうした不祥事の情報は、隠すことができない。インターネットなどを通じて、かならず不祥事の情報は流れていくものである。
　事故を起こした場合には、迅速にその事実を公表し、公衆に注意を呼びかけ、事故の再発防止に取り組むべきである。事故が起きたことで製品に対する信用が低下するかもしれないが、その後のアフターケアが十分になされれば、製造業者としての信頼を回復することは可能である。仮に事故の事実を隠し、公衆の安全よりも企業の利益を優先したことが発覚すれば、信頼回復の可能性はゼロとなり、企業の存続自体が危ぶまれる事態に陥るかもしれない。企業は危機を乗り越え、生き残りのチャンスを手に入れるためにも、プロフェッショナルとしての技術者倫理に基づく具体的な対応や改善策を企画作成・実施することが期待されているのである。

コラム……17 耐震偽装問題

　地震の多い日本では、新しく建設されるマンションは、建築基準法で定める耐震基準を満たさなければならない。耐震基準を十分に満たそうとすれば、コストがかかり販売価格は上昇する。マンションの販売業者は、販売しやすいようにマンションの販売価格を低く抑えたいし、建設会社も販売業者から次の建築依頼を獲得するために、また利潤を確保するために、できるだけ価格を低くしようとする。コストを抑えたい販売業者と建設会社は、耐震基準を満たしつつコストをどこまで抑えられるのか、真剣に考えている。そうしたなか、2005年11月、耐震偽装事件が発覚した。

　A一級建築士（その後資格取消）は、販売会社や建設会社からのコスト削減の要望に応えるため鉄筋の数を減らし、震度5強程度で倒壊するリスクのあるマンション20棟（うち14棟は建築済）とホテル1棟の耐震構造計算書を捏造し、建築許可に必要な耐震性があるかのように偽装した。耐震構造計算を行うとき、国土交通大臣認定のコンピュータプログラムによる構造計算の結果を操作していたのである。

　耐震基準を満たさないマンションやホテルが建設されていたという事実は、個人の生命や財産にかかわる社会問題としてマスコミによって連日、大きく報道された。自分の暮らすマンションの耐震性は大丈夫なのだろうかと、国民の不安を煽ることにもなった。批判は、A氏だけでなく、販売会社や建設会社、さらには耐震構造計算書の不正を見抜くことのできなかった検査機関にも向けられるようになった。

　この事件に関する裁判所判決は、A一級建築士による「個人的犯罪」と断罪しているが、結果として欠陥のあるマンションを販売したことになる販売会社や建設会社、検査機関などの責任は、けっして小さいものではない。耐震構造計算が偽装されたマンションを購入した住民たちこそ、被害者であり、彼らは自らの資金でマンションの補強工事を行ったり、建て替えたりしなければならなかった。住民たちは、まったく落ち度がないにもかかわらず、しなくてもよい苦労と経済的負担を強いられることになったのである。

　その後、改正建築基準法が2007年に施行されたりしたが、何よりも、A氏をはじめ、偽装マンションの建築に関わった人々の責任感や倫理観、プロフェッショナルとしての矜持などの欠如は批判されなければならない。公衆の安全を無視した行為は、断じて許されるものではない。技術者たる者、肝に銘じておくべきだろう。

（野本敏生）

19 知的財産権

技術者は、新製品を開発しようとするとき、多大なコストとリスクを負っている。それに報いるために、知的財産権が認められている。報われるからこそ、技術者は積極的に開発に携わり、新しい技術を開拓していこうとする。知的財産権は、単に権利者の利益を守るためだけではなく、広く社会全体の利益を守ることも目的としているのである。

19-1 知的財産権とは

人間の知的活動によって生み出されたアイディアや創作物などには、財産的価値をもつものがあり、それらを総称して知的財産という。知的財産の中で、知的財産基本法（平成14年法律122号、以下、知財法）などの法律によって規定され、法律上、保護される利益に関わる権利を、知的財産権という。

知財法第2条第1項は知的財産について定義している。それによれば、「知的財産とは、発明・考案、植物の新品種、意匠、著作物その他の人間の創造的活動により生み出されるものであり、商標、商号その他事業活動に用いられる商品または役務を表示するもの、および営業秘密その他の事業活動に有用な技術または営業上の情報である」とされる。

知財法で規定される知的財産には、民法上の所有権に類似した独占権が与えられている。これは、新しい発明は国民や国家に利益をもたらすことになるので、発明者の権利を認め保護すべきだとの考えに基づいている。

知財法が対象とする分野、権利と登録制度の有無

	テクノロジー				ブランド			デザイン		エンタテインメント
分野	発明	考案	植物新品種	営業秘密	商標	ブランド	周知表示	意匠	回路配置	著作物
具体的権利	特許権	実用新案権	育成者権	—	商標権	商号権	—	意匠権	回路配置権	著作権
対応する法律	特許法	実用新案法	種苗法	不正競争防止法	商標法	商法、会社法	不正競争防止法	意匠法	半導体チップ保護法	著作権法
登録制度の有無	審査・登録	事前無審査・登録	審査・登録	なし	審査・登録	登記	なし	審査・登録	登録	無方式

小泉直樹（2010）『知的財産法入門』、岩波新書より

特許権は、発明と呼ばれる比較的程度の高い新しい技術的アイディアを保護しようとするもので、「物」「方法」「物の生産方法」の3つのタイプがある。出願から20年間保護される。ただ、医療品など一部の発明に関しては最長25年まで延長できる場合がある。

　実用新案権は、発明ほど高度な技術的アイディアではない小発明と呼ばれるような考案を保護しようとするもので、出願から10年間保護される。

　育成者権は、植物の新品種を保護しようとするもので、登録から25年間、樹木の場合は30年間保護される。

　営業秘密は、企業の営業ノウハウや顧客リストの盗用など不正競争を規制しようとするものである。営業秘密は、知財法制定によってはじめて知的財産として法的に保護される利益に係る権利と認知された。

　商標権は、企業や商品のロゴのように、自分が取り扱う商品やサービスと他人のそれとを区別するためのマークであり、登録から10年間保護される（更新あり）。

　商号権は、〇〇株式会社のように、事業者が自己を表示するために使用する名称（商号）を保護するものである。保護期限の定めはない。

　意匠権は、物の形状や模様など斬新なデザインを保護するもので、登録から20年間保護される。

　回路配置利用権は、独自に開発された半導体集積回路の回路配置の利用を保護するもので、登録から10年間保護される。

　著作権は、思想または感情を創作的に表現したものであって、文芸、学術、美術、音楽の範囲に属するものを保護しようとするものである。具体的には、書籍や雑誌などの文章や絵、美術や音楽、論文などである。コンピュータプログラムも含まれている。保護される期間は原則として、著作者の死後50年間、法人著作の場合は公表後50年間とされている。映画は公表後70年間である。

　これらの知的財産の中でも、技術者が最低限理解しておかなければならないものは、特許権と著作権の2つであろう。

19.2 青色LED特許権裁判

　特許権について、青色LED特許権裁判の事例を取り上げながら考えてみる。

　青色発光ダイオード（LED）の発明は、明るく省エネルギーな白色光源を可能とし、スマートフォンの小型化や省エネ化を実現するなど、現代社会の利便性を高めた。この功績により、2014年、赤崎勇氏、天野浩氏、中村修二氏はノーベル物理学賞を受賞した。

　青色LEDの特許権をめぐる裁判が、中村氏と、中村氏がかつて勤務し青色LEDの特許権をもつ日亜化学工業（以下、日亜）との間で起こった。中村氏は、赤崎氏と天野氏が発明した窒化ガリウムに注目し、青色LEDの製造装置に関する技術開

発に成功し、実用化につなげた。この功績に対して、中村氏は日亜から報奨金2万円を受け取ったにすぎなかった。日亜は1993年、世界で初めて青色LEDを製品化し、その後業績を伸ばすことになった。

青色LEDの特許権をめぐる裁判の論点は、第一に、青色LEDの特許権所有権は誰が持っているのか、第二に、発明した特許権が企業にあるとすれば、企業が従業員に支払うべき「相当の対価」はいくらなのか、ということであった。中村氏は、日亜に在職中、青色LEDに関する100件近くの特許を精力的に出願してきたこと、青色LEDの研究を中止するように業務命令を受けたにもかかわらず、研究を継続したことで発明に成功したことなどをあげ、青色LEDにかかわる特許に相当の貢献をしているので特許権は自らに属し、仮に属さない場合でも、相当の対価が支払われるべきだと主張した。一方、日亜は、青色LEDの製品は中村氏個人の開発技術だけでなく、企業として開発にかかわってきた。中村氏がかかわっていない技術や共同開発した技術もある。また、開発に必要な機材は日亜が提供したものであるとした。中村氏に対しても、管理職として処遇するなどしたと主張した。

東京地方裁判所の判決（2004年）では、特許を受ける権利の帰属は日亜にあるものの、「相当の対価」は不十分であり、日亜に200億円の支払いを命じた。その際、東京地裁は、特許による利益を1208億円、中村氏の貢献度を50％として、発明の対価は本来604億円あると算定したため、産業界を大きく揺るがすことになった。2005年の東京高等裁判所和解勧告では、中村氏は日亜時代にえた知識を今後の研究活動に利用できるとしたうえで、発明の対価を特許による利益の5％として、日亜に対し約6億円を支払うように勧告した。

この裁判で、特許権は企業に属するとしたうえで、企業における発明の対価のあり方が問われることになった。技術者は、成果に見合った評価（報酬を含む）を受けてこそ開発意欲が上がり、企業も技術競争力を高めることができる。その反面、企業は技術者の雇用や社会保障、設備投資や研究資金などのリスクを負いながら、技術者の研究開発を促している。どちらの見解が正しいのか、明確な解答を出すことはできないが、少額の報奨金で済ませようとすることはできなくなっている。

3 知的財産の国際的保護

知的財産に関する法律は、基本的に各国で独立して存在している。国家主権の一部とみなされ、国家が、知的財産を審査し登録することで権利が発生するのである。個人の財産権という側面ももつ。技術、エンターテインメント、ブランド、テクノロジーの分野における流通のグローバル化は著しく、各国の制度の相違を解消し、知的財産を保護するための共通ルールを策定する必要性が高まっている。

1995年に設立された世界貿易機関（WTO）の設立協定付属文書として、知的所有権の貿易関連の側面に関する協定（TRIPS協定）が発効した。国際貿易、投

資の促進・円滑化のためには知的財産権の保護が不可欠であると認識され、知的財産権保護の国際的ミニマムスタンダードをとりまとめたものである。既存のパリ条約や、ベルヌ条約などの順守を義務づけ、さらなる保護の効果を規定している。また、内国民待遇と最恵国待遇を原則とし、知的財産権の権利行使について条約として初めて規定した。多国間における紛争解決の手続きも導入した。

パリ条約は1883年、工業所有権の保護のために締結された国際条約であり、特許権、実用新案権、意匠権、商標権などの国際的保護を規定している。日本は1899年に加盟した。また、ベルヌ条約は1886年、文学や美術などの著作物を国際的に保護するために締結された国際条約である。1899年に日本は加入している。これらの国際条約によって、知的財産権が国際的にも保護される体制が形成されつつあるといえよう。

現在、知的財産権の保護で問題となっている点は、経済的な格差が大きい先進国と途上国の間で、知的財産権保護について枠組みをどのようにつくるかという問題である。先進国には、技術開発力と自由な市場が存在し、人々に創作活動を楽しむ最低限の余裕がある。加えて、表現活動を国家の干渉なく自由に行うことのできる社会的基盤もある。一方、途上国の多くは、知的財産制度をうまく機能させる社会的基盤を欠いている。2000年より途上国に対してもTRIPS協定の履行義務が生じているにもかかわらず、途上国では知的財産権の保護水準はけっして十分とはいえず、模倣品が氾濫する現象もみられる。知的財産権保護は、途上国にとってもビジネス発展の有効なツールであり、同時に必要なインフラになりうるものである。途上国の自立的経済発展を促すためにも、先進国と協力して、各国の状況に応じた計画を策定していくことが不可欠となっている。ただし、短期的な視野で金銭的な利益だけを追求しすぎると、生命すら犠牲にすることを厭わないと思える非人道的な状況も生じることがある。エイズ治療薬をめぐる対立は、その典型例だった。

また、知的財産とは直接関係ないが、通常兵器や関連汎用品・技術の移転に関して国際的な規制が存在することに触れておく。米ソ冷戦期、共産圏への戦略物資の輸出を禁止した対共産圏輸出統制委員会（COCOM）が存在していた。冷戦終結後、COCOMはその役割を終えたが、地域の平和と安定を脅かす恐れのある通常兵器の過度の移転と蓄積を防止し、テロリストに通常兵器や関連技術が渡ることを防止することを目的として、1996年、新たな輸出管理体制が設定された。それをワッセナー協約という。

COCOM規制が行われていた1987年、東芝機械COCOM違反事件が起きた。東芝機械がソ連に高性能な工作機械制御装置を輸出し、それが原子力潜水艦のスクリュー静寂性を向上させたという事件である。東芝機械には200万円の罰金、幹部社員2人には執行猶予付きながら懲役刑が科せられた。技術者のもつ技術が、知らないうちに他者に渡り、それが結果的に、輸出管理規制に関する違法行為を構成してしまう可能性がないとは言い切れない。技術者は、こうした状況が存在してい

ることを認識しておく必要がある。

19 4 著作権をめぐる状況

　著作権には、財産的な利益を保護する著作権（財産権）と、人格的な利益を保護する著作者人格権の2つがある。技術者にとって重要な著作権は前者であろう。

　ベルヌ条約第7条第1項は、「（著作権の）保護期間は、著作者の生存の間およびその死後50年とする」と規定している。そして第8項で、「保護期間は、保護が要求される加盟国の法令の定めるところによる」としている。米国やEUは、著作権保護の期間を70年としている。日本は、作者の死後50年としているものの、70年に延長すべきだとの意見もある。現在、著作権の保護期間について国際的に共通する期間はなく、各国の立法により、各国ごとに決められている。

　著作権の保護期間に関して、ディズニー社のミッキーマウスの事例を考えてみる。ディズニー社のミッキーマウスの初作品は、1928年に公開された「蒸気船ウィリー」である。当時の著作権保護期間は発行後56年（法人著作権）であったため、1984年まで保護される予定だった。1976年、米国議会は著作権制度を大幅に改正し、保護期間を発行後75年としたため、著作権は2003年まで保護されることになった。1998年、著作権延長法が制定され、1977年以前に発表された作品の法人著作権を発行後95年に延長したので、ミッキーマウスは2023年まで保護されることになった。米国における著作権保護期間の延長は、ディズニー社だけでなく、米国のGDPの5％を占めるようになったといわれる著作権関連ビジネスを守るためのものだったといわれている。

　著作権をもつ者は著作権の保護期間を長くしたいと思うだろうが、いたずらに保護期間を長くするだけでは、社会全体でみたときの利益を阻害してしまうかもしれない。ディズニー社のように保護期間を延長することで著作権者の収入が増えるケースは稀である。ほとんどの作品は市場においてごく短命であり、作者の死後50年後に出版される書籍は全体のわずか2％に満たないともいわれている。保護期間を延ばしても、作者の遺族の収入になることはほとんどないのが実情である。

　また、著作権が死蔵化してしまうことも問題だ。多くの著作権の権利者がわからなくなっており、保護期間を延ばすことでいっそう権利者が不明な著作権が増えている。権利者が不明な著作権は使用することが実質的にできず、死蔵化してしまうので、それは社会全体にとって不利益になる。今日、保護期間をどれだけにするのか、一般的な合意は成立していない。技術者だけでなく、多くの関係する人々を含めた議論が展開される必要がある。

コラム……18
特許権に関する国際協定とエイズとの闘い

　2000年頃、主要国首脳会議で議題に取り上げられたように、エイズ対策は世界的な課題と認識され始めていた。とりわけサハラ以南アフリカや東南アジアの一部の国々で、エイズとの闘いは深刻な問題になっていた。

　南アフリカのダーバン市で2000年、国際エイズ会議が開催された。HIV陽性者たちは「われわれにも治療を」と訴えた。1996年に確立された多剤併用療法によって欧米諸国や日本ではエイズ治療が可能となり、エイズによる死亡は急減していた。途上国の患者も先進国と同じく、命が救済されるよう求めたのだ。HIV陽性者たちは、死への恐れ、あとに残される子供たちへの思い、そして治療を受けて生きることへの希望などを語った。

　それを聞いた米国人の学生が、所属する大学に、エイズ治療薬の特許を途上国のエイズ治療実現のために無償で供与してほしいと働きかけた。特許権収入が重要な財源の一つだった大学は、この働きかけを無視しようとした。しかし、大学でエイズ治療薬の開発に携わった研究者が立ち上がり、「大学と製薬会社は発展途上国のために、薬を無料で供給するか、安く製造することを許可してほしい。製薬会社は自分たちのことしか考えていないのか。お金を稼ぐことだけが目的なのか」と新聞のインタビューに答えた。大学も態度を改め、治療薬の特許権を無償供与すると発表した。

　反面、特許権料を無償にしろと要求することは、新薬開発を阻害し、次世代の人々に必要な治療を妨げることになる、と主張する人もいた。対立する双方の主張は、南アフリカの法廷で争われた。

　製薬企業の本社がある欧米諸国では、HIV陽性者を中心とする人々が「途上国のHIV陽性者を見捨てるな」と、さまざまな行動を展開した。2001年4月、医薬品特許を侵害する可能性のある条項をもつ南アフリカの改正薬事法めぐる裁判は、製薬企業が訴えを取り下げて終わった。

　2001年11月には、世界貿易機関（WTO）閣僚会議で、特許権保護を口実に、加盟国のエイズ危機などへの保健医療の取り組みを阻害してはならない、とする宣言を採択した。途上国向けに安価なエイズ治療薬が製造できるようになった。

　2002年1月には、世界エイズ・結核・マラリア対策基金が創設された。多数の死者を出し、経済的・社会的な影響も大きい三大感染症に総合的な対策を行おうとするものだ。途上国の貧しい人々にもエイズ治療薬が届くようになった。
　　　　　　　　　　　　　　　　（アフリカ日本協議会　斉藤龍一郎）

Engineering ethics

第 **4** 部

グローバル社会の課題とゆくえ

20 グローバル化と国家の変容

世界には多様な国家が存在している。モナコやツバルなどの小さな国もあれば、中国やインドなど多くの人口を抱えている国もある。経済的に豊かな国もあれば、貧困にあえいでいる国もある。多くの民族が共存していて、多くの言葉が使用されている国もある。民主主義が定着している国もあれば、独裁政治が続いている国もある。

現在、国際連合に加盟している国家は195カ国である。そうした国家に共通する特徴は何だろうか。グローバル化が進むにつれて、商品だけではなく、お金や人も国境を軽々と越えて移動できるようになっているなかで、国家はかつてほどの力をもっていないともいわれている。国家というと、身近であるようで、とらえどころがない存在である。しかし、われわれが海外旅行に行くときには、必ず日本政府が発行するパスポートが必要であるし、海外で働くためには、その国の政府が発行するビザが必要である。

日常の生活の中では遠い存在である国家について考えてみたい。

20-1 国家とは何か

英語のnationという言葉には、国家、国民あるいは民族などいくつかの意味がある。国家を表す英語には、nationのほかにも、stateやcountryなどがあり、それぞれの言葉は国家のちがう側面を示している。nationという言葉が国民を表しているのに対して、countryは領土や領海など国土を表している。これに対してstateという言葉は国家機構そのものを指していて、国民や国土を統治できる機構として確立していること、つまり主権が確立していることを意味している。そして、領土、国民、主権という3つの要素は、国際法上、国家が成立するための条件であるとされている。

(1) 主権国家の成立

国家が国家として存在するためには、まず国民や領土を統治できるだけの国家機構が形成されて、主権が確保されている必要がある。内戦状態にある地域では、国家機構が形成されておらず、主権が確立されていないことになる。また、内戦状態とまではいえないが、軍隊、民兵、密輸業者、地方ボスなどが暗躍して、国家機構、官僚組織が解体している状態の国もある。そうした「崩壊国家」は、主権が確保されていないことになる。また、カリスマ的独裁者が国家機構を完全に支配している場合もある。そうした「個人支配」の国家では、曲がりなりにも秩序が維持されており、内戦状態や「崩壊国家」を免れている。しかし、植民地状態から独立した国

家で、長期にわたる独裁体制が崩壊したあと、民主主義を定着させることに失敗して、内戦状態や「崩壊国家」化に苦しんでいる国も少なくない。

また、国家が国家であるためには、他の国家から国家であると承認されることも必要とされる。台湾は、中華民国が実効支配しているが、日本は、「一つの中国」を主張する中華人民共和国と国交を樹立する際に、中華民国とは国交を断絶している。現在、台湾を中華民国として承認している国は、十数カ国にすぎない。北朝鮮は、台湾と違って国連の加盟国ではあるが、日本はまだ国家として承認しておらず正式の外交関係もない。パレスチナは、国連総会のオブザーバーではあるが、国連加盟国ではなく、日本ともまだ正式な外交関係があるわけではない。

歴史的には、国家が相互に承認することによって成立する国際社会は、ヨーロッパにおいて1648年、ウエストファリア条約によって成立したとされる。それまでは、他国の主権を尊重せずに、他国の内政に干渉していたヨーロッパ諸国は、この条約以降、お互いに主権を尊重し合うようになった。小国であっても大国であっても相互に主権を尊重し合う主権国家からなる国際社会が成立した。しかし、この国際社会は、ヨーロッパに限定されており、非ヨーロッパ世界はヨーロッパ各国によって従属的な地位に追いやられ、次々に植民地化されていくことになる。

(2) 主権国家から国民国家へ

こうして成立した主権国家が国民国家へと変化するのは、フランス革命など市民革命を待たなければならなかった。主権国家が成立したといっても、主権の担い手は多くの場合君主であったが、君主に対抗して国民が主権者として登場することで、主権国家は国民国家へと大きく変貌を遂げることになる。第一次世界大戦後に、民族自決が唱えられて、民族自決の原理に立って国家が建設されるなど、国家が主権を確立するとともに、国民国家が出現することになる。たとえ独裁的な国家であっても、国民の支持によって正当化されていれば、国民国家でありえたのである。こうして国民国家という形が、世界中に広まることになった。そこでは国家は、国語をつくり上げ、教育やメディアを通じて同質的な国民を形成することによって、国民国家を実体化しようと試みてきた。

それにもかかわらず、国民国家は、領域のすべての住民を同質な国民にすることができない場合が多い。国内に少数の民族が共存している場合もあるし、少数の言語、少数の宗教が存在し、独自の文化圏が存在している場合もある。さらに、移民や外国人労働者の形で国民国家の中に新たな少数民族が誕生している場合もある。異なる民族が存在している場合、国民は複数の民族から構成されることになり、多民族国家となる。民族は同じであっても、多宗教、多言語、多文化の国家である国も多い。国民というのは同じ民族、同じ言語、同じ文化を意味するものではなく、同質ではない集団を含めて成立しているのである。

日本はこれまで同質な国であるといわれてきた。日本は、例外的に同質性が高い

と同時に、民族、文化、言語を考えると、完全に同質ではない点に、留意する必要がある。

20 2 多民族国家の民主主義

(1) コンセンサス型民主主義と多数決型民主主義

多民族、多言語、多宗教の国家において、いくつかの集団に分断された政治文化がある国家では、選挙を実施しても多数派の集団がつねに勝利を収めてしまい、少数派の意思が政治に反映されないことになる。通常の民主主義国家においては、選挙において与野党が逆転する可能性があり、少数意見であったものが多数意見になる可能性がある。多数決型民主主義の国では、政権交代が実現することが民主主義の基本となる。ところが、分断された社会では、何度選挙を実施しても、多数派はつねに多数のままである場合がある。そうした社会では、多数決に基づく民主主義とは異なる原理が必要とされる。オランダ、ベルギー、スイスなどヨーロッパの小国では、多数決型民主主義とは異なるコンセンサス型民主主義が形成されている。そこでは、民族や言語を代表するそれぞれの部分社会の代表者が連立政権を形成し、重要な問題については少数派に拒否権を認めたうえで、多数決ではなく合意によって決定するなど、独自の民主主義が模索されてきた。

(2) 多文化主義と民主主義

多くの移民、とりわけアフリカやトルコからのイスラム教徒を含む多民族社会になっているドイツとフランスでは、対照的な形で統合がはかられてきた。

ドイツでは、異なる言語や宗教を尊重する多文化主義の政策がとられてきた。たとえば、学校教育の宗教の時間では、カトリック、プロテスタント、仏教、イスラム教など、それぞれ宗教ごとの授業が設けられ、それぞれの文化を尊重する多文化主義の考え方が実践されてきた。

これに対して、フランスでは、公教育は宗教などから中立であるべきものとして、宗教教育は実施していない。私的空間ではそれぞれの宗教が尊重されるべきであるが、公的空間においては、厳格に政教分離の原則が適用されることによって、異なる文化、宗教をフランス社会の中に統合しようと試みてきたのである。

フランスでは、公教育など公共空間において、イスラム教に由来するスカーフ（ヒジャーブ）を使用することが禁じられたが、スカーフを使用することを含めて「差異への権利」が認められるべきであるという主張がある。これに対して、ドイツのように「差異への権利」を認めようとする「多文化主義」の考え方が徹底した場合には、「平等への権利」が損なわれ社会全体の統合が危機にさらされることが危惧されている。どの程度、どのように「差異への権利」を認めて、社会全体を統合していくべきなのか、模索が続いている。

(3) 積極的格差是正措置（アファーマティブ・アクション）の現在

　米国においては、黒人の権利向上をめざした公民権運動以来、社会の中で平等を実現するために、積極的差別是正措置（アファーマティブ・アクション）がとられてきた。積極的差別是正措置とは、歴史的経緯により差別や貧困に苦しんでいる民族や人種に対して、実質的平等を実現するために、進学や就職などに際して特別枠を設けるなどの優遇措置である。ほかにもたとえば、マレーシアでは、人口の上では多数派のマレー人と少数派である中国系の人々とのあいだの経済的格差を是正するために、「ブミプトラ政策」と呼ばれる積極的差別是正措置がとられている。こうした措置に対しては、優遇を受けられない多数派が逆に不利な扱いを受けることになり、「逆差別」にあたるという批判も根強い。

　国民国家の中において、人種や民族、宗教や言語が異なる集団が存在する場合、どのように社会全体を統合していくのか、差異を尊重しながら、どのような平等な社会を実現していくのか、今後も大きな課題となっている。

3 国家と民主主義

　主権国家が国民国家として国民主権を実現していくとしても、それによって民主主義が実現するというわけではない。植民地から独立した多くの新興諸国は、民族自決の旗印のもと新しい国家建設を進めてきたが、そうしたなかで民主主義は実現できたのだろうか。

(1) 自由民主主義

　多くの先進国では民主主義は、自由民主主義体制として制度化されてきた。一方では、個人の自由を重視して、人権の保障や法の支配を尊重する自由主義の理念と、他方では、平等を重視し、民衆の意思実現を尊重する民主主義の理念をともに実現することをめざす。この2つの理念は、場合によっては対立することもあった。国によっては、民衆の意思は実現できていないにもかかわらず、自由が尊重されている国もある。これに対して、自由が尊重されていないにもかかわらず、民衆の意思という理念の実現を優先させている国もある。

　先進国では、市民的自由を尊重するだけではなく社会における平等を実現するために福祉国家が建設されてきた歴史がある。そこにおいては、平等という民主主義のひとつの理念を実現するためにも、福祉国家という強力な国家機構の存在が必要とされた。自由民主主義の理念が実現されるためには、自由と平等という理念がともに尊重される必要があり、さらに自由民主主義の理念を実現するためには、強力な国家機構の存在が前提となる。強力な国家機構が存在しなければ、自由や平等という理念も実現が難しいのである。

(2) ポピュリズム

　新興国が独立したとき、多くの国では、民衆の圧倒的支持を受けた指導者がいた。そうした場合、国民主権という意味では民主主義が進められたことを意味する。指導者がたとえ独裁的にふるまったとしても、平等という理念を実現するためという旗印を掲げているかぎり、民主主義の外観を維持することができたのである。しかしながら、そこでは、民主主義のもう一つの柱である市民的自由が存在していないことが少なくなかった。

　特権的エリートに対抗して民衆の支持に訴える政治戦略は、ポピュリズムと呼ばれる。ポピュリズムは、民衆の意思に基づく政治の実現という側面ももつが、他方では個人の自由、人権保障、法の支配を軽視する。ポピュリズムは、これまで新興国で多くみられたが、最近、先進国でも活発になっている。

20 **4** グローバル化のなかの国家

　グローバル化とは、モノだけではなく、ヒトやカネも国境を越えてグローバルに移動する現象をさしている。大航海時代をはじめとして、大海を越えて人が移動する現象は昔からあった。商品としてモノが移動する自由貿易体制は19世紀にも存在していた。あらためてグローバル化という現象に注目が集まったのは、1980年代以降である。イギリスや米国において新自由主義に基づいて金融や貿易の自由化が進められたこと、通信技術が発展したこと、ソ連など社会主義体制が崩壊し市場経済の壁がなくなったこと、以上のような現象が重なり、グローバル化が進展していると主張されるようになった。

　実際に、1980年代以降のアジア通貨危機（1997年）、リーマンショック（2008年）など金融危機の発生は、金融の自由化によって国家が資本の移動を統制できなくなっていることを示している。市場の自由化の結果として、労働市場の規制を緩め、法人税を軽減するなどグローバル化に対応して、国家がとりうる政策の幅が狭くなっていった。こうして経済のグローバル化とともに、国家は衰退するのではないかと議論されるようになった。これとは別に、NGO（非政府組織）なども国境を越えて市民活動を担うようになり、グローバルな秩序形成に寄与するという現象も現れている。いずれにしろ、グローバル化が進行するにつれて、国家は衰退するのではないかと議論されている。

　これに対して、国家は、貿易や金融の自由化といったグローバル化の新しい状況に対応して、大きく変容しているという議論もある。これによると、国家は、それまでは福祉国家として、国民の福祉や雇用などを配慮していたが、経済のグローバル化に対応して国際競争力を強化するために、雇用関係の規制を緩和したり、法人税を減らしたりして、「小さな政府」の理念を実現しようとしている。しかし、変容する国家は、新自由主義的政策の結果として、格差の拡大などに対して、警察機

能を高めることによって対応しようとする。

この議論は、経済のグローバル化に対応して衰退しているのは、国家ではなく民主主義であると指摘し、国家は権威主義的国家へと再編されていくことを指摘している。コンセンサス型民主主義をとっている諸国も、多文化主義政策を採用している諸国でも、異文化との共存の幅が狭くなっており、場合によっては、排外主義的な世論を背景としたポピュリズムが勢力を増している場合もある。

こうした権威主義への傾向は、日本や欧米諸国など先進国に限られたものではない。途上国の中には、経済発展とともに中間層が民主化の担い手となり、民主化が進展しつつある国家が増えたが、グローバル化への対応のなかで中間層の格差が拡大して社会が分断され、民主化の方向が逆転して権威主義的国家へと反転している諸国が増えている。

今後、経済のグローバル化が進行するとともに、民主主義が衰退し、国家が権威主義へと変容していくのか、あるいは、国家が民主主義を強化するとともに、各国が協調することで経済のグローバル化を制御していくのか、まだ将来像ははっきりしていない。

20.5 国家の将来と技術者・市民

国家は、経済のグローバル化に「対応」するために、国際競争力を高めようとして、これまで以上に技術開発を後押しするようになっており、技術者に対しても期待が寄せられている。同時に経済のグローバル化は社会の分断を強め、グローバル化によって生活におけるリスクが高まっていると考える人々は、グローバル化への「対抗」を国家に求めるようになっている。そうした人々の中には市民的自由を犠牲にして、移民や外国人を攻撃する排外主義的なポピュリズムを支持する人々もいる。

私たちは、経済のグローバル化に「対応」するのか、それとも「対抗」するのか、その場合に民主主義の理念を深化させるのか軽視するのか、国家は権威主義国家へと再編されるのか、国境を越えた形でグローバル民主主義が実現するのか。

のちの時代になって、あの時は時代の大きな変わり目だったと感じることがある。そして今、市民として、そして技術者として、経済のグローバル化の大波に「乗る」かどうか、私たちは時代の大きな変化を目の当たりにしているのかもしれない。

国際経済システム

技術と国際経済システムに、関係はあるのだろうか。あるとしたら、どのような関係があるのだろうか。

羅針盤が改良されなかったら、ポルトガルやスペインなどが外洋航海に乗り出した15世紀からの大航海時代はなかったかもしれない。安全な外洋航海のためには羅針盤は必要不可欠であったが、しかし、羅針盤が改良されたから大航海時代が始まったというものでもない。ポルトガルやスペインが外洋航海に挑戦するためには、羅針盤の改良以外にもその能力や動機が必要だったに違いない。

19世紀にイギリスが自由貿易を推進したときには、18世紀初頭に蒸気機関が発明され、その開発などを原動力とする産業革命の進展が背景にあった。もちろん産業革命は、蒸気機関の改良だけによって実現したわけではないが、蒸気機関なしに産業革命はなかっただろう。生産技術が発展してはじめて資本主義の急速な進展が可能になったのである。

では、自由貿易か保護貿易かという国際貿易システムの問題の背後には、どのような技術開発の問題が潜んでいるのだろうか。技術と経済システムのあいだの関係について考えてみたい。

21 1 19世紀自由貿易体制の確立

1853年、蒸気機関を備えた黒船が東京湾の入口に位置する浦賀に出現して、日本に開国を迫った。それによって、日本は、鎖国という名の保護貿易体制を転換し、自由貿易体制に組み込まれることになった。もちろん、自由貿易といっても日本は関税を自分たちで決定することができず、日本は従属的な形で自由貿易体制に組み込まれることになった。欧米諸国は、圧倒的な技術力と軍事力をもって、インド、中国、そして日本を自由貿易体制の中に取り込んだのである。

大航海時代以降、欧米諸国はアジア諸地域とも交易を始めていたが、胡椒などの香辛料や茶などヨーロッパでは入手できないものを求めたにすぎなかった。産業革命以前は、イギリスの東インド会社が木綿の布を輸入するのに対して、イギリスの毛織物業者は輸入に反対していた。毛織物業者は、自由貿易ではなく、保護貿易措置を求めていたのである。

しかし、産業革命以後19世紀に入ると、インドから綿花が輸入されて、機械化されたイギリスの工場で綿織物が製造され、今度は逆にイギリスからインドに綿織物が輸出されるようになった。イギリスの綿織物業者は、保護貿易ではなく自由貿易を推進したわけである。インドの家内制綿織物工業は、これによって壊滅的な打撃を受けることになる。日本が、自由貿易体制に取り込まれたのは、そうした時期

であった。

　19世紀、イギリスは圧倒的な技術力を背景に「世界の工場」として君臨し、自由貿易体制を推進した。インド、中国、日本などは自由貿易体制に組み込まれたが、イギリスに遅れて産業革命が開始された欧米諸国では、自由貿易と保護貿易のあいだで揺れ動いた。たとえば米国では、綿花の輸出のために奴隷制度維持と自由貿易を主張する南部と、工業発展のために奴隷制度反対と保護貿易を主張する北部とのあいだで南北戦争（1861～65年）が勃発した。欧米諸国では、自由貿易か保護貿易かは大きな争点だったのである。自由貿易が広がる一方で、イギリス以外の後発資本主義諸国では、自国の産業を育成するためには保護主義が必要であると議論されていた。

　円やドルの価値は、金を基準に交換比率が固定されており、貿易、国際的に商品を売買するときの支払いは、事実上の世界共通の貨幣として金で行われていた（金本位制）。また、その国の貨幣の流通量は、その国の金の保有量に対応していた。そのため貿易赤字になると、支払いのために金が流出して、貨幣の流通量が減ってしまい、その結果として、物価が下落して国際競争力が回復する。金本位制のもとでは、貨幣の流通量を恣意的に増減させることができないシステムであった。

21　2　「埋め込まれた自由主義」としてのブレトン・ウッズ体制

　19世紀に確立された自由貿易体制は、第一次世界大戦で中断し、最終的には1929年に勃発した世界恐慌のあと崩壊した。多くの国が経済恐慌の影響を食い止め国内の産業や雇用を守るために、ブロック経済という形で保護貿易政策に転じることになり、19世紀の自由貿易体制は終焉を迎えた。その結果、国家間の対立が深まり、第二次世界大戦の原因の一つともなった。第二次世界大戦後に、保護貿易ではなく自由貿易体制をどのように再構築するかが重要な争点となった。

　自由貿易体制は、第二次世界大戦後に、米国の圧倒的な経済力を背景として再構築された。ブレトン・ウッズ体制と呼ばれているこの戦後の国際経済システムは、国際通貨基金（IMF）、世界銀行（国際復興開発銀行）の設立により推進された。また、自由貿易体制の堅持を目的として、関税と貿易に関する一般協定（GATT）が結ばれ、IMF、世界銀行とともに世界経済の秩序を支える三本柱となった。

　国際通貨制度としては、圧倒的に優越していたドルと金との交換比率が固定され、円やポンドなどの通貨はドルとの交換比率を固定して、間接的に金との交換比率が保障された。

　GATTは、自由貿易体制を徹底したものではなく、例外として保護貿易政策を許容するものであった。そのため、戦後の自由貿易体制は国内の社会的・経済的保護の中に「埋め込まれる」形となり、「埋め込まれた自由主義」とも呼ばれている。

　GATTの基本原理は、「多国間主義」である。たとえば、「最恵国待遇の原則」は、

ある国を貿易について優遇した場合には、その条件は他の国にも平等に適用しなければならないというものであった。「ラウンド」と呼ばれる「多角的貿易交渉」は、輸入関税が少しずつ引き下げられるという成果を収めた。こうしてGATTは、自由貿易を維持し拡大する役割を果たした。同時に、多角的貿易交渉では、長いあいだ農業やサービス分野は除かれていて、さらに途上国は輸入制限をとることができ、先進国でもアンチダンピングやセーフガードなどで保護貿易政策をとることも可能であった。ブレトン・ウッズ体制は、一方では自由貿易を拡大させたが、それは完全な自由貿易の実現ではなく、各国が完全雇用、社会保障、福祉国家など国内の政策を自立して実施することを許容していたのである。

「埋め込まれた自由主義」と呼ばれたブレトン・ウッズ体制のもとでは、どのような社会経済システムが実現したのだろうか。この時代に確立した大量生産・大量消費のシステムの基礎を考えるとき、フォード自動車の創設者ヘンリー・フォードの構想を参照するのが便利である。フォードは、1913年、T型フォードの生産を開始した。蒸気機関に代わりエンジンなどの内燃機関は19世紀末に開発されていたが、自動車はまさにエンジンを搭載した新しい時代の工業製品であった。フォードは、ベルトコンベヤーを利用した大量生産システムを開発したことで有名である。それにとどまらず彼は、自動車を大衆の手に届く価格で販売すると同時に、自社の労働者がT型フォードを購入できるような賃金を保障した。こうして労働者は、生産者であるとともに消費者にもなった。フォードの試みは、企業内の試みであったが、これを一国内で実現したのが福祉国家のシステムであった。労働者が消費者として自分たちが生産した大衆車を購入できるだけの賃金が保障されているシステムは、自由貿易が拡大するとともに、国際経済システムから自立して福祉国家として国内政策を実施できるブレトン・ウッズ体制のもとで可能になった。

1970年代になると米国の経済力の圧倒的な優位が失われ、ドルと金の交換が停止されて、ブレトン・ウッズ体制は、変動相場制に移行するとともに崩壊した。こうした危機を打開するために、ブレトン・ウッズ体制を超えるような形で、自由貿易体制は変化する。GATTでは、農業やサービス業は自由貿易の例外であったが、その分野も自由貿易の対象になり、GATTは世界貿易機関（WTO）として強化されて、ブレトン・ウッズ体制下以上に自由貿易がさらに推進されることになった。

自由貿易がさらに推進される中で、国家もそれに対応して、内需を高めて経済成長を進めるのではなく、小さな政府（政府の経済活動への介入は経済の健全な発展には有害であるという考え方。福祉政策優先が市場経済の停滞をもたらすという主張が根底にある。安価な政府ともいう）の実現、雇用関係の規制緩和、法人税の減税などによって、自由貿易の徹底に対応して再編成された。その結果、労働者に消費者としての購買力を保障するシステムも変容することになった。

ブレトン・ウッズ体制は、自由貿易の推進と国内政策の自立性の微妙なバランスの上で成立していたが、自由貿易がさらに推進されるにともなって国内政策の自立

性が失われるようになった。1980年代以降、こうした動向が、グローバル化の進展として認識されるようになる。

21　3　グローバル化のなかの国際経済システム

　第二次世界大戦後に確立したブレトン・ウッズ体制は、たしかに自由貿易を再構築したが、国内政策の自律性は維持されていた。これに対して、1980年代以降あらためてグローバル化の進展が注目される中で、世界経済は変化する。

　国内政策では、内需主導型の経済政策を転換して、規制緩和、民営化など供給面を刺激する経済政策に転換し、福祉国家のような大きな政府ではなく、小さな政府がモデルとされるようになった。銀行業務と証券業務のあいだの壁を撤廃するなど金融システムの規制緩和も進められた。

　貿易システムでも大きな転換があった。ブレトン・ウッズ体制では、自由貿易を推進しながらも、保護貿易措置も例外として認めるなど、加盟国の国内政策の自立性を許容するものであった。しかし、サービス分野や農業分野など例外的に保護することが可能となっていた分野でも、自由貿易が推進されることになった。

　ブレトン・ウッズ体制が、自由貿易体制と国内政策の自立性のあいだの一定の妥協であるとしたら、ブレトン・ウッズ体制において例外的に認められていた保護貿易措置をとることができなくなるにつれて、貿易面でもグローバル化が進展することになった。国家は、それまで維持できていた政策の自立性が困難になり、グローバル化に対応する形での政策を余儀なくされている。金融面でも規制が緩和され、その結果、各国政府が関与できない形で、金融危機が幾度となく発生するようになった。

　グローバル化の進展の背景には、情報通信技術などの開発がある。その新しい技術は、生産と消費のあいだのバランスを大きく変容させることになるかもしれない。グローバル化とともに、国内の需要に対応する形で需要と供給のあいだで循環が生まれる経済体制は、自由貿易体制と両立することが難しくなった。グローバル化の進展とともに、国内の需要と供給を両立させる必要がない生産システムが形成されているからである。これまで労働者は、大量生産と大量消費の担い手として幅広い中間層を形成していたが、経済のグローバル化とともに、この中間層がやせ細っている。人工知能など新しい技術は、高度な技術者を必要とするが、広範な熟練労働者を解体して、「底辺への競争」へとかき立てているのかもしれない。

21　4　国際経済システムの将来

　経済のグローバル化とともに、それに対応する小さな政府の理念を掲げる政府は、拡大する社会の格差を目の前にして、手をこまねいている。

19世紀は、金本位制のもとでの自由貿易体制であった。そのため政府は、金融政策など国内政策の余地は大きくなかった。これに対して、ブレトン・ウッズ体制のもとでは、国内政策の自立性と両立する形で自由貿易が推進された。その自由貿易体制は、各国に保護貿易政策をとる余地を与えており、限定された自由貿易体制であった。現在、経済のグローバル化が進行する中で、国内政策の余地がますます狭くなっている。グローバル化に対抗するのではなく、対応を迫られているのである。

　国際経済システムは、経済のグローバル化を推し進めるだけで、グローバル化に対応できるかどうかは、まだはっきりしていない。各国が協調することによって、自由貿易に一定の制約を加えて、国内および国家間の格差拡大を阻止し、金融危機の発生をコントロールできるかどうか。言い換えれば、ブレトン・ウッズ体制とは違っていても、国内政策の自立性と自由貿易体制を両立させることができる国際経済システムを構築できるかどうかが、問われているのである。

　新しい技術開発が、社会の格差を拡大し、生産性を向上させるにもかかわらず消費を生み出さずに、生産と消費のあいだの循環を困難にするのか、それとも、生産と消費を結びつけるような技術開発が実現するのか、いまのところ見通すことすらできていない。たしかなことは、技術開発が国際経済システムのあり方と無関係ではないということである。

コラム……19 トマトをめぐるグローバル化

　世界で一番消費量の多い野菜、それはトマトです。南米アンデス山脈の高原地帯が原産地とされるトマトは、いまや世界中で食べられ、ケチャップやトマト缶など加工食品としても大量に消費されています。年間の消費量は世界で1億6000万tに上り、一人当たりの消費量は、世界平均が年間20 kg、日本は8 kg、ギリシアのように100 kgを超える国もあります。

　トマトの生産量が多い国はどこでしょう？　生産高の1位は年間5600万tを生産する中国で、2位のインドの3倍です。3位は米国。6位のイタリアの生産量は中国の10分の1ほどです。中国産トマトは、新疆ウイグル自治区が一大産地で、そのほとんどが濃縮トマトに加工され、ドラム缶に入れ輸出されます。イタリアに輸出された3倍濃縮トマトが、水を混ぜて2倍濃縮トマトに「加工」され、イタリア産として輸出されることもあります。イタリアは、トマト生産量では世界の3％にすぎないのに、濃縮トマトの輸出では21％を占めています。

　トマトの生産と消費が急速に拡大したため、トマト加工業界は、年間売上高1兆円を超える巨大産業になりました。巨万の富を生むことから、「アグロマフィア」と呼ばれる影の部分で、産地偽装、大量の添加物や劣化した原料の使用、過酷な条件で働かされる労働者など、さまざまな問題が起きています。ヨーロッパ、中国、アフリカを巡り取材したフランス人ジャーナリスト、ジャン＝バティスト・マレ氏の著書『トマト缶の黒い真実』は、トマトをめぐるグローバルな問題を明らかにしました。

　ガーナ、セネガルなどの西アフリカの国々は、トマト味のシチュー料理が多く、世界有数のトマト消費国です。缶入りのトマトペーストがよく使われます。ドラム缶に入れられ、中国やイタリアから輸入される濃縮トマトの中には、賞味期限が切れ、酸化して黒くなった「ブラックインク」と呼ばれるものがあります。それを水で薄め、でんぷん質でとろみをつけ、赤く着色し、60％以上が添加物という「トマトペースト缶」まであることが、マレ氏の著書で暴露されました。

　グローバル化する食品産業の中で、規制や表示義務の不十分な国の消費者は、もっとも弱い立場に置かれ、上述の加工トマトに限らず、危険な食品を食べる羽目になっています。一方、日本の食料自給率は約40％で、食料の多くを輸入に頼っています。自分が食べる物の産地やその背景に関心をもつことは、グローバル化の実態を理解する一端にもなります。

（アフリカ日本協議会代表理事／関西大学客員教授　津山直子）

企業の中には、国内で事業展開するだけではなく、多国籍企業として海外でも幅広く事業展開している企業もますます増えている。企業が海外展開すれば、それにともなって海外で仕事に従事する日本人も増えてくる。もちろん技術者も海外で働く機会が増えてくる。

それでは、企業はなぜ海外展開するのだろうか。海外展開するのは、大企業だけなのだろうか、それとも中小企業も海外展開しているのだろうか。海外展開する先は、欧米諸国だろうか、経済発展が著しい諸国にも展開しているのだろうか、さらに経済発展しているとはいいがたい諸国にも展開しているのだろうか。

企業の海外展開のこれからと、そして課題がどこにあるのかを検討してみよう。

22 ① 企業の国際展開パターン

企業活動の初期の段階では、国際展開は輸出入が柱である。明治維新直後の日本では、製糸工場の機械を輸入するとともに、その機械を設置した製糸工場で生産した生糸を輸出していた。そして、海外に販売拠点を設けて、さらに輸出を伸ばそうとする。次の段階では、海外に生産拠点を移す動きがみられる。最初は、部品は日本から取り寄せて現地で組み立てるだけであるが、次の段階では、海外現地で部品を調達して現地生産するようになる。その次の段階では、現地の需要に対応するために、海外において研究開発するようになる。

国際展開のいくつかの段階のうち、企業が、海外に生産拠点を移そうとするのは、なぜだろうか。というのも、海外に生産拠点を移さなくても、日本から輸出するほうが、利益が大きいと思われるからである。逆にいうと、海外に生産拠点を移したほうが利益が大きい場合に海外に生産拠点を移すことになる。

第一に、米国やヨーロッパに生産拠点を移すのは、なによりも現地で販売するためである。また第二に、アジアなど途上国に生産拠点を移すのは、賃金が安いなど生産コストを抑えることができるからである。米国の市場で販売する目的で、賃金など生産コストが安い隣のメキシコで生産すること、ＥＵで販売する目的でＥＵの中でも賃金が低い東欧で生産することも行われている。アジアでの生産も、最初は生産コストが低いことに魅力を感じての進出だったかもしれないが、経済発展が著しいアジア地域ではいまや地域内や国内での販売目的で生産されるようにもなっている。

22 2 海外移転と下請企業

　大きなメーカーが海外に拠点を移すにともなって、その大企業に部品を供給していた下請会社も一緒に移転する場合も少なくない。たとえば、自動車メーカーが海外移転するとき、部品を提供してきた下請会社も同行する場合がある。自動車メーカーの場合、一台の自動車を生産する場合には約3万点の部品が必要とされる。部品の大半は、最終メーカーではなく、部品の納品会社が製造し、運搬し納入している。自動車の組立て工場が海外に移転するのであれば、必要な部品を必要なときに必要な量だけ納品するためにその周辺に部品の生産企業が進出するのが望ましい。

　海外に一緒に進出しなければ、そこに別の部品メーカーが納品する可能性が出てくる。自動車組立て企業が海外に展開するならば、一緒に海外に展開すれば、従来の取引先企業以外の自動車メーカーに納品する機会が増える可能性も出てくる。

　もちろん自動車メーカーは、現地企業からの部品供給も受ける。東南アジアでは、ASEAN諸国相互では関税が引き下げられたこともあり、タイに自動車組立て工場を設置しながらも、周辺の東南アジア諸国から部品供給を受けて、日本からの輸入車よりも安価な自動車が生産されてもいる。

22 3 企業の海外移転と技術移転

　先進国で生産されていたものが、企業の海外移転や技術移転にともなって、しだいに途上国で生産されるようになるという現象がある。たとえば、米国で開発された商品が、高度な技術を必要とすることから、米国で生産され米国で消費されていたとしても、次の段階では、技術自体が最新ではなくなり、日本でも生産され、米国に輸出されるようになり、さらなる段階では、今度は、賃金が安い国で生産されるようになり、日本や米国に輸出されるようになる。

　こうして米国で生産されていたものが、日本で生産されるようになり、次には台湾、韓国、香港、シンガポールなどでも生産され、さらにASEAN諸国や中国で生産されるようになった。一時期、実際にこのように生産拠点が移動し、技術移転が進んでいた。ある時期は、日本で生産されて米国に輸出されているが、同時に台湾や韓国の企業に日本は追い上げられるという現象があった。その次には、台湾や韓国が、中国やASEAN諸国に追い立てられるのである。

　もちろん今日では、これらの諸国は階段状の序列をなしているのではなく、東南アジア諸国も中国も経済力を高めており、むしろ横並びとなっているようにみえる。しかし、一時期、東アジアや東南アジアは、先端技術が陳腐化していくにともなって、生産拠点が次々に移動することによって、追い立て、追い立てられながら、次々に経済発展していった。

22 ４ 輸出主導型発展と輸入代替型発展

　途上国では、農産物や地下資源などの一次産品を輸出し、加工された製品を輸入せざるをえなかった。そのため、一次産品と工業製品には価格差があるので、途上国はいつまでも貿易赤字を免れないことになる。

　そこで、工業製品を先進国から輸入する代わりに自国内で生産しようという発展戦略を採用した国が出現した。1950年代、インド、ブラジル、アルゼンチンなど大きな人口を抱えた国では、先進国から輸入せざるをえなかった製品の輸入を禁じて、輸入する代わりに国内の消費者向けに生産を開始した。輸入代替型発展戦略が採用されたのである。輸入制限をして国内の産業を育成して自立した経済発展をしようという戦略であった。輸入代替型発展戦略を採用した諸国は、着実に経済成長したものの、国際競争にさらされることがないために、発展が進まなくなってしまった。

　これに対して、人口が少なく国内向けに生産したのでは収益の出ないアジアの小国では、別の戦略が採用された。韓国、台湾、香港、シンガポールなどでは、積極的に外国からの投資を受け入れて、国内市場向けではなく、輸出を高めることによって経済成長をはかろうとする戦略を採用した。これらの地域は、途上国から一気に発展することになり、1980年代になると、多くの途上国が輸出主導型発展戦略を模倣することで、積極的に外国からの投資を受け入れるようになった。その結果、多様な企業が、輸出主導型発展戦略を採用した国に生産拠点を移動させた。

22 ５ グローバル化のなかの国際展開

　企業が国際展開する理由を考えると、市場の大きさの違いがやはり大きな理由だろう。国内市場より海外市場のほうがはるかに巨大だからである。日本の人口は現在約1億3000万人であるが、世界の人口は、2018年4月1日現在で、74億人を超えている。日本の人口の約60倍である。巨大な市場であることはまちがいない。

　たとえばスマートフォンを例に考えてみよう。2016年の世界出荷台数上位10社のうち、韓国メーカーが2社、米国メーカーが1社、残りはすべて中国メーカーとなっている。中国メーカーは、世界最大の人口を抱えた国内市場を効率的に抑え、そのうえで海外展開を進めているといえるだろう。

　これに対して、韓国メーカーはどうだろうか。韓国の現在の人口は現在5000万人強であり、日本の人口の半分以下、4割程度でしかない。まさにこの点が韓国企業が海外展開を積極的に行ってきた理由である。人口が多いとはいえない国内市場中心で製品を販売するよりも、140倍もの世界市場をその市場とすることができれば、大きなビジネスチャンスが開ける。それに早い段階に気がついたサムスンは、創業者の指導のもと世界各国に積極的な事業展開を行い、スマートフォンの出荷量

では、現在世界1位の座を占めている。

これに比べると、日本のスマートフォンメーカーの海外進出は、どうしても日本国内の補完的な動きでしかなく、サムスンのように、海外での生産・売上げのほうが圧倒的に多いというところまではいっていない。国内向けのスマートフォンには、テレビ視聴機能やお財布ケータイ機能など日本向けの便利な機能が付いており、通信規格も日本独自の規格さえある。海外向けの生産にはなっていないのである。

これにはさまざまな理由があるし、一概に海外生産が望ましく正しいともいえない。しかし、グローバル化が進む現在となっては、海外展開が立ち遅れるということは、そのまま企業の売上げに多大な影響を与えることになる。この10年あまりで多くの日本のメーカーがテレビやパソコン、携帯電話の生産から撤退していったことは、その大きな証拠かもしれない。もちろん、多くのメーカーは早くから海外での生産を展開してきたし、その大半は自動車産業のように大きな成功を収めてきた。SONYのように、多くのアメリカ人から米国内発祥だと認識されているような企業もある。いずれの場合にも、日本企業がしたたかに現地化を進め、巨大な国外市場に挑戦し続けた結果である。

22　6　企業買収

海外に生産拠点を移す場合、自社工場の海外移転とは別の形をとる場合がある。それは、海外企業の買収である。日本企業が海外に生産拠点をつくる際に、外国企業を買収したり、資本提携したりする例も多い。最近よくみられるのは、逆に、中国の企業が日本国内の企業を買収する事例である。

シャープなどわれわれに身近なメーカーが海外資本に買収された。これは日本企業が高い技術力をもつために買収された事例である。ほかの買収の事例は、IBMのパソコン部門があげられる。IBMは長い歴史をもつ会社であり、現在の一般的なパソコンの規格を作り上げた。そのPC部門は中国の電子機器メーカー聯想集団に売却され、Lenovoのブランド名でノートPCを中心に開発・生産を続けている。さまざまな意欲的な製品を開発し販売しており、中国メーカーの思い切りのよさが現れていると考えがちだが、実際にはこれらの開発部門は依然として日本国内にあり、高級品はやはり日本国内で生産されているという。LenovoのノートPCははたしてどこの国の製品なのだろうか。私たちは、企業のブランドイメージや本社の所在地で、「日本メーカー製」「海外メーカー製」と考えがちである。しかし、経済のグローバル化の進展とともに企業の国籍すらわかりにくくなっている。

自動車でいえば、VOLVOがそれだろう。スウェーデン発祥の乗用車で知られるVOLVOは、1999年にフォード自動車に売却され、その後2010年に中国の吉利集団に株式が譲渡され、以来オーナーとなっている。主たる生産工場はスウェーデンとベルギーにある。しかしながら、トラック部門のVOLVOは売却さ

れてはおらず、従来からのコングロマリット（複合企業）の中心を担っており、日産ディーゼル（現UDトラックス）をも買収している。

　これらの例は、巨大なコングロマリットの一部門が、売却・買収を繰り返す現代の姿を示している。もはや、どの国発祥なのか、どの国製なのか問うことさえ難しくなり、また意味が薄れてきている。

22　7　これからの海外展開

　これまでも企業は、さまざまな理由で、またさまざまな形で国際展開してきた。しかし、グローバル化が進行している現在、企業の国際展開はめまぐるしく進展しつつある。積極的に外国投資を受け入れようとする国も増え、外国投資が容易になっている。その結果、多国籍というよりも国籍を失くしたようなグローバル企業も出現している。

　日本企業で働いていると思っていたら、買収されて、突然外資系企業で働くことになっていたという話すら、珍しいことではなくなっている。気がついたら、社長が外国人になっただけではなく、同僚も部下も外国人になっていたという時代こそ、グローバル時代なのだろう。したがって、企業が日本から海外に展開していくというイメージで企業の海外展開をみていては、実態に近づくことは難しい。国際的な事業展開が進む中で、企業は国際展開しているのである。

COLUMN
コラム……20
南アフリカで感じた援助政策の課題

　私たちは、南アフリカの「貧困地域」といわれる農村部で、人々が自分の力で生きていけるように、お金を使わず「そこにあるもの」を活かす方法で農業を行う研修を実施しています。伝統的に栽培されてきた種子を採種し、肥料には家畜の糞を活用、また害虫がつかないように多種類の作物を混作するなどの工夫を凝らしています。こうした農法は、アパルトヘイト（人種隔離）政策により黒人たちの暮らしが破壊される以前には、アフリカで伝統的に行われていたものです。土壌の質が年々改善されるため、狭い土地でも生産性が上がり、多様な食物をより多く収穫することができます。

　研修の開始から数年がたち成果がみえ始めてきた頃、南アフリカ政府により主食のメイズ（トウモロコシ）を増産・販売して生活改善をはかろうとする「貧困層向けの食糧増産援助」が実施されました。初年度は政府がトラクターのガソリン代と種子、化学肥料、農薬を無料で提供、2年目から村人の負担割合を毎年25％ずつ増やし、5年目には村人がすべての費用を負担します。「年々経験を重ねれば収量も上がるので、販売したお金で必要経費を負担する」という発想です。ところが2、3年もすると、村人たちに借金が残る結果となりました。「改良品種」と呼ばれる種子が土地の特性に合わず、化学肥料と農薬の使用で費用がかさむうえ、これらを使うことで土が悪くなり、生産性が落ちていきました。トラクターで広い範囲を耕しましたが、南アフリカは年間降水量500mm前後のサバンナ地帯で、村に大規模な灌漑設備もなく、水不足の影響もありました。地域の特性に合わない方法がとられ、生産量は上がらず費用ばかりが増えてしまったのです。

　南アフリカを含むアフリカの国々には、今でも貧困にあえぐ人々が多くいます。しかし、それは人々が何も知らない、できないからではありません。むしろ、上述のとおり、技術を過信し、現地の状況に合わないものが「支援」として外から持ち込まれて引き起こされた貧困もたくさんあります。「支援の対象」として人々をみると、自分のほうがよく知っていると勘違いをしがちです。しかし、一人の人として尊重して向き合うと、彼ら・彼女らはじつにさまざまなことを知っていて、自分の知らなかった世界が広がります。それに学びながら、ともに解決策を考えなければ、結局無駄に終わるどころか被害を与えるだけの支援もあるということを、10年以上にわたるアフリカ諸国での活動を通じて実感しています。

（日本国際ボランティアセンター南アフリカ事業担当　渡辺直子）

23 地球環境と国際的取り組み

　国連が、地球環境問題をめぐる初めての国際会議「国連人間環境会議」を主催したのは、1972年スウェーデンのストックホルムにおいてであった。美しい森と湖の国では、酸性雨の影響を受けて、美しい森林が枯れ、湖の魚類が死滅していた。その原因物質は、国境を越えてスウェーデンに飛来したものであった。スウェーデンは、一国内では解決できない地球環境問題に苦しんでいたのである。同じ時代日本でも、公害が大きな社会問題になっていた。この会議には、日本から水俣病の患者が参加し、公害被害のすさまじさが知られることになった。

　スウェーデンが苦しんだ酸性雨の問題だけではなく、地球温暖化、オゾン層の破壊、熱帯林の減少、砂漠化、生物多様性の減少、海洋汚染、有害廃棄物の越境移動などの問題が、1970年代以降地球環境問題として国際社会で取り上げられるようになった。地球環境問題とはどのような性質の問題なのか、なぜ、どのようにして地球環境問題が生じているのか、さらに、どのようにしたら解決することができるのか。

　地球環境問題の中には、科学技術の発展が原因となっているものもあれば、科学技術による解決が期待されているものもある。技術者は、地球環境問題にどのように関わってきたのか、今後どのように関わるべきなのか、考えてみたい。

23　1　地球環境問題へのアプローチ

　地球環境問題は、問題の発生も環境への影響も地球規模に及ぶ環境問題である。そのために、問題解決の方法も、一国内の問題とは違った困難さを抱えている。まず第一に、地球環境問題は、ある国が取り組んでも他の国が取り組まなければ解決することができない。一国では解決できないので、地球規模で取り組む必要がある。また他の国が取り組んでいるのだから、一国だけ取り組まなくても影響はないだろうと考える国も出てくる。したがって、何よりもまず国際的に協議して、どのように取り組むのか決定してすべての国で実行に移さなければならない。第二に、問題があまりに複雑で、因果関係も解決方法もはっきりしていないなかで、問題解決に取り組まなければならない。地球温暖化の原因が二酸化炭素の増加にあるとする主張は科学的根拠が乏しいと議論されているほどである。地球温暖化問題などは、影響がはっきりしてしまってから対策を立てても間に合わない可能性もある。国ごとの利害関係も複雑であり、どのくらいのリスクがあるのかはっきりしないままで、国際的な取り組みが求められる点に、地球環境問題の難しさがある。

　環境問題を解決するには、いくつかのアプローチが考えられている。第一に、個

人の倫理、環境意識の向上をめざすアプローチがある。水俣病は、工場排水に含まれていた有機水銀が原因で発生した。工場内の技術者、工場そのものも有機水銀を工場から排出していること、それが原因で水俣病が発生していることを知りながら、問題解決に取り組まなかった点で、法的責任をもちろんのこと、技術者倫理、企業倫理が問われた事件である。「もったいない」を標語として日常生活においてゴミを減らす行動も、自家用車ではなく公共交通機関を利用する行動も、冷暖房の温度を適切なものにする行動も、個人の倫理を重視するアプローチである。個人の環境意識が高まることで、環境政策を変化させることもできるので、個人の倫理は重要であるが、それだけでは十分ではない。第二に、個人の倫理や企業の倫理の問題としてではなく、政府が排出規制基準を定めるなどの規制というアプローチも、もっともオーソドックスでありながら重要である。ある国で政府がルールを定め、規制するという方法は、直接の効果が期待されるが、地球環境問題を考えると、ある国で規制ルールを強めても、他の国で規制ルールがなければ効果が上がらないので、国際的な規制ルールを定める必要がある。しかし、厳しい規制には、多くの国の賛同を得ることが難しく、多くの国の賛同が得られる規制では、効果が小さいということもあり、国際ルールの制定自体重要でありながら、困難さを抱える手続きである。第三に、環境悪化の原因物質を排出する個人や企業に経済的な負担をかけることによって、環境問題を解決するという市場経済アプローチがある。たとえば、「汚染者負担原則」（PPP）も市場経済アプローチに基づく考え方である。水俣病事件について考えると、有機水銀を排出した企業が被害や環境の回復費用を負担しなければならないので、企業も経済的負担を考慮して、被害が発生しないように事前に対応せざるをえなかったはずである。また、日本国内でも実施されている「炭素税」も、化石燃料に含まれる炭素量に応じて税金を課すことによって、化石燃料の使用を抑え、ひいては温室効果ガスである二酸化炭素の排出を抑える効果があり、市場経済アプローチの代表的な事例である。

　地球環境問題の解決には、環境に配慮した技術開発が求められていることはいうまでもない。環境技術を開発するためには、地球環境問題に取り組む倫理と環境意識が必要であるだけではなく（倫理アプローチ）、それとともに、どのような国際ルールが定められるのか（規制アプローチ）、採算が合うのか（市場経済アプローチ）などの観点も重要になる。環境意識を向上させるだけではなく、国際ルールをつくり上げ、市場経済の論理に沿って問題解決を誘導する仕組みづくりが進められている。

23　2　地球環境問題取り組みの歩み

　国連人間環境会議（1972年）でも、環境保全を重視する先進国と、これからの開発を重視して環境保全に熱心ではない途上国とのあいだの対立が明らかになって

いた。1980年代になると、環境を保全しながら開発することを重視する考え方「持続可能な開発」(sustainable development)に基づいて、地球環境問題の解決が模索されるようになる。この考え方は、「将来の世代の欲求を満たしつつ、現在の世代の欲求も満足させるような開発」として、世代間の対立を緩和することをめざす。さらに、環境保全を重視する先進国と開発を重視する途上国のあいだの対立を緩和する考え方として、今日に至るまで地球環境問題に取り組む際の中心的な考え方となっている。

　地球環境問題がさらに広く知られるようになったのは、1992年ブラジルのリオデジャネイロで開催された「国連環境開発会議」においてであった。この会議には100カ国以上の政府首脳が参加し「地球サミット」とも呼ばれたほどに、地球環境問題は世界的な課題として広く認識されるようになった。そこでは、「持続可能な開発」を実現するための「リオ宣言」、具体的な行動計画として「アジェンダ21」が採択された。地球温暖化や生物多様性などの問題については、「気候変動枠組条約」「生物多様性条約」が採択された。これらの条約は、「枠組条約」として基本原則を決めて、のちに条約に参加する締約国が会議を重ねて具体的な措置を検討することになった。地球環境問題については、先進国と途上国の対立を中心として、さまざまな国のあいだの意見の違いがある中で、どのような規制ルールを定めるのか、解決の仕組みをつくり上げるのか、話し合いが重ねられている。

　1972年にストックホルムで国連が国際会議を開催して以降、10年おきに大きな国際会議が開催されている。1992年の地球サミットで採択された「気候変動枠組条約」と「生物多様性条約」については、その後幾度となく締約国会議が開催されて、具体的なルールづくりが進められ、京都議定書、パリ協定、名古屋議定書な

地球環境問題についての国際的取り組み

1971年	ラムサール条約	水鳥と生息地の湿地保護
1972年	国連人間環境会議(ストックホルム)	
1973年	ワシントン条約	絶滅に瀕した動植物保護
1982年	ナイロビ国連環境会議	
1987年	モントリオール議定書	オゾン層保護の規制
1989年	バーゼル条約	有害廃棄物越境移動規制
1992年	国連環境開発会議(地球サミット)	
1994年	砂漠化防止条約	
1997年	気候変動枠組条約第3回締約国会議	京都議定書採択
2002年	環境・開発サミット(ヨハネスブルク)	
2010年	国連生物多様性条約第10回締約国会議	名古屋議定書採択
2012年	国連持続可能な開発会議(リオ+20)	
2015年	気候変動枠組条約第21回締約国会議	パリ協定採択

どが誕生した。それ以外にも、多くの国際会議が開催されて、水鳥とその生息地である湿地を保護するラムサール条約、オゾン層保護のためにフロンガスを規制するモントリオール議定書、有害廃棄物の越境を規制するバーゼル条約など多くの国際ルールがまとめられてきた。

　また、2012年、国連持続可能な開発会議（リオ＋20）では、「持続可能な開発目標（SDGs）」が議論され、2015年国連総会の場で、「持続可能な開発のための2030アジェンダ」として「SDGs」が具体化された。国連では、2000年に「ミレニアム宣言」を採択して、2015年までに貧困や飢餓の撲滅、女性の地位向上、初等教育の充実、持続的開発などを達成するという目標を掲げていたが、環境だけではなく経済や社会などの側面を調和させて持続的開発を実現するための目標が、あらためて2015年に「SDGs」という形で具体化されたのである。

23　3　地球温暖化への国際的取り組み

　地球環境問題のひとつに、地球温暖化の問題がある。すでに1980年代に、世界気象機関（WMO）と国連環境計画（UNEP）によって、地球温暖化に対する国際的取り組みに科学的根拠を与える重要な役割を果たすために気候変動に関する政府間パネル（IPCC）が設立された。この政府間パネルには、政府関係者だけではなく多くの科学者が参加して、科学的見地に基づいて気候変動の影響や緩和方策について包括的評価することで大きな影響を与えている。

　1992年、ブラジルのリオデジャネイロで開催された「国連環境開発会議」では、地球温暖化対策としては、「気候変動枠組条約」が採択されて、その後、締約国会議（COP）で地球温暖化対策が具体化されている。しかし、地球温暖化対策に対しては、国によってさまざまな立場があり、合意形成が困難であった。ある国が地球温暖化対策に熱心に取り組んだとしても、他の国が取り組まなければ効果がない。また、これから開発を推進しようとしている途上国からすると、すでに開発が進められている先進国と同じ対策をとることは、開発にブレーキをかけることを意味していた。温暖化対策が必要であることで一致しているとしても、具体的な対策となると合意形成が困難だった。ようやく1997年に開催された第3回締約国会議（京都会議）において、温室効果ガスである二酸化炭素の排出を規制することがはじめて義務づけられるという合意にこぎつけることができた。

　採択された京都議定書では、先進国全体は二酸化炭素を5％削減する義務を負う一方で、途上国は削減義務を負わないとする内容だった。排出量が大きい中国やインドに削減義務がなく、米国も京都議定書に不参加を表明するなど問題点はあったものの、国際的ルールが決まったことは大きな進展であった。また、市場経済のメカニズムが導入されたことも大きな特徴であった。なかでも「排出量取引」というメカニズムは、温室効果ガスを排出できる量を排出枠として定め、排出枠を超えて

排出してしまった国が排出枠よりも排出量が少なかった国から排出枠を購入できるという仕組みである。また、温室効果ガスの排出量を効果的に削減できた国は、削減できなかった国に排出枠を売ることで利益を得ることも可能となった。そのほかにも、先進国が途上国において温室効果ガス排出量を削減した分について先進国の排出削減量とすることができる「クリーン開発メカニズム」（CDM）、さらに先進国どうしで、温室効果ガス排出量を削減した分を自国の排出量削減量とすることができる「共同実施」（JI）という仕組みも導入された。いずれも市場経済のメカニズムを利用して、温室効果ガスの排出量を削減しようという試みであり、これにより温室効果ガス排出量を削減するための技術開発が促進されることになった。

さらに2015年パリで開催された第21回締約国会議（COP21）では、「パリ協定」が結ばれて、京都議定書では削減義務がなかった途上国も含めて温室効果ガスの削減義務を負うことになった。また、長期的目標として、産業革命以降の平均気温の上昇を1.5度以下に抑えるように努力し、最終的には21世紀の後半には温室効果ガスの排出量を実質的にゼロにすることなども定められた。さらに、京都議定書の「クリーン開発メカニズム」を発展させた「二国間クレジット制度」（JCM）が導入された。これは、先進国が途上国に技術や資金を提供して温室効果ガスを削減できたら、その削減分を「クレジット」として自国の削減分にできる制度である。

温室効果ガス排出量の削減に関して、国際的取り組みの目標や方法が合意されたことによって、各国政府は、温室効果ガス排出量の削減に本格的に取り組み始めた。それまでは、温室効果ガス削減のための技術開発は、コスト面から進捗していなかった。しかし、温室効果ガスを削減することによって、その排出枠をクレジットとして、削減できなかった国に対して販売することができる。逆にいうと、削減できなかった国は、削減できた国から排出枠というクレジットを購入しなければならなくなった。国際的取り組みが始動したことによって、温室効果ガス削減のための技術開発に、コスト面からもメリットが生じるようになった。技術開発をしなかった企業は排出枠を購入せざるをえなくなり、技術開発に成功した企業は、排出枠を売却することで、利益を得ることができるようになった。

温室効果ガス排出量の削減に関して、どのような規制が導入されるのか、どのような目標が掲げられるのか、どのような手法がとられるのかは、企業の命運を握るほどの重要な事項なのである。「パリ協定」では、それぞれの国で温室効果ガスの削減目標を定めるとなっており、地球温暖化が進行して世界各地で被害が頻発する中で、高い削減目標が掲げられるようになれば、それだけ環境技術を開発している企業に有利になり、開発を怠っている企業は不利な状況に置かれることになるだろう。

23　4　国際ルールと国内ルールのはざまで

温室効果ガス排出量を削減する国際ルールができたとしても、国内で実施する際

には、その国内のルールに従う必要がある。規制ルールは、国ごとに異なっており、これとは別に国際ルールが存在する。日本企業が多国籍企業として海外で活動する場合、日本の規制ルールに従えばいいのか、進出先の国のルールに従えばいいのか、国際ルールに従わなければならないのか。

　国際的に事業展開する多国籍企業、グローバル企業にとって、ある国で生産を開始すると決定する場合に、その国で低コストで生産できるのか、電力や運送手段などが整備されているか、市場として魅力的かなどを総合して決定することになる。さらに、決定の条件の一つは、環境規制の違いである。多国籍企業が、ある国に生産拠点を移転する場合、日本の規制ルールではなく、その国の規制ルールに従うことになる。問題は、その国の規制ルールが十分ではないために、その国の労働者を守ることができないだけではなく、環境悪化に関与してしまう可能性があることである。1970年代日本で公害が大きく問題になり、工場排水などの排出基準が厳しくなったときに、日本よりも緩やかな環境規制の国へと工場を移転させた企業があった。そうした企業の中には、日本では公害を引き起こす恐れがあるために排出できないものを、その国では規制対象にならないとして、そのまま排出している企業があり、「公害輸出」であるとして問題になったことがあった。企業を受け入れた国でも、公害を発生させる恐れがあると知りながら、あえて企業を誘致するために規制を緩める場合がある。とくに受入れ国で民主主義が定着していない場合には、公害を危惧する国民の声は公にならず、実際に公害が発生することもしばしばであった。企業としては、受入れ国のルールにきちんと従っているので何ら法律上の問題はないとしても、実際に公害を発生させる恐れがある場合には、どうすればいいのか、その責任が問われることになる。

23　5　開発援助と環境問題

　途上国は、民主主義が定着していない場合には、電源開発や港湾施設の整備、道路や鉄道の建設など大規模なインフラを建設する際に、自然環境を破壊したり住民の生活環境を悪化させたりすることが少なくない。日本企業などの外国企業が、途上国のインフラ建設を担当して、環境・社会に被害をもたらす場合、途上国の国内問題ではなく、国境を越えた環境問題となる。建設企業は、途上国の法制度、手続きを順守していることで、法的責任を回避することができるのだろうか。

　途上国は、開発を進めるにあたって、民間銀行からの融資に頼ることができず、世界銀行やアジア開発銀行などの多国間銀行、あるいは先進国の政府開発援助（ODA）による融資、借款を利用する場合が多い。開発によって被害を受けた住民は、自国の国内法の壁に阻まれて、被害救済を求めることが困難な場合が少なくないが、その被害が、多国間銀行による融資や政府開発援助による借款などの開発援助によってもたらされているとしたら、どうであろうか。

被害住民は、建設に従事する企業、開発を進める自国政府では抗議が受け付けられない場合、資金を提供している多国間銀行や外国政府に対して抗議の声を上げ始めている。その結果、被害を受けた住民からの抗議に対応して、世界銀行やアジア開発銀行、さらに日本政府の借款などを担当する国際協力銀行（JBIC）による融資や借款に基づくインフラ事業が環境・社会に被害を与えた場合には、住民などが、自国政府を超えて、直接に世界銀行、アジア開発銀行、国際協力銀行に対して異議申立てをすることができる制度が設立されている。設立された制度には、世界銀行のインスペクションパネル、国際協力銀行の異議申立て制度などがあり、住民は、これらの制度を利用することによって、インフラ事業などに対して異議を申し立てることができる。

　2015年、多国間銀行の一つとして、アジアインフラ投資銀行（AIIB）が中国主導で発足した。銀行名に「アジア」とついているが、ヨーロッパ、アメリカ、アフリカの諸国も参加し、大きな影響力をもつだろうと予想されている。このアジアインフラ投資銀行が、環境や人権に関して、世界銀行やアジア開発銀行なみの融資基準をもつのか、関心が寄せられている。とりわけ、融資を受ける国が、環境問題や貧困削減などを配慮しない場合に、世界銀行やアジア開発銀行からの融資を受けられないようになっている案件であっても、アジアインフラ投資銀行が融資することになるのではないかと懸念されている。

　海外でインフラ事業に参画する日本企業も多いが、その事業が世界銀行や国際開発銀行などの融資による場合には、企業は、対象国の国内法に従うだけではなく、融資する銀行が定める手続きや基準に従う必要がある。海外で事業展開する日本企業の場合、日本の法律、事業展開する国の法律、国際ルールなど、さまざまな規制ルールに対応する必要がある。そうしたルールのひとつとして、世界銀行や国際開発銀行の融資のルールがある。環境破壊や人権侵害などは、当該国のルールによって食い止めることができなくても、国際ルールが重要な役割を果たす場合がある。

23　6　地球環境問題と技術者の立場

　これまで技術開発が環境破壊にかかわってきたことは間違いないが、地球環境問題を解決するために、環境技術の開発が重要な役割を果たすことも間違いない。技術者や企業が環境意識を高めて、環境に配慮した技術開発を進めることももちろん重要である。他方、地球環境問題の深刻化とともに、さまざまな取り組みが実施されている。どのような環境技術がどのように開発されて、実現されるのかは、何よりも、どのような国際ルールが合意されるかによって影響を受ける。そうしたルールの中には、規制のルールも重要な役割を果たしているが、市場経済のルールを利用したものもある。どのような環境技術を開発すればどれくらいの利益になるのかは、そうした国際ルールで左右される。

グローバルエンジニアとしては、またグローバル企業としては、活動する国のルールや本拠地が置かれている国のルールのみを順守すれば十分であるというわけではない。さまざまな国際ルールが存在することを前提として活動しなければならない。

　そうした国際ルールの中には、政府間で結ばれた条約や協定以外にも、環境配慮した企業活動が求められる場合がある。そうしたなかで注目されているのが、CSR（企業の社会的責任）という考え方である。企業の活動は、法令を順守して利潤を上げることに限定されるわけではない。CSRというと、ただ企業活動に社会貢献を加えるというものでもなく、製品の品質、労働環境、人権などとともに、環境に関しても関係者に対して説明責任を負うことを意味する。たとえば国連は、「グローバル・コンパクト」を設けて、人権、労働基準、環境に関して国際的な規範を実践するよう企業に求めている。企業は、国連や欧州連合（EU）などが設定したガイドラインに対応して、CSRの項目として取り入れることが求められている。

　グローバル企業が、たとえばEUに製品を輸出する場合、EUの環境規制に従うことは当然であるが、EU以外の地域に製品を輸出する場合、その地域の環境規制に従うだけで十分なのか。この場合、法令は順守していても、CSRの観点に立つと、企業は法令順守にとどまらず、環境NGOなどに対してきちんと説明して対応するという社会的責任を負わなければならない。また企業が活動資金を調達するときに、環境に配慮して企業活動しているかどうかも重視されるようになっている。環境問題や社会問題に取り組んでいるかどうか、企業の社会的責任（CSR）を果たしているかを重視して投資するという「環境投資」の動きも急速に広がっている。投資の面でも、環境に配慮した企業活動をしているかどうかが重視されるようになっているのである。

　また、外国から製品、農産物、鉱産物などを輸入する際、それらを生産・産出するときに環境破壊や人権侵害が生じている場合、輸入国や輸入企業、さらには消費者までが間接的に関与しているとして責任が問われることもある。たとえば、熱帯雨林の違法伐採が原因で熱帯雨林破壊が進行している場合、違法伐採された木材を輸入し消費していることについて責任が問われる。森林保護は、気候変動などの問題とともに重要な地球環境問題の一つとして取り上げられてきた。輸出国において違法伐採を禁止するだけではなく、違法伐採された木材を輸入しない取り組みも重要となる。違法伐採された木材を取引しないようにするための国際的な取り組み、国際ルールの策定が協議されてきた。

　そうした取り組みの中で、適切に管理された森林から切り出された木材であると「認証」するという「森林認証制度」が誕生し、利用されている。企業は、環境に配慮された持続可能な管理が行われている森林から伐採された木材を使用しているということを消費者にアピールできるだけではなく、CSR（企業の社会的責任）に努めているとして評価されることになる。認証制度は、「デュー・ディリジェンス」

（相当な注意義務）という考え方に由来している。「デュー・ディリジェンス」は、もともと企業を買収するときなどに、その資産価値やリスクなどを正確に評価するために調査・分析することを意味していた。この考え方が、木材取引にも利用されるようになっている。取引している木材が認証を受けているということで、企業は環境にきちんと配慮していることをアピールできることになる。

　「デュー・ディリジェンス」という考え方は、木材の取引に限らず、環境破壊や人権侵害を引き起こす製品や産物の取引を規制するための手段として広まりつつある。直接生産に関与する企業ではなく、取引の結果として利用・消費する企業の責任として、環境破壊や人権侵害に間接的にであっても関与しないことが求められている。紛争地域で不当に採掘され取引された鉱物資源を規制する手段としても活用されている。企業は、どこでどのように生産された製品を利用しているのか明らかにし、環境や人権に配慮した企業活動をしていることを証明する責任を負うのである。

　企業は、認証を受けている製品であると示すことによって、環境に配慮していることを証明する。しかし、木材の認証制度にも実にさまざまなものがあるので、信頼できる認証制度であるかどうかも問題となっている。木材の産出国が、輸出を促進するために、適切な認証を回避している場合も考えられる。企業は、認証制度を利用することによって注意義務を一応は果たしたことになるが、「デュー・ディリジェンス」は、認証が適切に行われているかどうかまで責任を負うことになる。

　世界中で環境配慮することが求められるようになっている現在、しかも、さまざまな国際ルールが存在している現在、さらに、法的規制を含めて適切な企業活動をしているかどうかCSRが問われている現在、技術者個人としても企業としても、どのようなルールがあるのか、どのような責任を負うことになるのか理解したうえで、これまで以上に環境意識を研ぎ澄ませておく必要がある。製品を開発する際には、性能、価格、安全性だけではなく、環境配慮も重要な項目なのである。

コラム……21 熱帯雨林破壊からアマゾンを守る日本の取り組み

1. 世界の熱帯雨林の減少

　熱帯雨林は一年を通して気温が高く、降水量の多い中南米、東南アジア、西アフリカなどの赤道に近い熱帯地域に多くみられる森林地帯です。熱帯雨林は地球上の多様な生態系の宝庫であり、また二酸化炭素を貯蔵し、地球温暖化を抑制する働きがあることでも知られています。かつて、熱帯雨林は全地球上の12％を覆っていたといわれていますが、とくに20世紀以降の農牧地造成、違法伐採による森林開発、森林火災、インフラ建設などにより、急速な勢いでとくに開発途上国において消失を続けています。2005～15年の年平均で減少した森林面積は、九州の面積とほぼ同じ約340万haとなっており、なかでも森林面積が減少している国は赤道付近の熱帯地域の国に集中しています。

2. ブラジルが直面した課題と解決に向けた日本の取り組み

　ブラジルは、日本の約22.5倍の広大な国土をもち、その森林面積は国土の約6割を占め、世界最大の熱帯雨林を保有する森林大国です。他方、農牧地造成などの開発による、世界最大の森林消失国でもあります。森林消失の急速な進展は、国内外から強い批判を浴びることになり、1990年代以降、アマゾン熱帯雨林保全の政策強化につながっています。

　政策の中核を成すのが、広大な熱帯雨林を人工衛星により宇宙から監視する取り組みです。ブラジル政府は1970年代から、この取り組みを進めていますが、当時の人工衛星に搭載された光学センサーでは、年間5カ月近く上空が雲に覆われる雨季の期間、地上の状況をとらえることができず、雨季に大規模かつ違法な伐採行為が頻発していました。

　このような状況を受け日本は、宇宙航空研究開発機構（JAXA）が開発し、昼夜天候を問わず地上を観測できるマイクロ波センサーを搭載した陸域観測技術衛星「だいち」を活用し、国際協力機構（JICA）のプロジェクトにより、ブラジル政府とともに年間を通じて熱帯雨林監視を行える体制を構築しました。

　本プロジェクトにより構築された監視体制は、違法な伐採行為に対する取締活動の迅速化をもたらし、熱帯雨林消失面積の減少に大きく貢献しました。また、ブラジルのメディアが大きく取り上げたことで、ブラジル国民の多くに違法伐採が宇宙から監視されていることが知られるようになり、違法伐採の抑止効果が上がったという点もブラジル政府により報告されています。

　日本とブラジル政府の協力により強化された宇宙からの熱帯雨林監視体制や技術は、その後、ブラジルのみにとどまらずアジアやアフリカの熱帯雨林保有国にJICAの協力を経て共有されています。

（JICA地球環境部　小林千晃）

24 世界の宗教とグローバル社会

外国で生活していると、名前などとともに宗教は何かと尋ねられることが多い。宗教が人間の行動を規定することがあるので、その人がどのような宗教を信仰しているかを知ることで、不必要な対立を避けようとするのであろう。世界には、宗教を熱心に信仰し、信仰に基づいて生活している人も少なくない。グローバル社会でさまざまな宗教を信仰する人々と協働していくために、そしてリスクを避けるために、宗教について知る必要がある。

24-1 宗教の誕生とその役割

そもそも宗教は、われわれの日常の生活と深くかかわっている。いにしえの人々は、自然の中に、人間の知恵や知識を超えた普遍的な秩序や法則があると考えた。それらは、人知を超えた存在、つまり神によって創造されたもので、それらに従うことで、日常生活における不安などから解放されようとした。また死後の世界への不安なども和らげることができると思ったのだろう。

日常生活にはさまざまな出来事が起こる。われわれの生活に恩恵をもたらす水が、ときに水害のような苦しみをもたらすことがある。火山の爆発や地震などのような思いもつかない出来事は、自然に対する畏怖の念や不安な心をいだかせる。そのような苦しみや不安を和らげるためにも、人々は神の存在にすがり、救いを求め、宗教を信仰するようになっていったのだろう。安息と救済の原理を提示することによって、宗教は人々の信仰を集めていった。さらに、生きがいや幸福を追い求め、宗教を通じ、人々は結束を固めていくことにもなる。

世界に宗教は数多く存在する。なかでも、民族や国家、言語、文化などの枠にとどまらず、世界中に広がっている宗教を世界宗教と呼ぶ。キリスト教、イスラム教、仏教がその例であり、人間性を深く理解しようとした教説があり、身分や階級、国家の枠組みにとらわれることなく、信者すべての個人的な救済を目標としていることを特徴としている。

特定の民族にのみ信仰されている宗教を、民族宗教と呼ぶ。民族の成立とともに発生したものであり、特定の開祖はいない。ユダヤ教、ヒンドゥー教、道教（中国）、神道（日本）などがその例である。民族宗教の特徴は、それぞれの民族の祭祀などの伝統や、生活習慣、文化的風習と密接に結びついていることである。

宗教人口は、キリスト教徒が約22億人、イスラム教徒が約16億人、ヒンドゥー教徒が約9億人、仏教徒が約3億8000万人となっている。人々の中には、一つの宗教だけでなく、複数の宗教の影響を受けている人たちも少なくない。また、宗教に対する信仰の度合いにも濃淡がある。キリスト教の教会では毎週日曜日、ミサ（礼

拝）が行われているが、これに欠かさずに行く信徒もいれば、ときどき行くという信徒もいる。まったく行かないという信徒もいる。熱心な信徒は少数派となっているという。同じ宗教であっても、すべての信徒が同じような信心の度合いで信仰を行っているのではない。信仰の形態も多様なものになっている。

2 キリスト教

まず、世界宗教について、その概要をみてみる。

キリスト教は、紀元1世紀、イエス・キリストの教えを基に誕生した。ユダヤ教の教えを基礎として、唯一絶対の神を仰ぐ一神教であり、イエスとその12人の弟子たちによって布教された。旧約聖書と新約聖書を聖典とし、ユダヤ教の聖典でもある旧約聖書には、天地創造、アダムとイブ、ノアの箱舟などの物語からイエスが生まれる前までが書かれ、神と人との契約が記されている。新約聖書には、イエスによってもたらされた新しい契約が記されている。

キリスト教は、神への愛を説き、つまり神を信じる者はすべて救われるとした。厳格な律法主義を特色とするユダヤ教は、神の正義を強調し、救済されるのは神の正義を守ることのできる強者と善人に限定されてしまうのに対して、イエスは、弱者や罪人にも、神の愛を強調することで救済される道筋を示した。そのため、広い階層の人々から支持を集めるようになった。

イエスの説く愛は、神は人々に無差別無償の愛を降り注ぎ、人は心を尽くして神を愛するべきという。また隣人愛を説き、自分を愛するようにあなたの隣人を愛しなさいという。キリスト教は許す神であり、人間が本来負うべき罪と苦しみ（原罪）は、イエスが人間の身代わりになって十字架にはりつけられることであがなわれた（贖罪）とし、人間を原罪から解放しようとする教えである。

キリスト教は、イエスの死後、ローマ帝国で広がり、国教化された。395年、ローマ帝国が東西に分裂すると、キリスト教も東西に分割され、東ローマ帝国（コンスタンティノーブル）の東方正教会と、西ローマ帝国（ローマ）のローマカトリック教会とに分かれた。それぞれ独自の道を歩み、現在に至っている。ローマカトリック教会は、16世紀に起こった宗教改革によって、カトリック教会と、新たに派生したプロテスタント教会とに分かれた。カトリック教会はヨーロッパに広く普及している。スペイン、ポルトガル、イタリアなどに信者が多く、それらの国がかつて植民地としていた南アメリカ大陸にも広く普及している。プロテスタント教会は、ドイツやイギリスなどで普及し、イギリスが海外進出した北アメリカや、アフリカ大陸南部、オーストラリアに普及している。

24　3　イスラム教

　イスラム教は、紀元7世紀、最後の預言者ムハンマド（マホメット）が、天使ガブリエルから神（アッラー）の啓示を受け、アラビア半島で誕生した。ユダヤ教、キリスト教と同じ起源をもち、唯一の神アッラーを絶対神とする一神教である。ムハンマドがまとめた神の啓示を記した「クルアーン（コーラン）」を唯一の教えとして、宗教的儀礼だけでなく、社会・制度・生活の隅々にわたることが事細かに定められている。人間はアッラーのもとに平等であり、自分を無にして、アッラーの意志や命令に絶対帰依・服従し、善行を積むべきだと説いた。

　イスラム教徒（ムスリム）は、六信五行を守らなければならない。六信とは、イスラム教徒が信じるべき6つのものであり、神、天使、預言者、啓典、来世、定命を指している。神は、唯一絶対にして全知全能、天地万物の創造者、支配者である神、アッラーのこと。天使は、神と人間の中間的存在としての役割をもつ。預言者は、アダム、モーゼ、イエスなど28人の預言者をあげ、ムハンマドは最後の預言者とされる。啓典は、神の啓示をまとめたクルアーンのことである。来世は、終末後の世界で人間は、楽園か地獄に行くとする。定命は、すべてを知る神が定める予定である。

　イスラム教徒が行うべき5つのことを五行という。信仰告白、礼拝、喜捨、断食、巡礼である。信仰告白は、「アッラー以外に神はなし」、「ムハンマドはアッラーの使徒である」の2つを告白すること。礼拝は、1日5回、メッカに向かい、ひざま

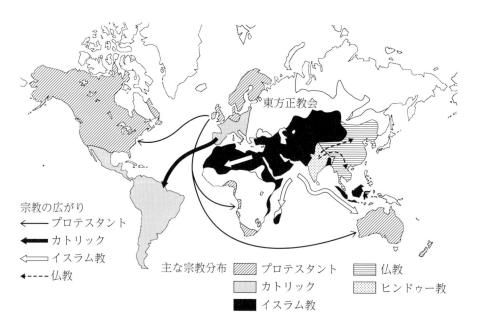

ずき、額を地面にこすりつけて祈りを捧げること。喜捨は、貧しい人々に施しをすることであり、弱者救済のための救貧税として財産に課税されることもある。断食は、イスラム暦の9月、新月から新月までの30日間、日中の一切の飲食を断ち、あらゆる快楽を慎み、預言者の苦労をしのぶことである。巡礼は、聖地メッカへの旅を一生に一度は行うべきこととされている。これら五行は、イスラム共同体（ウンマ）の社会規範につながっている。

六信五行を補う法律的な規範をイスラム法（シャリーア）と呼ぶ。礼拝、喜捨、断食、巡礼、葬儀などの宗教的儀式に関する儀礼的規範（イバーダート）と、婚姻、親子関係、相続、契約、売買、裁判、聖戦など日常生活を営むためのさまざまな決まりに関する法的規範（ムアーマラート）とがある。イスラム法には、宗教的な規定だけでなく、憲法、民法、商法、刑法など日常生活に関わるさまざまな規律が含まれている。不信仰、殺人、窃盗、傷害、豚肉を食べること、飲酒、姦通、中傷などはイスラム法により禁止されており、これら禁止された行為（ハラーム）を犯した場合、厳罰に処せられるとされている。

イスラム教には2つの大きな宗派がある。スンニ派とシーア派である。預言者の代理人であるカリフをめぐって、イスラム帝国の初代から3代までのカリフを認めるスンニ派と、第4代のアリーの子孫だけを正統なカリフだとするシーア派がある。スンニ派は、イスラム教徒の約90％を占めている。シーア派は非アラブ系（ペルシャ人など）に広く信仰されている。それぞれに多くの分派が生じ、教義において若干の違いが生じている。

イスラム教は、現在の中東地域に起こり、インド洋交易圏の人の流れにしたがって、東はインドネシア、フィリピン南部に広がり、西はアフリカ大陸東南部に広がっていった。また、サハラ砂漠の交易路を通じて、アフリカ大陸北部から西部にかけて広く普及している。

4 仏教

仏教は、紀元前5世紀、ゴーダマ・シッダールタ（釈迦）が、生老病死（四苦）という人間の本源的な苦悩の解決をめざして修行し、悟りを開く（ブッダ）ことで、インドに誕生した。キリスト教とイスラム教が、絶対的な存在である神の教えに従うとするのに対して、仏教では、個人が修行を積むことで悟りを得て、安心立命の境地（涅槃）に至ると考える。その根本は、四法印と縁起の教えにある。

四法印は、諸行無常（万物は変化、消滅しており、不変のものはない）、諸法無我（すべては関係性の上にあり、不変の実態はない）、涅槃寂静（煩悩から解き放たれ、涅槃という安らぎに至る）、一切皆苦（この世のすべては思い通りにならない、四苦がある）であり、縁起は、すべてのものはそれ自体で成り立つのではなく、無数の関係（縁）によって成り立っていると考える。

仏教は、生老病死をはじめとする人生苦を滅する方法（四諦）を説く。つまり、人生は苦しみに満ち（苦諦）、その苦しみには原因があり（集諦）、執着を捨てることで悟りが得られ（滅諦）、そのためには正しい道を歩まなければならない（道諦）とした。そして、その具体的な方法として八正道を解き明かしたのである。
　仏教はインドで普及していくが、広く大衆全体の救いをめざす大乗仏教と、戒律を守り厳しい修行を通じて自らが仏になることをめざす上座部（小乗）仏教とに分裂してしまう。大乗仏教は東アジア全域へと広がり、チベット、中国、朝鮮半島、日本へと伝わっていく。上座部仏教は東南アジアへと広がり、インドから、タイ、スリランカ、ミャンマー、ラオス、カンボジアなどへと伝わっていった。

5　戒律と日常生活

　これらの世界宗教のほかにも、特定の民族に信仰される宗教もある。インドで広く信仰されているヒンドゥー教や、ユダヤ人が信仰するユダヤ教、日本の神道などである。ヒンドゥー教は、宗教人口では第3位の信徒を擁する。インドの民族宗教であり、インドの伝統的宗教であるバラモン教から聖典やカースト制度などを引き継ぎ、仏教の影響も受けて、土着の神々や崇拝様式を取り入れ、インドの民族宗教として民衆に信仰され続けている。
　これらの民族宗教を含めあらゆる宗教には、信者が日常生活を送るうえで守るべき規律や規則が定められている。それらを戒律といい、宗教の外形的な特徴を示すものになっている。殺人、窃盗、飲酒、姦淫などを禁じるなど、一般に、人間の果てしない欲望を規制しようとするものが多い。戒律はもともと、日常生活を送るうえで必要だったことを定めていたと考えられる。ところが、時間がたつにつれ、現在では必ずしも合理的なものだといえないようなものもある。戒律は、それぞれの宗教がもつ歴史に基づき、現在では習慣化され、日常生活の中で広く行われていることもある。宗教のもつ戒律は、その宗教を信仰する人に敬意を示すためにも、尊重する必要がある。

①飲食の禁忌

　宗教的な禁忌として、飲食に関するものがある。キリスト教や仏教では、きびしい飲食の禁忌が残っているところもあるが、かなり緩やかになってきている。イスラム教では、飲酒と豚を食べることが禁止されている。また、食べてもよいとされるものも、イスラム法で合法的かつ適切な方法（ハラール）で処理されていないものは口にしてはならないとされている。
　ユダヤ教では、食べてもよいものを定めた食べ物の清浄規定（カシュルート）があり、カシュルートに規定されていないラクダ、豚、ウサギ、イカ、タコなどは食べることを禁止されている。また、肉と乳製品の食べ合わせも禁止さている。
　ヒンドゥー教は不殺生を旨としているため、菜食主義の人が多い。牛は崇拝の対

象のため、絶対に食べない。

　これら食の禁忌は、今でも厳しく守り続けている人々もいれば、緩やかに解釈して運用している人々もいる。会食などするときは、人により信仰の度合いが異なるので、食については尋ねてみるのがよい。

②祭日と安息日

　宗教にはそれぞれの祭祀がある。キリスト教では、イエスの誕生を祝うクリスマス、イエスが十字架にかけられた3日後に復活したことを祝う春のイースター（復活祭）がある。イースターは、ユダヤ教の過越（すぎこし）の祭りを起源として、ヨーロッパで春分の頃に行われていた春分祭が融合した祭りでもある。春分後の満月の次の日曜日に行われる。

　イスラム教では、断食（ラマダン）がイスラム暦の9月に行われる。イスラム教徒の信仰心を清める目的で、日中、一切の飲食を断ち、喫煙なども禁止される。さまざまな欲望を捨て、アッラーへの献身と奉仕に没頭する期間と考えられている。ラマダン明けを祝う祭りのようなものが盛大に催される。

　仏教では、釈迦の誕生日（降誕会）や命日（涅槃会）、悟りを開いた日（成道会）を祝う。

　ユダヤ教では、旧約聖書にしるされた故事にちなむ過越の祭りを祝う。

　ヒンドゥー教では、女神ラクシュミーを祀るディーワーリー（灯明の列）が11月初旬に開かれる。

　また、神への祈りを捧げる安息日は、キリスト教では日曜日、ユダヤ教では土曜日、イスラム教では金曜日となっている。

24　6　宗教と社会

①現代社会における宗教

　現代社会は、科学技術が進歩し、自然現象の原因を合理的・論理的に説明できる範囲を広げている。また、情報社会が進展し、さまざまな情報を瞬時にして手に入れることができるようになっている。そのような社会では、かつてのように、神による奇跡や呪術を、素直に信じることは難しくなっている。また、現代社会では、社会としての一体感よりもむしろ個人を重視しようとする傾向が強いため、これまで宗教が説明しようとしてきた人生や世界の意味を、個人として探求するようになった。宗教の意義と重要性が、相対的に低下している。

　ただし、宗教は、社会変容に対応して、日々の暮らしに適合して、みずからを変容させながら、今もなお人々の生活に影響を与え続けている側面もある。たとえば、イスラム教には女性に課せられる戒律がある。その一つに、肌や髪の毛を露出させないというものがある。女性の肌や髪の毛は、男性を魅了してしまい、男性の理性を崩壊させて暴力を振るってしまうことになりかねないので、家族以外の男性に見

せないようにするというものだ。イスラム教徒の女性は、教義に則り、外出する際にはヒジャーブ（頭や身体を覆う布）を使用している。乾燥した地では、直射日光を遮るほうが涼しく感じるので、ヒジャーブを使用したほうが快適に過ごせるという。最近では、おしゃれなヒジャーブも流行し、ファッションアイテムとして利用する女性も多くなっている。

②宗教における改革運動

時代に対応した変化もみられる。

イスラム教は、社会の変化に適応してきた。オスマントルコ帝国の統治下で形成されていたイスラム共同体は、第一次世界大戦後、個別の民族国家に分離・独立していくことになる。ヨーロッパのキリスト教国による影響が強まることに反発して、イスラム教徒の中には、かつての栄光あるイスラム教を復興しようとする動き（イスラム復興主義運動）が生じた。それは、伝統的な教えや習慣に帰り、西洋的な考えを排除することを掲げていた。

イスラム復興主義運動が政治と結びついたものが、汎アラブ主義である。エジプトのナセル政権が積極的に推し進めようとした汎アラブ主義は、国家の枠を超えたアラブ人の連帯をめざしていた。しかし、汎アラブ主義は、イスラム教との関係が明確でなく、他の宗教を信仰することを認めていた。社会主義的な要素をもち、宗教を否定するかのような汎アラブ主義は、イスラム教徒には受け入れにくいものだった。また、アラブ人以外の少数民族への配慮がなかったりしたため、汎アラブ主義は、盛り上がりに欠け、停滞してしまっている。

イスラム復興主義の中には、貧困や高い失業率などの現状に対する強い不満から、より過激なイスラム原理主義を唱える過激派集団も生み出した。この過激派集団は、一般の多くのイスラム教徒からも強く非難されながら、無差別テロを繰り広げ、多くの命を奪うことにもなっている。

また、キリスト教には、聖書に立ち戻り、聖書のみを固く信じようとする福音派と呼ばれる集団がある。米国の人口の約25％が福音派だといわれている。福音派の中には、聖書の権威を絶対視して、処女懐胎やイエスの再来を信じ、神の救済を受けるのはわれわれだと考えている人々がいる。ダーウィンの進化論は聖書に書かれていないので認めないとし、妊娠中絶や同性愛も認めない。現在、米国で政治的影響力を高めつつある。

③多文化共生のために

宗教は、人々に安息と救済を与えるために生まれた。社会の変容に応じて、宗教が変容していくので、同じ宗教であっても多様な集団が形成されることになる。今日の社会は多様な人々が、多様な宗教を信仰しながら共存しているのである。宗教とそれを信仰する人々に敬意を払い、尊重することはますます重要になっている。

COLUMN
コラム……22
● イスラム世界で暮らす

　イスラムとは、アラビア語で「神の意思に従って生きること」という意味であり、イスラム教の聖典であるクルアーンには、神自身の言葉として「どのように生きるべきか」という指針が記されている。イスラム教は、他の宗教に比べて聖典における教義が非常に具体的であるため、イスラム教徒は、生き方の指針であるクルアーンに沿って皆同じように行動しており、一部の過激主義者の思想や行動様式はイスラム教徒に共通だと誤解されてしまうことがある。しかし、実際は、一言でイスラム教徒といってもクルアーンの解釈や生活様式、他宗教に対する考え方などは多様であり、過激主義者の思想や行動様式は極端な一例にすぎない。

　筆者は、イラン人女性と結婚し、その後仕事でイスラム教を国教とするイランに駐在し、妻の家族や親戚と生活をともにした経験がある。イランの家族関係は非常に密接で、毎日のように親戚が家に集まるのだが、イスラム教やクルアーンのとらえ方はさまざまで、お互いにこうあるべきと主張し合いながらも、尊重し合い良好な関係を保っている姿は興味深かった。家族・親戚の中には、毎日5回のお祈りや断食を欠かさない人もいれば、まったく気にしない人もいる。また、クルアーンでは女性の装いに関する規定があるが、その解釈もさまざまで、つねにゆったりとした衣服で頭髪や身体全体を覆い隠す女性もいれば、髪の毛や肌を見せることに抵抗もない女性もいる。さらに、クルアーンには「イスラム以外の教えを追求する者は受け入れられない」との規定もあるが、実際は、私も含め異教徒である日本人に親切に接してくれるイスラム教徒が大多数であるし、異教徒の国である日本を訪問し神社仏閣を観光するイスラム教徒も増えているのだ。

　このように、イスラム教徒も他の宗教と違わず、神の存在は信じながらも、宗教をさまざまに解釈しながら、また、自分の置かれた環境に合わせながら柔軟に生きている。

　世界のどこでも重要なことは、自分が信じるものを大切にしつつ、他者を理解し相互に尊重し合う努力である。グローバリゼーションが進む現代では、他宗教に接する機会も確実に増えており、個々人が一部の情報やイメージでイスラム教を「異質なもの・怖いもの」と偏見的にとらえるのではなく、その実態をより正しく知ろうとすれば、相互理解・相互尊重が進んでいくのではないか。そういった世界になっていくことを願ってやまない。

（JICA 中東・欧州部　大野憲太）

難民と移民の問題

グローバル化の進展に伴い、人の国際的移動は増加している。国際的に移動する人々の中には、戦争や地域紛争などによって生まれ育った場所から避難を余儀なくされた難民も含まれている。

難民の数は 2017 年には約 2540 万人にのぼる。また、さまざまな理由で国境を越えて他の国へと国際的移動する移民の数は、2017 年には約 2 億 5000 万人に達している。

難民や移民は、人が移動するだけの問題でなく、送り出す国にしても、受け入れる国にとっても、さまざまな問題を発生させている。ときに、政治的な不安定をもたらすこともあり、現在、国際的に強い関心を集めている。多文化社会の中での協働を実現しようとすれば難民や移民の問題を理解しておく必要がある。

25-1 難民や移民が発生するしくみ

人の国際的移動が起こる原因にはさまざまなものがある。人が流出する送出国では、戦争や内戦、政治的迫害などの政治的問題が起こっていたり、貧困や飢餓が発生していたり、経済が破綻していたりするなど経済的問題が起こっていたりする。これらの問題から逃れようとして、人々は国外に流出していくのである。

一方、人が移動していく先の国には、人々を引き付ける要因がある。平和で安定した社会であることや、福祉政策が充実し繁栄と豊かさを実感できたり、人権が保障される社会であったり、仕事があったり、大学などでより高度な研究や勉強ができたりすることは、国際的に移動する人々を引き付け、受け入れる要因となっている。

人が国際的に移動することは、新しい現象ではなく、人類の歴史につねに存在した現象でもある。移民に関して、国際的に合意された定義は存在しないが、一般的に、通常の居住地以外の国に移動し、少なくとも 12 カ月間、当該国に居住する人のことを移民と呼んでいる（国連事務総長提案、1997 年）。

一般に移民は、自発的に他の居住地に移動する人々であり、難民は、自分の意思に反して、戦争や内乱・武力紛争、人権侵害、自然災害などによって非自発的かつ強制的に移動を余儀なくされた人々である。移民は、受入国の裁量によって受

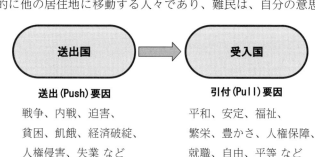

送出国 → 受入国

送出(Push)要因
戦争、内戦、迫害、
貧困、飢餓、経済破綻、
人権侵害、失業 など

引付(Pull)要因
平和、安定、福祉、
繁栄、豊かさ、人権保障、
就職、自由、平等 など

け入れるかどうか判断されるが、難民は国際的な保護の対象とされる。現在の難民と移民は区別が難しい。ここでは、難民を主な対象として検討していく。

政治的迫害などにより生じる難民が、国際社会の課題として認識され始めたのは第一次世界大戦のときであった。第一次世界大戦後、ロシア革命、オスマントルコ帝国の崩壊などのため、大量の難民が発生した。とくに、ロシア革命に反対していた人々が難民となり、そのロシア難民を支援することに、国際連盟や国際労働機関が中心となって取り組み始めた。第二次世界大戦後には、中東のパレスチナ難民の救済と支援が国際社会の焦点となった。国際連合（国連）は、国連パレスチナ難民救済事業機関（UNRWA）を1949年に設立し、パレスチナ難民の救済と支援を行い始めた。

25　2　難民保護の体制

現在に続く難民保護の国際的な枠組みは、第二次世界大戦後につくられ、その中心となる組織が、1950年に設立された国連難民高等弁務官事務所（UNHCR）である。UNHCRは、UNRWAが担当するパレスチナ難民を除く、世界各地の難民の保護と支援を行う国連機関である。第二次世界大戦では激しい戦闘が世界各地で行われたため、世界規模で多くの犠牲者が出るとともに、国内外でさまよう人々が大量に発生していた。そうした人々を国際的に保護することを目的として設立されたのである。

難民を国際的に保護する組織としてUNHCRを設立すると同時に、保護すべき難民の範囲、難民に対して与えられる保護の内容などを、当時の社会状況に合わせて拡充するため、国連経済社会理事会の下部委員会の一つである人権委員会で議論してきた。そして、1951年、難民の地位に関する条約（難民条約）が国連で採択された（1954年発効）。1967年には、難民の定義を拡大するため難民の地位に関する議定書が採択された（難民議定書、1967年発効）。難民条約と議定書に、難民の定義や、難民の権利や義務も規定されている。2015年の時点で、条約と議定書のいずれかを批准している国は148カ国となっている。日本は、条約を1981年に、議定書を1982年に批准している。

難民条約第1条A項で、難民は、次の3つの要件をすべて満たす人だと定義されている。つまり、①人種、宗教、国籍もしくは特定の社会的集団の構成員であること、または政治的意見を理由に迫害を受ける恐れがあること、②国籍国の外にいる者、③その国籍国の保護を受けることができない者、または迫害の恐怖を有するため国籍国の保護を受けることを望まない者であること、という3つの要件である。

難民の認定に関しては、難民条約の締約国やその他の国家が、難民条約の定義に照らし合わせて決定することになっている。UNHCRには強制力がなく、難民の保護は、締約国などの主権国家が領域的庇護を提供することによってはじめて成立

するのである。条約締約国は、難民と認定された者に対して、自国民に与える待遇と同一の待遇（内国民待遇）、同一の事情のもとで外国の国民に与える待遇のうち最も有利な待遇（最恵国待遇）、同一の事情のもとで一般に外国人に与える待遇よりも不利でない待遇（一般外国人並み待遇）の、いずれかの待遇をしなければならない。

UNHCRは、難民となった人々を国際的に保護することを主たる任務としているため、締約国などに対して、難民の基本的な人権が尊重されるようにし、いかなる者も迫害の恐れのある国へ不本意に送還をされない（ノン・ルフールマン原則）ように要請している。また、難民に対して、次のような支援も行っている。大量の難民の移動を含む大規模な緊急事態の際の支援、教育・保健・住居のような分野における通常の支援、難民の自立と受入国への統合を促進する支援、自国へ帰還できない難民で、最初に庇護を求めた国で保護の問題に直面している難民のための第三国での再定住などの支援、などである。

難民問題を恒久的に解決する方法は、第一に、安全かつ尊厳をもって自国に自発的に帰還することである。この方法がもっとも好ましいと思われているが、実現するには難民を発生させた原因が解決される必要がある。第二の方法は、庇護を受けている国に統合することで、受入国の政治的判断が重要となる。第三の方法は、第三国への再定住をすることで、難民を受け入れてくれる国へ再び移動することになる。いずれにしても、難民問題を恒久的に解決するためには、難民を発生させる原因となった問題を解決し、その後、社会の再統合をはかり、必要としている人々への緊急支援や、荒廃した社会や経済の再開発、雇用創出など、関係機関が参加し調整しつつ、さまざまな課題を漸進的に解決していかなければならない。

3 難民問題

第二次世界大戦後に大量の難民が発生したことで、難民を国際的に保護する制度が構築されたが、その後1950年代から1960年代にかけて、アジアやアフリカで植民地が独立する際に発生した難民や、1970年代のインドシナ難民、1980年代のアフガニスタンで大量に発生した難民など、難民は発生し続けている。冷戦終結後も、旧ユーゴスラヴィア、イラク北部、ソマリア、ルワンダ、リベリア、シエラレオネ、コンゴ民主共和国など、紛争や内戦の勃発によって大量の難民・移民が生み出されている。

2011年に始まるシリア危機は、1000万人の規模で難民と国内避難民（難民要件②を欠くため、UNHCRによる保護の対象にならない）を生み出している。内戦の激化に伴い、難民が増加し、人口2200万人のうち400万人以上がトルコなど周辺国へ庇護を求めて流出していった。そしてその後、危険を逃れてヨーロッパへと移動する人々が大量に発生している。また、シリア国内には、住み慣れた土地

から国内の別の土地への避難を余儀なくされた国内避難民も660万人以上いるといわれている。食糧や医薬品など生活に必要な物資の緊急支援を必要とするのみでなく、爆撃や殺戮の恐怖におびえながら生活している人々も多い。2015年、100万人を超える難民や移民がヨーロッパに殺到し、難民・移民危機といわれたが、その半分はシリア危機に起因する難民・移民であった。

UNHCRによれば、2017年の時点で世界の難民の数は2540万人であり、難民を発生させている上位5カ国は、シリア（630万人）、アフガニスタン（260万人）、南スーダン（240万人）、ミャンマー（120万人）、ソマリア（99万人）である。難民を受け入れている上位5カ国は、トルコ（350万人）、パキスタン（140万人）、ウガンダ（140万人）、レバノン（100万人）、イラン（98万人）である。シリアや南スーダンからの難民が急増しているため、難民を増加させることになっている。

第二次世界大戦後、難民保護の国際的な制度は、人権や人道の領域での国際的規範の構築と軌を一にして拡充してきた。しかし、国際社会で生起する緊張と対立の変化を反映し、難民は発生し続けている。シリア危機の激化に加えて、南スーダンにおける内戦の激化、リビアにおける政情不安、コンゴ民主共和国の政情不安、サヘル地域（サハラ砂漠の南縁の地帯）でのイスラム過激派の台頭など、難民を発生させる原因は今もなお多い。

4 送出国と受入国の葛藤

難民と移民によって生じる問題の受け止め方は、送出国と受入国とで異なる。受け止め方の相違が、難民問題や移民問題を、政治的および社会的な問題へと転化していくことになる。

シリア危機を事例としてみる。シリアに、2010年のアラブの春と呼ばれる民主化運動の影響が及び始めた。2011年、小規模な反政府デモが各地で起こるようになり、それらをアサド政権が弾圧したため、内戦に突入した。戦闘が激しくなるにつれ、反政府勢力には米国が、アサド政権にはロシアが支援を始めた。さらにはクルド人勢力や、イスラム過激派組織イスラム国が関与し始め、内戦は泥沼化していった。21世紀最大の人道危機といわれるほど、深刻な人道問題を引き起こし、大量の難民を生むことになる。

シリアの人々の立場に立てば、内戦が激化し、命の危機に陥っているのだから、避難するしかない。まず、隣国であるトルコやレバノン、イラクやイランへ避難した。避難した国では、急激に増加したシリアからの難民や移民に対処できず、十分な保護を与えることができない。そのため、トルコやレバノンなど周辺国に避難した人々の中には、さらに安全だと思うヨーロッパの国に避難しようとする人々が出てきた。ヨーロッパ諸国の中でめざした国は、経済的に繁栄しているドイツやフランスで、トルコから海を渡りたどりつけるギリシアを経て、その後、ドイツやフラ

ンスに行こうと考えた。欧州連合（EU）内は自由に行き来できるからである。ヨーロッパに向かった人々の中には、難民と認定するほど迫害の恐れのない人々もいたが、ドイツやフランスに行くことができれば、シリアでの暮らしよりはより安全で豊かな生活ができるかもしれないと考えたのである。

　シリアの人々を保護し、支援しなければならないと考えるヨーロッパの人も多く、UNHCRなどの国際機関も、人権や人道的な観点から、シリアからの難民や移民の保護に熱心に取り組み始めている。

　シリアから難民や移民として逃れてきた人々の判断は、けっして自己中心的なものではなく、合理的で難民保護の理に適っているものである。これを受入国の立場から考えてみる。

　EU諸国は、激しい内戦に陥ったシリアからの難民や移民を、できるかぎり引き受けるべきと考えていたであろう。内戦を激化させた責任がまったくないわけでもない。また、国際的な規範として難民を保護する責任はあると考えている。ところが、難民として流入してくる数が、想像以上に多い。自国内に流入してくる難民や移民に対して、難民認定するための手続きが、急増する難民申請者の数に追いつかない。非正規移動者として一時的に国内での滞在を認めても、滞在させるための施設の整備が追いつかない。

　そうしたなかで、2015年、シャルリー・エブド事件（1月）とパリ同時多発テロ事件（11月）が起こった。これらの事件は、EUに非正規移動者として入国して難民認定を待っている人々の中にテロリストが紛れ込んでいるかもしれないという猜疑心を強くすることになった。猜疑心は、難民の受け入れのために住宅や教育、医療など、受入国が負担しなければならないさまざまな財政支出に対する国民の不満を強めることになった。さらに受入国の国民と難民が労働市場で競合するようなケースも想定され、難民や移民の受入れを明確に拒絶する人々も現れるようになる。受入国の国民の中には、難民や移民の受入れに反対する人々が徐々に増加していくこととなった。

　難民や移民の保護は、人権や人道的観点から正しいこととされているため、積極的に推進していくべきだと考えることもできる。一方、受入国が難民や移民を受け入れるための負担も無視できない。とくに、シリア危機のように、短期間で大量の難民や移民が発生するようなケースであれば、なおさら受入国の負担は強く感じられることになる。

　難民や移民の保護に関わる問題は、受入国の政治的判断に大きく依拠することになる。多くの国家は、難民や移民を保護する必要性は認めながらも、その負担の重さに耐えきれずにいることも事実である。多文化社会の中には多様な利害が存在することからも、難民や移民の問題を考えるときには、人権や人道上の配慮をする必要性を考えつつ、現実的な負担の問題にも配慮する視座をもつことも必要である。

COLUMN
コラム……23
難民・国内避難民・帰還民

「すべてを失って、ゼロから生活を再スタートするのがどういうことなのか、想像できる？　それが難民になるってことなんだ」

アフガニスタンにソ連が侵攻した80年代、私の友人もまた、何百万といわれるアフガン難民の一人として、パキスタンに避難しました。小さな子供だった彼は親戚とともに祖国を離れ、歩いて国境を越えました。歩いて移動するということは、持ち物は最低限。服の替えはなく、厳しい冬の峠越えで大人用の帽子を深く被っていたことを覚えているそうです。

難民となっても新たな地でなんとか生活を再建させるべく家族が支え合い、彼は教育を続ける機会に恵まれました。しかし、環境が劣悪な場所では教育はおろか最低限の必需品さえ得られない難民生活で、多くの人が命や将来の夢を絶たれました。ソ連が撤退した後に友人はアフガニスタンに戻りましたが、その後も同国では激しい内戦、タリバン（ソ連侵攻後の内戦の混乱期に生まれ、パキスタンとアフガニスタンで活動するイスラム教の戒律を厳格に適用する組織）政権、2001年の米国同時多発攻撃の報復としての多国籍軍による攻撃……と紛争が続き、そのたびに多くの難民が厳しい状況に陥りました。

「難民」とは、1951年の「難民の地位に関する条約」により、「人種、宗教、国籍、政治的意見やまたは特定の社会集団に属するなどの理由で、自国にいると迫害を受けるかあるいは迫害を受ける恐れがあるために他国に逃れた」人々と定義されています。また、難民と同様に庇護が必要であっても国境を越えずに避難生活を余儀なくされている人々のことを「国内避難民（IDP）」と呼び、その数は「難民」よりさらに多いとされています。

2016年、世界屈指の難民受入国であるパキスタンがアフガン難民の帰還を促す政策を強めたことから、多くのアフガン難民が住んでいる場所を追われました。「帰還民」として自国に帰ることを余儀なくされた人々は、帰還先に安心な暮らしが保証されているわけではありません。現在はアフガニスタンで生活している私の友人もまた、「難民」として、そして「帰還民」として生きてきました。「母国に戻ってきても、かつて住んでいた家は破壊されていて、職もなく……。また、すべてゼロからのスタートだった」。当時の自分自身の体験を振り返り、今も世界中で深刻化している、平穏な暮らしを奪われた人々の状況に心を痛めています。

（日本国際ボランティアセンター・アフガニスタン事業担当　加藤真希）

26 世界の人権問題

現代のグローバル社会において、人権の尊重はグローバルスタンダードになっている。人権を軽視したり、無視したりする企業には、企業の社会的責任（CSR）が問われるようなことすら起きている。1998年、スポーツ用品メーカーとして有名なナイキ社に対する不買運動が起きたのは、その一例である。

ナイキ社が直接人権侵害をしていたのではないが、ナイキ社が生産委託していたベトナムの工場で、児童労働や強制労働が行われていたことが問題視された。ナイキ社は当初、その問題はベトナム企業の責任であり自社の責任ではないと主張したため、先進国の多くの市民の反発を買い、ナイキ社製品の不買運動が起こされた。ナイキ社は自社の責任を認め、企業に対するさまざまな社会的要請に応えられるよう企業経営のしくみを改善すると約束することになった。

グローバル社会で活躍しようとする技術者にとって、人権は職務にとって無関係なものではない。人権に関して無知であること、関心をもたないこと、尊重しないことが、責任を問われるようになっている。人権に関する理解を深め、人権に関わる問題に適切に対応することが求められるようになっている。

26-1 人権の成り立ち

歴史を振り返ると、人権はいつの時代においても尊重されていたわけではない。一部の人にのみ人権が認められ、ほとんどの人の人権が認められない時代は長かった。人権の考え方が確立し、拡大し、普及していくには長い歴史が必要であった。

ホッブス、ロック、ルソーなどの思想家たちは、人間は自然権をもつ、つまり人間は生まれながらに権利をもっていると主張した。自然権（天賦人権）は、国家が国民に与える権利ではなく、人間がもともともっている権利なのだから、国家が人権を侵害することは許されないというのが、現在の人権の基本的な考え方となっている。

人権概念は、ヨーロッパにおける人権概念の成立に依拠している。

中世ヨーロッパでは、キリスト教会が絶対的な権力をもち、教会の聖職者や土地を所有する国王や貴族など、一部の特権階級のみが権利をもつ封建時代であった。中世ヨーロッパの変革の契機となったものが、ルネサンスである。14世紀のイタリアに始まるルネサンスは、ギリシア・ローマ時代の古典文化への復古的運動として始まり、キリスト教の宗教的教義に縛られていた人々に、合理的理性を呼び覚ますことになった。ガリレオの地動説のように自然現象を神の摂理によって理解しようとするのではなく、あるがままに合理的に解決しようとするようになった。

16世紀になると、キリスト教会による支配体制そのものへの批判が起こるようになる。聖職者たちの腐敗を批判したルターは、信仰は聖書の教えに戻るべきであり、「神の前に万人は平等」であるとした。カルヴァンは、より徹底した聖書中心主義を唱え、神の絶対的権威を前提として、人々の救済は神によってあらかじめ定められている（予定説）とした。予定説では、神に救済されるのは神に絶対服従した者のみだとしたため、神が与えた職業を天命として務めること、つまり勤労することはけっして卑しいものではないとして正当化された。ルターもカルヴァンもともに、教会権力を批判し、神と個人との契約を明示しようとした。これは後の社会契約のモデルともなった。ルネサンスと宗教改革を経ることで、合理的・論理的思考、科学的思考を重視し、個人を宗教権力から解放することになった。

15世紀以降、本格的に展開された「大航海」あるいは地理上の発見は、ヨーロッパ世界をさらに変容させていく。アフリカやアジアへの交易路を開拓しようとして始まる大航海は世界を一体化させ、ヨーロッパの産業を刺激して18世紀以降の産業革命へつながることになった。また、大航海を担い経済活動を活発化させ、一定の財産と教養をもつことになった商人たちは、理性的かつ合理的な行動を行う中産階級として政治的にも台頭していった。中産階級が、より大きな支配領域をもつ国王に権力が集中することを求め、絶対王政が成立することになった。

人権の内容

	自由権的人権	社会権的人権
具体的内容	自由、解放	平等、結果の平等
政府への要求	不作為	作為
予算	不必要	必要
期待される国家観	夜警国家	福祉国家

強大化した国王は、人々に対してより多くの税を課すようになった。重税を課せられ不満を強めた農民や労働者たち、そして中産階級も国王専制による恣意的な課税を阻止するため、国王権力を制約することを目的とした政治主張を行うようになった。1688年の名誉革命（イギリス）、1789年のフランス革命、アメリカ独立戦争（1775～83年）などである。これらの市民革命などを経て、それまでの身分制社会の中で特権を認められていた特権階級だけでなく、中産階級にも権利が認められるようになった。

国家が経済活動の自由や信教の自由など国民の生活に介入せず、作為をなさないこと（不作為）を求める「自由」を認めた権利を自由権的人権という。国家の機能としては、徴税や治安維持など最小限とする「夜警国家」が理想とされた。

国民生活への国家の介入をできるかぎり排除しようとすると、市場は自由競争の場となった。市場では、弱肉強食の生存競争が行われ、強いものはより強く、弱いものはより弱くなり、不平等は拡大していった。貧富の格差が広がり、生存すら脅かされる人々が大量に生じるようになった。

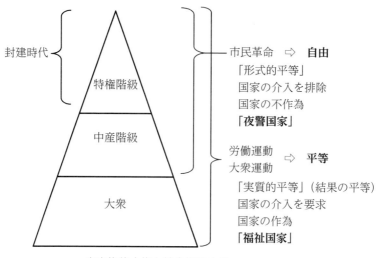

自由権的人権と社会権的人権

　産業革命の進展によって、労働形態も従来の家内制手工業から工場制機械工業へと変容していた。労働者は、工場や機械などを所有する資本家に雇用され、工場で働くようになる。生産が機械化されたことで、熟練した技術が必要なくなり、賃金の安い女性や子供なども雇われるようになり、使い捨てできる労働力として酷使されるようになった。また工場の立地する都市部では、人口が急速に増加したためにインフラ整備が追いつかず、上下水道の整備も不十分なまま、不衛生な環境が深刻化し、伝染病が流行して貧困や犯罪が蔓延するようになった。

　労働者や大衆は、生存すら脅かされるこうした状況を改善するため、自らの権利を認めさせ、生存を守るための運動を行うようになった。労働運動や大衆運動といわれるもので、1830年代後半から始まるイギリスのチャーチスト運動などはその一例である。特権階級、中産階級に続き、労働者や農民などを含む「大衆」階級にまで権利の主体を拡大させることになった。国家に国民生活への介入を要求し、国家に労働者や農民など、社会の不平等に苦しむ人々に対して何らかの措置をとること（作為）を要求するようになったのである。不平等な社会において、人々の生存を守り、平等を実現しようとするこれらの権利を社会権的人権という。

　この人権を実現するためには、国家の作為を求めるための予算が必要で、具体的には労働者の権利を法律で定め、その実現をはかるために官庁を設置したり、貧困改善のために生活保護費を支出したり、国民の教育水準を高めるため教育費を支出したりするなど、多様な状況に対応することが求められる。こうした役割を期待される国家の形態を福祉国家という。

26　2　国際的な人権保障体制の整備

　自由と平等の実現を求める人権概念は、それぞれの国の状況に応じて、国ごとにその具体的な内容や成立時期は異なるものの、自由権的人権は18～19世紀に、平等権的人権は19～20世紀に、ヨーロッパ世界において成立したといえよう。この人権概念は、権利を享受する「人間」の範囲を拡大することで、ヨーロッパからアフリカ、アジアへと拡大していくことになる。

　20世紀になってもまだ、人権の享有主体はヨーロッパの白人だけだと考えられていた。アフリカやアジアの非ヨーロッパ世界の人々は、キリスト教文明の恩恵を受けることのできない「野蛮人」であり、人権の享有主体になることのできない三級市民だと考えられていた。

　このような人種差別的な考え方に対して、アフリカやアジアの人々は「民族自決権」を掲げ、抵抗していく。第一次世界大戦時、米国のウィルソン大統領による14カ条の平和原則（1918年）で民族自決が唱えられたものの、ベルサイユ講和会議ではヨーロッパ以外の地域の自決権が認められることはなかった。戦争に協力した植民地の人々の落胆は大きく、民族自決を求める民族運動が世界各地で展開されていくことになった。第二次世界大戦時、大西洋憲章を取り交わした米国とイギリスの両首脳は、アフリカやアジアの植民地における民族自決権を認めざるをえなくなった。また戦後、戦争で疲弊したイギリスやフランスに、もはや植民地を維持する力は残されておらず、アジア、アフリカの植民地は独立を達成していくことになった。人権の享有主体としてアフリカやアジアの国民が認められるようになったのである。

　第二次世界大戦後に設立された国際連合は、人権の国際的保障体制をつくり出してきた。国連憲章第1条3項で、「人種、性、言語または宗教による差別なくすべての者のために人権および基本的自由を尊重するように助長奨励することについて、国際協力を達成すること」が、国連の目的の一つとされているためである。人権を国際的に保障するための基礎として1948年、国連総会において世界人権宣言が採択され、人権および自由を尊重し確保するために「すべての人民とすべての国とが達成すべき共通の基準」が宣言され明示された。ここに明示された人権を国際法的に保障し、法的拘束力をもたせるために、1966年国際人権規約が採択された（発効は1976年）。国際人権規約は、経済的・社会的・文化的権利に関する国際規約（A規約）と市民的および政治的権利に関する国際規約（B規約）の2つからなる。A規約は社会権的人権に関して規定し、加盟国の人権保障を義務づけつつ漸進的に人権の実現をはかろうとしている。B規約は自由権的人権に関して規定し、加盟国と個人に直接権利を認めている。

　また国連では、人権に関して個別的に条約を採択してきた。1965年には人種差別撤廃条約を採択し、1979年に女性差別撤廃条約、1984年に拷問等禁止条約、

1989年に子供の権利条約、1990年に移民労働者権利条約、2006年に障碍者権利条約、2006年に強制失踪者保護条約などが採択されている。人権保障のための試みは今もなお拡充され続けていて、旧来経済社会理事会の機能委員会として設置されていた人権委員会に代わって、2006年に人権理事会が総会によって設立された。人権理事会は、定期的に加盟国の人権記録を審査するレビューを行っている。人権理事会の事務機能を担っているのが、人権高等弁務官事務所（OHCHR）である。

3 人権問題

以下に、現代のグローバル社会における人権問題を具体的に取り上げる。

(1) 人種差別

国連総会は1963年「あらゆる形態の人種差別撤廃に関する宣言」を採択し、すべての人は基本的に平等であり、人種、皮膚の色もしくは種族的出身に基づく人間間の差別は、世界人権宣言に掲げる人権の侵害であり、国家間および人民間の友好的かつ平和的関係に対しても障害になるとした。1965年、「人種差別撤廃条約」が国連総会で採択された。この条約によって、締約国は人種差別を防止し処罰するために立法、司法、行政、その他の措置をとることが義務づけられた。

こうした動きは、アジア、アフリカの植民地が独立したことや、米国における公民権運動の進展などが影響している。1950年代後半には、米国で黒人差別に対する抵抗運動が起こり始めた。1955年のローザ・パークス逮捕事件（公営バスの黒人専用席に座っていた黒人女性ローザ・パークスが、席のない白人に席を譲るように言われたことを拒否し、逮捕された事件）とその後に起こったモンゴメリー・バス・ボイコット事件、そして1957年のリトルロック高校事件（異人種融合政策によって入学した黒人生徒の登校を、アーカンソー州知事や白人の父兄や地元住民が阻止しようとした事件。黒人生徒は派遣された合衆国軍に護衛されながら登校した）などである。世論の支持と政治家による支援が広がり、1963年、キング牧師の呼びかけに応じてワシントン大行進が行われた。1964年、公民権法が制定され、米国における人種差別は法律・制度として終わりに向かうことになった。ただ、米国内にはいまだ有色人種に対する人種差別や人種差別的な感情は根強く残っている。

人種差別政策の典型例は、南アフリカで実施されていたアパルトヘイト政策である。南アフリカの国民を白人、カラード、アジア人、アフリカ人の人種に区分し、法律によって人種差別を制度化していた。1966年には国連総会で、国際連合憲章や世界人権宣言とは相容れない「人類に対する犯罪」と断罪され非難された。1994年、南アフリカのアパルトヘイト政策は廃止されたが、アパルトヘイトに象徴される人種差別は、世界中に差別の度合いはさまざまに形を変えいまだ残ってい

る。

(2) 子供の権利

　子供は権利をもつ主体であり、大人と同様にひとりの人間として人権をもつ。そして、子供は成長の過程で特別な保護や配慮が必要であり、それらも子供のもつ権利の一部である。それらを定めているのが、「子供の権利条約」である。1989年に国連総会において採択され、1990年に発効した。日本は1994年に批准している。

　子供の権利条約に規定される子供の権利は大きく4種類にまとめることができる。すべての子供の命が守られる「生きる権利」。もって生まれた能力を十分に伸ばして成長できるよう、医療や教育、生活への支援などを受け、友人と遊んだりする「育つ権利」。暴力や搾取、有害な労働から守られる「守られる権利」。自由に意見を表明したり、団体をつくったりできる「参加する権利」、である。

　ただ、現実の世界では、子供の権利が確実に守られているとはいいがたい。栄養不良や病気のために毎年何百万人の子供が死亡している。戦争、自然災害、エイズ、暴力、搾取、虐待によって死亡している子供の数も数えきれない。子供の権利条約が採択された後、5歳未満の子供の死亡率は低下し、危険な労働を強いられている子供の数も減少したことは事実だが、いまだ多くの課題が残されているといわざるをえない。

(3) マイノリティーの権利

　民族的・宗教的・言語的なマイノリティー（少数者）や先住民の多くは、これまでの人類の歴史の中で、差別や追放の対象とされ、しばしば武力紛争の犠牲者にもなってきた。社会で攻撃されやすく、不利な立場に追いやられることが多いマイノリティーが平等を獲得し、そして迫害から逃れることは、基本的人権の保護を強化することであり、文化的多様性を受け入れることでもある。

　マイノリティーの権利は、第二次世界大戦時のユダヤ人大量虐殺（ジェノサイド）を契機に、その必要性が広くに認識されるようになった。1948年、ジェノサイド条約（集団殺害罪の防止および処罰に関する条約）が国連総会で採択され（1951年発効）、その後、マイノリティーの人権擁護は、国際人権規約B規約第27条や、国連で採択されるさまざまな人権にかかわる国際法の原則の中で規定されている。国連総会は1992年に「民族的または種族的・宗教的および言語的少数者に属する者の権利に関する宣言」を採択した。

　現代社会にとって、民主主義は重要な基本原理となっている。そのため、意思決定には多数決の原理が用いられ、多数者の意見が尊重され少数者の意見は無視される傾向がある。たんに無視されるだけにとどまらず、多数者によって権利を奪われ経済的搾取の対象となることも多い。

　マイノリティーとともに先住民族もまた政策決定プロセスから除外され、不利な

立場に置かれ続けてきた。世界に暮らす5000もの先住民族は、ぎりぎりの生活を強いられ搾取され、社会に強制的に同化させられてきた。自らの権利を主張すると弾圧、拷問、殺害の対象とされ、なかには迫害を恐れて難民となり、または自己のアイデンティティーを隠し、言語や伝統的な生活様式を捨てなければならない事態に陥っていた。

2007年、国連総会は「先住民族の権利に関する宣言」を採択し、文化、アイデンティティー、言語、雇用、健康、教育に対する権利を含め、先住民族の個人および集団の権利を規定した。ただ、現実には依然として、マイノリティーや先住民族の権利が保障されているとはいいがたい状況が残っている。

(4) 労働と人権

現在の労働者をめぐる環境は、IT革命などの技術革新と世界市場の自由化によって非常に厳しい状況になっている。現代の市場は、加速化する技術革新と構造変化に適応できる高度に専門化された労働者とそうではない労働者との間の格差を顕在化させ拡大している。同時に、世界市場の自由化は、競争をいっそう激化させ、企業に生産コストの減少を強い、労働賃金を下方向に押し下げる圧力を強めている。その結果、労働者の間の格差は拡大し、強制労働や児童労働などの問題を発生させてしまっている。

労働者の人権を保護する国際的な枠組みは、国際労働機関（ILO）と国際人権にかかわる宣言や条約をその中核としている。ILOは1919年に創設され、世界中の働く人々のための労働条件を改善することを目的としている。1947年には国連の専門機関となった。

ILOの任務は、①基本的人権を増進し、労働条件・生活条件を改善し、雇用機会を増大させるために政策および計画を策定すること、②これらの分野における国際基準（条約および勧告）を確立し、その国内的な実施を監視すること、③各国がこれらの政策を実効的に実施するのを支援するために広範な技術協力計画を実行すること、である。

現在もなお世界では、債務労働や強制労働が行われている。搾取的または危険な条件で働く子供も、世界中で1000万人にのぼるともいわれている。売春、人身取引、ポルノグラフィーによって商業的価値を搾取されている子供もいる。日本国内においても、過労死、過労自殺、長時間労働や不規則勤務、過度なノルマやリストラ不安などによる精神的負担、職場におけるハラスメント（いじめ）などが問題視されている。

ILOは1999年、働きがいのある人間らしい仕事、つまりディーセント・ワーク（decent work）の実現をILOの主目標と位置づけ、2008年にはディーセント・ワーク実現のための4つの戦略目標を掲げた。すなわち、①仕事の創出（必要な技能を身につけ、働いて生計が立てられるように国や企業が仕事をつくり出すこと

を支援)、②社会的保護の拡充(安全で健康的に働ける職場を確保し、生産性も向上するような環境の整備。社会保障の充実)、③社会対話の推進(職場での問題や紛争を平和的に解決できるように、政・労・使の話し合いの促進)、④仕事における権利の保障(不利な立場に置かれて働く人々をなくすため、労働者の権利の保障、尊重)、の4つである。

世界中の人々は、ディーセント・ワークの欠如に直面している。グローバル社会における安定、平和、発展を確保するためにも、国際的な規模で社会的な基準や人権を増進することが重要になっている。

26　4　グローバル企業と人権保護

現代のグローバル社会で人々は、政治的・経済的・社会的・文化的なさまざまな分野で多様かつ多元的な交流をしている。多様な価値観が共存する社会となっており、単一の価値観にのみに依拠して行動すれば、予期しない問題に直面することにもなりかねない。

1998年のナイキ社に対する不買運動は、そのような社会状況の変容を象徴するものであった。社会の多様化と多元化とともに、企業の活動に対する監視の目も広がり、強化されているのである。企業が人権侵害をすれば、その企業が倒産してしまうことすら杞憂ではなくなっている。

企業も、人権に関する基準に対応しようとしている。国際的な取引をスムーズに行うために、製品やサービスに関して「世界中で同じ品質、同じレベルのものを提供する」ための国際的な基準が制定されている。この国際的基準を制定しているのが、スイスに本部を置く国際標準化機構(ISO)である。ISOは、製品そのものの規格だけでなく、組織の品質活動や環境活動を管理するためのしくみ(マネジメントシステム)についてもISO規格を制定している。ISO26000は、ISOが2010年に発行した国際規格であるが、要求事項を示した認証規格ではなく、ISOが組織の社会的責任に関して制定した手引き(ガイダンス)規格である。ISO26000によれば組織は、組織統治、人権、労働慣行、環境、公正な事業慣行、消費者に関する課題、コミュニティー参画および発展の7つの社会的責任に関する中核主題に対応する必要があるとしている。そして、これらの主題に対応して社会的責任を果たすためには、説明責任、透明性、倫理的な行動、ステークホルダー(企業に利害関係をもつ人や組織のこと)の利害の尊重、法の支配の尊重、国際行動規範の尊重、人権の尊重、の7つ原則が必要だとしている。ISO26000でも、人権はすべての人間に与えられた基本的権利であるとし、すべての人が性別・年齢・人種・出身地・障碍の有無や身体的特徴などによって差別を受けない社会をつくるためには、個々人の意識とともに、各組織が組織の活動に関係する社内外の人々の人権を尊重し、直接的・間接的に人権を侵害することがないよう配慮していくことが重要であると

している。

　グローバル社会は、統合された経済の中で、活躍できる教育、技能、機動力などをもっている人々とそうでない人々の間に大きな格差を生じさせている。同時に、激化する競争に勝ち残るため、賃金にも労働条件にも下方圧力が強く働いている。そのため、強制労働や児童労働など多くの問題を発生させてしまう経済環境が醸成されていることも事実である。性別や出身地、宗教、感染症などによる差別がいまなお残り、深刻な問題も発生している。また、海外に進出した企業では、進出国の法整備や法令順守が十分に行われていないことなどから、児童労働など労働における基本的権利を侵害することもありえる。

　人権を保護するためには、差別のない雇用を実施し、不当な労働条件下での労働や児童労働を禁止し、社内外での人権教育を実施する必要がある。また、人権相談の窓口を設置して早期に問題解決をはかる仕組みをつくり、障碍者や高齢者などの社会的弱者の雇用を促進することも求められるであろう。

　グローバル社会では、人権に関する認識は、企業や個人を評価するうえでの重要な指標になっている。人権を尊重できない企業や個人は、信用を失ってしまうことになる。

COLUMN
コラム……24
読み上げツールは視覚障碍者のためのもの？

　全盲の友人たちが使用する PC は、キーを押すとキーに対応する音が出る。読み上げツールが開発され利用できるようになったおかげで、全盲の人たちも PC を使うことができている。

　IBM がかつて読み上げツールを開発したとき、開発プロジェクトの中心に視覚障碍者がいた。現在、国連障碍者の権利に関する委員会の委員を務める全盲の研究者石川准さんも、読み上げツールの開発に長年関わっている。読み上げツールは、視覚障碍者の要求を受けて誕生したものである。

　肢体不自由者に読み上げツールを愛用している人は多い。本のページをめくったり、姿勢を保ったりするのがたいへんだという人たちにとって、読み上げツールは重要な情報アクセスの手段になっている。

　その読み上げツールが、携帯電話にも搭載されるようになった。携帯電話の小さな画面では表示文字が読みづらいという高齢者の訴えに、表示文字を大きくする機能と読み上げ機能を付けたのだろう。視覚障碍者だけでなく高齢者も対象とするようになったようだ。

　大多数の人が読み書きできる日本にいるとピンとこないかもしれないが、読むことのできない人たちにとって、読み書きツールによって文章を読むことは、大きな可能性を開くものなのだ。

　2010 年にアフリカの出版社が、携帯電話普及の状況と可能性に関するレポート集『SNS Rising』を出した。そこに耳から学ぶ仕組みづくりの可能性を論じた論考が掲載されていた。情報を得たい人が電話をかけると、自動応答装置が応答して、得たい情報にたどりつくという仕組みだった。その解説を読んで、日本企業の多くが採用している自動応答システムを活用できるのではないか、と思ったことを覚えている。

　欧米や日本では、必要を感じた視覚障碍者が自ら技術を身につけて読み上げツールを開発してきた。それが最初の一歩であった。しかし、技術をもたない者にとって、読み上げツールがある、技術的にそれが可能だという事実すら、知ることは難しい。支援者の役割がそこにある。支援者がツールを紹介し、また前述のような自動応答システムに必要な情報を収録して利用できるようにして初めて、最初の一歩が踏み出されることになる。

　技術は、開発者が予想しなかったようなさまざまな場面で、また予想とは違った利用者によって利用されることがありえる。

（アフリカ日本協議会　斉藤龍一郎）

27 ジェンダーと企業

近年、企業に対してダイバーシティに関する取り組みが求められるようになっている。ダイバーシティ（diversity）とは、「多様性」を意味する語であるが、近年はジェンダー、人種、国籍、年齢、宗教、学歴や職歴といった従業員一人一人の違いを受け入れ、各人が組織の一員として力を発揮できるようにする姿勢を指すものとして用いられる。ダイバーシティの取り組みにおいて重視されるものに、ジェンダー、より具体的にいうならば、男女共同参画がある。政府も数値目標を設定したうえで女性登用の促進に取り組んでいる[1]。しかし現状では、女性が多様な働き方をして活躍できる社会、いわゆる「女性が輝く社会」が実現できているとはいいがたい。

日本で男女共同参画が実現できていないということは、世界経済フォーラム[2]が発表する『世界ジェンダー・ギャップレポート』（The Global Gender Gap Report）のジェンダー・ギャップ指数にうかがえる。ジェンダー・ギャップ指数とは、経済、教育、健康、政治参画の4分野のデータから算出されるもので、0が完全不平等、1が完全平等を表している。2017年のレポートで日本は、健康の項目では調査対象144カ国中第1位を獲得し、教育も平均値を上回ったが、経済と政治参画の評価はきわめて低いものであった。その結果、日本は前年より3つ順位を落とし、過去最低の114位という結果になった。

本章では、まずジェンダーについて概説し、企業におけるジェンダーをめぐる問題として賃金格差と性別職務分離、セクシュアル・ハラスメントについて考える。

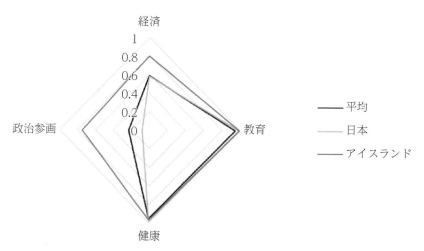

ジェンダー・ギャップ指数（2017年）、各分野の比較

27　1　ジェンダーとは何か

「性」という語を英語で表す際、どの単語が思い浮かぶだろうか。日本語の「性」の概念に相当する語として、「セックス（sex）」、「ジェンダー（gender）」、「セクシュアリティ（sexuality）」の3つがあげられる。ざっくりと定義をしてしまうなら、セックスは性器や染色体などをもとに生物学的に決定される性差、ジェンダーは社会的・文化的につくられる性差、セクシュアリティは性的志向など性に関する心的・肉体的反応の総体ということになるだろう。

ジェンダーはもともと、インド＝ヨーロッパ語族の言語において名詞などの語にある性（男性/女性あるいは男性/中性/女性）を指す文法用語である。しかし、女性解放運動が進展していく中で生物学的決定論では説明しきれない性差があることが認識されるようになり、それを表すものとしてこの語が用いられることになった。

「男」あるいは「女」として生物学的に決定されているとされる性差のセックスに対し、ジェンダーとは、儀礼や慣習、あるいは社会関係において「男らしさ」や「女らしさ」として学習されていくもの、すなわち、社会的・文化的に構築される性差、あるいは、「男」か「女」のどちらかのカテゴリーに私たちを割り振ろうとする力といえる[3]。

表1　ジェンダー・ギャップ指数（2017年）の順位

順位	国名	値
1	アイスランド	0.878
2	ノルウェー	0.830
3	フィンランド	0.823
4	ルワンダ	0.822
5	スウェーデン	0.816
6	ニカラグア	0.814
7	スロベニア	0.805
8	アイルランド	0.794
9	ニュージーランド	0.791
10	フィリピン	0.790
11	フランス	0.778
12	ドイツ	0.778
15	イギリス	0.770
16	カナダ	0.770
49	米国	0.718
53	モンゴル	0.713
65	シンガポール	0.702
69	ベトナム	0.698
75	タイ	0.694
82	イタリア	0.692
83	ミャンマー	0.691
84	インドネシア	0.691
99	カンボジア	0.676
100	中国	0.674
104	マレーシア	0.670
108	インド	0.669
114	日本	0.657
118	韓国	0.650

ジェンダーは、単に「男」と「女」という違いを表しているわけではない。「男らしさ」と「女らしさ」の特性を思い浮かべてみてほしい。たとえば、「男らしさ」としては「論理的」、「女らしさ」としては「感情的」といった特性があげられるだろうが、「論理的」の方が「感情的」であるよりも優れているととらえられがちである。この場合「男らしさ」と「女らしさ」は対等な関係にはない。ジェンダーと

2 賃金格差と性別職務分離

企業におけるジェンダーをめぐる問題の一つに男女間の賃金格差がある。世界的な傾向ではあるが、男性の方が女性よりも給料が高い（表2）。男性フルタイム労働者を100とした際の日本の女性の賃金は、2015年に72.2だったものが2016年には73.0となり、改善しているようにみえる。しかしこれは、非正規雇用の

表2　男女の賃金格差（2015年）

	賃金格差（男性＝100）
日本	72.2
米国	81.1
イギリス	82.3
ドイツ	81.3
フランス（2014年）	84.5
スウェーデン	88.0
韓国	67.6

拡大などにより男性賃金の平均が下がってきた結果であり、女性の賃金体系が改善されたことによるものとはいえない。

男女の賃金格差が生まれる原因として指摘されるのは、勤続年数と職階の違いである。まず勤続年数の違いに関しては、かつて女性従業員は、若年退職制度により結婚や25歳を迎えるのを機に退職しなければならなかったり、定年差別により男性よりも早く定年退職をすることになっていた。しかし、男女雇用機会均等法の成立により、このような差別的制度は撤廃され、女性従業員も男性と同じ定年までフルタイムで働くことは可能になっている。ただし、育児や介護のために女性が長時間労働できない、あるいは、休業や退職を余儀なくされるという状況は続いている。

次に職階の違い、すなわち、管理職に占める女性の比率が少ないという点に関しては、性別職務分離といった慣行が影響していると考えられる。これは、職業や職務にジェンダーに基づく偏りがみられる状況のことである。たとえば日本企業においては、改正雇用機会均等法（2006年）以降にコース別人事採用制度が編み出され、幹部候補の総合職と補助的業務を担う一般職に分けて採用が行われるようになった。概して総合職の多くは男性、一般職は女性であることから、総合職と一般職という区別も性別職務分離の一例といえる。この仕組みのもとでは、女性の担当する職務の評価が男性よりも低く設定されているため、女性の昇給・昇進の機会は低くなってしまうのである。男性と同じ職務を担当することができた女性でも、「ガラスの天井」と呼ばれる少数者に対する差別により昇格を阻まれるという状況もある。

3 セクシュアル・ハラスメント

　ハラスメントもまた、企業において起こるジェンダーをめぐる問題である。近年では、妊娠・出産が業務に支障をきたすとして女性従業員に対する「マタニティ・ハラスメント（マタハラ）」、育児のために休業や短時間勤務をしようとする男性従業員に対する「パタニティ・ハラスメント（パタハラ）」も問題となっているが、本節では「セクシュアル・ハラスメント（セクハラ）」を取り上げる。

　セクシュアル・ハラスメントとは性的嫌がらせと訳されるもので、日本では1980年代半ばから用いられるようになった。1989年に国内初のセクハラ民事訴訟が広く報じられたことから、この語は世間に拡散していった。1989年には新語・流行語大賞を受賞をしたりもしたが、一時の流行で終わることはなく、職場内での性に関する言動に対して感じられていた違和感を表すものとして浸透していくことになった。

　セクシュアル・ハラスメントは、改正男女雇用機会均等法（1999年）では雇用主の管理責任として「職場において行われる性的な言動に対するその雇用する労働者の対応により当該労働者がその労働条件につき不利益を受け、又は当該性的な言動により当該労働者の就業環境が害されること」（第11条）と規定され、一般的には対価型と環境型の2つに大別される。

　対価型のセクシュアル・ハラスメントとは、上司や取引先が昇格や契約などの利益をほのめかして性的な要求に応えさせようとしたり、性的な要求を拒んだ者に対して解雇や契約破棄などの不利益を与えることを指す。

　環境型セクシュアル・ハラスメントは、容姿、性的経験、結婚などについてしつこく聞く、「男（女）のくせに……」とジェンダー・ステレオタイプに基づいて叱責や非難をする、職場にヌードなどの性的な表現を含むものを陳列する、体に触るといった言動で従業員に苦痛を与え、職場での能力発揮を阻害するものである。

　セクシュアル・ハラスメントというと、男性の上司・取引先から女性の部下・営業担当者に対して行われるものとイメージされがちだが、女性から男性に行われることも、同性間で行われることも、学生から教師に対するもののように立場が下の者が上の者に対して行うものもある。ハラスメント全般にいえることではあるが、セクシュアル・ハラスメントに関して重要な点は、加害者に不利益を与える意図がなくとも被害者が不快・苦痛と感じたらハラスメントになるということである。

　ハラスメントが認定されるには第三者が納得できるだけの理由がなければならず、何でもかんでもハラスメントになるわけではない。しかし、職場はもはや男性だけのものではなく、女性、性的少数者（レズビアン、ゲイ、バイセクシュアル、トランスジェンダーなどの人々）、外国人もともに働く場となっている。自分にとっては「当たり前」と思われる言動により相手を傷つけてしまうこともあると肝に銘じ、同僚の属する文化に配慮をしながらハラスメントの起こらない職場をつくって

いくことが必要である。

4 ワークライフ・バランスのために

　年金等の社会保障制度をめぐる議論において、モデル家族というものが用いられる。日本の場合、このモデルはサラリーマンの夫、専業主婦の妻、子供という核家族で、このモデルは「男は仕事、女は家庭」というジェンダー観に基づく日本人の働き方を反映している。しかし現在では、このモデルは崩れつつある。育児をはじめとする家庭生活への積極的な関与を望む男性が現れているし、結婚や出産をした後もフルタイムで働く女性も増加している。

　ところが、従業員の変化に企業や社会が追いついていないのが現状で、育児のための休業や勤務形態の変更を希望してもかなえられず、ひどい場合にはハラスメント被害に遭う男性、家庭や家族のためにキャリアを断念せざるをえない女性や、フルタイムで働きながら専業主婦と同等の家事労働を強いられる女性の例は少なくない。

　このような状況を改善するために求められるのは、ワークライフ・バランスの実現である。仕事と私生活をバランスよく充実させるには、男女双方の働き方について旧来のジェンダー観にとらわれずに見直しを行うことが求められる。

---

1) 第四次男女共同参画基本計画において、民間企業の役職に占める女性の比率として係長で25％、課長で15％、部長で10％程度を2020年までに実現することとした。2017年6月の発表によると、現状では係長が18.6％、課長が10.3％、部長が6.6％である（データは2016年のものである）。
2) 世界経済フォーラム（World Economic Forum）とは、大手企業などで組織される非営利団体で、経済界が世界の問題に広く目を向け、それに取り組むことを促すことを目的とした年次総会（ダボス会議）を毎年1月にスイスのダボスで開催している。
3) 科学的知識も言語により構築され認識可能なものとなるもの、つまり、社会的・文化的側面をもつものであることから、科学的知見に基づくとされるセックスもまたジェンダーであるという議論もある。

COLUMN
コラム……25
イスラムとジェンダー

　アフガニスタン東部に位置するジャララバードという街を訪れた際、現地の友人（男性）の家に、同僚の日本人男性とともに招待されました。到着するやいなや、同僚と私はそれぞれ別の部屋に案内されました。同僚は友人やその兄弟などが集まる入口付近の客間にとどまり、私は奥の部屋に通され、色鮮やかな衣装に身を包んだ女性の家族に迎えられました。こうして家の中に入り女性たちと交流できるのは、女性である私だけです。同僚は彼女たちに直接会うことはおろか写真を見ることもほとんどできません。

　イスラム教が国教であるアフガニスタンの南部や、私が訪れた東部地方ではとくにパシュトゥーン人と呼ばれる民族が多数を占め、多くの人々が伝統的な慣習に則って生活しています。これらの地域では、女性は親族以外の男性に顔や姿を見せないように、外出時は目の部分以外を覆い隠すマントのようなブルカや、ヒジャーブと呼ばれる長い衣で全身をまとうことが一般的です。必要以上に男女が顔を合わせることはあまりなく、親しい友人どうしでもお互いの妻を紹介し合うといったことはまずありません。

　イスラム教の経典であるクルアーンには「女性は男性を誘惑しないように美しい部分を隠すべき」という趣旨の教えがありますが、必ずしも全身を隠すことを強制するものではなく、人によって解釈はさまざまです。抑圧的という意見もありますが、逆にヒジャーブ着用によって女性が男性との適正な距離を保ち公的な場でも活躍できるという考え方もあり、ブルカやヒジャーブは女性の人権侵害だとする一面的な批判には注意が必要です。

　とはいえ、伝統的なアフガニスタンの社会ではとくに農村部において男性が稼ぎ手となって家族を養うという考えが根強いため、女性が外で働くことには抵抗が大きく、学校に通わせることにさえ消極的であるのも現状です。農村部では女性の教員不足が著しく、それが原因で女子中高生が学校に通えず、女性教員が育たないという課題がみられます。冒頭で述べた友人の家族の若い女性は、「私は幸運にも高等教育を受けられたので、将来は学校の先生になってより多くの女性たちが学べる環境づくりに貢献したい」と夢を語ってくれました。

　イスラムは決して女性の教育を否定するものではない、というのが大多数のイスラム教徒の意見です。その文化的背景を考慮しつつも、男女ともに社会参加できる世界をめざしたいものです。

　　　（日本国際ボランティアセンター・アフガニスタン事業担当　加藤真希）

28 科学技術と戦争

　社会は、科学技術の進歩によって変化し、変化した社会に再度、新たな科学技術の進歩が起こることを繰り返してきた。新しい科学技術の発見、技術革新、技術開発は、社会の組織や人間関係、文化的価値と深く結びつき、われわれの生活を豊かにそして安全にしてきた。しかし、それとは逆にわれわれの生活を困難にし、かつ危険な状況に陥らせてしまうこともあった。

　科学技術が、かならずしも期待したとおりの成果を社会にもたらすとは限らない。科学技術に関わる者にとって、自らが開発・発明した科学技術が、どのような影響を社会に及ぼすのか、つねに考慮し考えていく必要があるだろう。ここでは、科学技術の進展と戦争との関わりに焦点を当て、科学者や技術者の倫理について考えてみる。

28 1 科学技術の進展とわれわれの生活

　18世紀後半から19世紀にかけて、イギリスでは第一次産業革命が起こった。蒸気機関などの技術革新にともなって、産業上の変革、つまり手工業生産から工場制生産への変革が起こり、経済的・社会的構造なども変容していった。産業革命では、紡績・織物産業における飛び杼（wheeled shuttle。織りにかかる時間を大幅に短縮）や紡績機の発明、紡績・織物産業で使う石炭を掘り出す際に鉱山で使用する蒸気機関に関わる開発、石炭を使った画期的な製鉄法の発明、そしてそれらを運搬する蒸気機関車の発明などが注目される。生産活動の機械化と動力革命とが起こり、産業構造を大きく変えることになったからである。生産量が増大したため、経済規模も拡大し、ヨーロッパ諸国がアフリカやアジアへ進出していくための原動力にもなった。

　それらとともに、人間の生存に欠かせない技術、とくに公衆衛生に関する重要な技術革新も行われていた。イギリスでは、土木工事によって上・下水施設を建設して衛生環境を整え、同時に、分娩看護、居住環境のゆるやかな改善、母親への教育、栄養指導など、さまざま改善策を行うことによって、幼児死亡率を大幅に減少させた。労働者の劣悪な衛生状態を改善し、人々が生きていくために技術が活用されてきた。こうした技術は、その後も改善・開発が進められ、人々の生活は、より豊かにそしてより安全になっていった。

　産業革命以降の科学技術の発明には、戦争と軍事技術に深く関連するものが多くなった。核兵器に関わる原子力発電の技術などはその典型であろう。軍事技術の開発にともなって発明され、それが民生利用されている技術も多くある。

　現代社会に欠かせないコンピュータも、もともとは暗号解読用に開発され、砲弾

の弾道計算などに使われるようになった。インターネットも、1960年代末に米国が開発したパケット通信コンピュータネットワークに起源をもっている。通信を電話回線に頼っていた米軍は、電話中継基地が破壊された場合を想定し、電話に代わる通信手段として複数の場所で同時に情報が共有できるネットワークを整備してきた。それが民生利用されるようになり、現在のインターネットへとつながっていった。インターネット網を構築する材料となる光ファイバーケーブルも、核攻撃された場合に電磁パルスでも破壊されない通信ケーブルとして開発されたものだといわれている。

　日々の生活で使っている電子レンジも、レーダー開発の実験の副産物として発見されたマイクロ波を利用したものである。1940年代半ばにマイクロ波による急速な加熱現象が発見されていたが、家庭に電子レンジとして広まるのは小型化された1960年代以降のことだった。

　意外なところではティッシュペーパーも、軍事技術から生まれたものだ。第一次世界大戦時、脱脂綿の代用品として開発された。吸収力が高いためガスマスクのフィルターとして使用されたが、戦後、メイク落としとして販売され、一般的に使用されるようになった。

　科学技術は、必要に応じて発明され開発され、日常生活の中から発明されるものもあれば、軍事技術の研究の中から生み出されるものもある。

28　2　科学技術と軍事

　軍事技術に関わる技術は、今日、日常生活で一般的に利用されるものも多く、多岐にわたる。ここではまず、人類の存亡にかかわるリスクをもつ核兵器（原子力）を取り上げてみる。

　戦争での戦い方は時代により異なるが、第一次世界大戦では、国民を総動員して強力な武器を使用する戦い方へと変化した。機関銃や毒ガス兵器、戦車や航空機を使った攻撃など、大量殺戮を目的とした兵器が開発された。第二次世界大戦では、さらに強力な兵器が開発され、より多くの人々を殺戮することが可能となった。航空機を使った大規模な都市空襲は、兵士のみならず数多くの民間人をも犠牲にした。1945年、広島と長崎に投下された原子爆弾は、核兵器の時代の到来を象徴するものだった。

　核兵器の開発は、ドイツや日本でも進められていたが、頓挫していた。米国は、マンハッタン計画によって核兵器の開発に成功した。マンハッタン計画は、ドイツが核兵器の開発を進めようとしていることに危惧を抱いていたシラードが、1939年、アインシュタインの署名を得てルーズベルト大統領に信書を送ったことを契機として、策定された。米国は同盟国のイギリスとの間に研究情報を交換しながら、計画を本格的に拡充、強化していった。1942年、グローブス大佐を最高責任者と

するマンハッタン管区（陸軍管轄）という暗号名の部門を設置した。科学研究開発局管轄のシカゴ大学冶金研究所は同年、原子核分裂の連鎖反応実験に成功し、原子爆弾を完成する研究と製造はロスアラモス原子力研究所（1943年設立）で行われることになった。1945年7月、ニューメキシコ州アラモゴードで史上初の原子爆弾の実験に成功した。その後、原子爆弾は広島と長崎に投下され、それぞれ14万人と7万人（1945年末まで）の犠牲者を生み出すことになった。

　マンハッタン計画の実施過程を検証すると、次のような問題を指摘することができる。

　第一は、膨大な費用をかけていることである。原子爆弾の開発と製造にかけた費用は約21億ドル（当時）にのぼる。米国は第二次世界大戦で兵器生産に約120億ドル（当時）を費やし、そのうち爆弾生産には42億ドル（当時）を費やしている。1945年7月の時点で製造されていた4発の原子爆弾の開発に、これだけの巨費が投じられていたのである。

　第二は、技術情報の秘匿である。マンハッタン計画で開発された科学技術は公表されることはなかった。巨額の費用をかけながらも、その技術情報が公開されないことは、軍事技術に共通する課題である。日本において行われた軍事技術に関わる科学技術開発にも、同じようなことがいえる。

　日本でも原子爆弾の開発計画があった。陸軍のニ号研究と海軍のF研究である。陸軍は、理化学研究所の仁科芳雄を中心に原子爆弾の理論的可能性について研究と開発を進めていた。海軍は、京都帝国大学の荒勝文策に研究を依頼した。ともに空襲などのため研究施設が破壊され、継続が困難となり、打ち切られることになったが、これらの研究には当時の原子物理学者がほぼ動員されていた。湯川秀樹もF研究に参加していた。マンハッタン計画と比べるとその規模ははるかに小さいが、当時としては潤沢な予算が配分されながらも、その研究成果は公開されていない。

　また、細菌戦に使用する生物兵器の研究開発を行った関東軍防疫給水部本部、通称、731部隊の研究も、軍事技術に関わる研究開発の事例である。石井四郎陸軍軍医中将を隊長とするこの研究部隊は、生体解剖を含む人体実験や、ペスト菌や炭疽菌などの生物兵器の実戦使用実験を繰り返していたとされる。1945年1月の時点で軍医52名、技師49名、看護婦38名、衛生兵1117名ほか、合計3605名も所属していたが、研究された科学技術の記録は霧散してしまっている。米軍が、戦争犯罪を問わない見返りに持ち帰ったとか、科学者・技師たちが戦後に就いた職でそれらを活用したとか、さまざまなことが言われているものの、研究成果はいっさい公表されていない。

　また、731部隊の研究内容とその研究手法について付言しておきたい。731部隊は、生物兵器の開発を進めていただけでなく、それを実戦で使用しながら研究開発を進めていた。捕虜として捕らえてきた生きたままの人間を、「マルタ」と称して人体実験の被験者とし生体解剖までしていた。それにもかかわらず、研究内容と

研究手法に関して責任はいっさい問われていない。731部隊の研究には重大な倫理違反がなかったといえるのだろうか。

28.3 技術のデュアル・ユース：軍事技術と民生技術

　技術は、民生技術であっても軍事技術に応用・転用することができる。そして、軍事技術も民生用に応用・転用することができる両面性をもっている。つまり、核兵器を製造する技術は、原子力発電を行う技術に応用・転用することができる。生物兵器のための研究成果は、医学や薬学の技術に応用・転用することができる。科学技術と戦争の関係を考えるとき、技術そのものに問題があるのではなく、技術をどのような目的でどのように使用したのかが問題だとされるのは、そのためである。

　日本でこの問題を考えるとき、重要な指針のひとつとされているものが、日本学術会議が1950年と1967年に出した2つの声明である。日本学術会議は1949年に創設され、その直後の1950年、「戦争を目的とする科学の研究は絶対にこれを行わない」旨の声明（1950年声明）を出した。第二次世界大戦では、科学者コミュニティーが無批判に戦争協力したことに対する反省と、再び同じような事態が生じることへの深い懸念を表明したものである。1967年には1950年声明と同じ文言を含む「軍事目的のための科学研究を行わない声明」（1967年声明）が出された。

　日本学術会議は2017年に、1950年声明と1967年声明を継承するとしたうえで、「軍事的安全保障研究に関する声明」を出した。その中で、「科学者コミュニティーが追求すべきは、何よりも学術の健全な発展であり、それを通じて社会からの負託に応えることである」とし、研究の自主性と自立性、そして研究成果の公開性が担保される必要性を強調し、軍事技術の開発に関与することへの懸念を強く表明している。

28.4 科学者たちの反省

　科学者や技術者が倫理的にこのような問題を判断するために、過去の偉大な科学者たちが、どのように対処してきたのかを参考にしてみたい。ここでは、アルフレッド・ノーベル、アルベルト・アインシュタイン、そしてミハイル・カラシニコフの3人を取り上げる。

① アルフレッド・ノーベル

　アルフレッド・ノーベルは、スウェーデンの科学者であり、発明家でもあり、実業家でもあった。彼は、355もの特許を取得している。そのなかでもダイナマイトの発明は、彼に巨万の富をもたらした。

　ノーベルは、不安定で危険な液体であるニトログリセリンを安定的に爆発させる方法を発明した。ニトログリセリンと雷管をセットにした油状爆薬は、各地で爆発

事故を起こしていたので、安全性を向上させるため、ニトログリセリンを珪藻土にしみこませて安定したダイナマイトを発明した。爆発力を高めたゼラチンダイナマイトや、兵器用として需要の高まった無煙火薬などを開発したノーベルは、巨万の富を手に入れ、ヨーロッパ有数の富豪になった。

彼は、ニトログリセリンを安定させたダイナマイトを発明したことで、戦争を終わらせることができると考えていた。ところが、ダイナマイトは兵器として定着し、彼には死の商人のレッテルが貼られるようになった。彼は1895年、発明によって手にした財産の大半を基金とする賞を設立するよう遺言を残した。それがノーベル賞である。

ノーベルの遺言に従って、ノーベル賞は、物理学、化学、生理学・医学、文学、平和、経済の分野で顕著な功績を残した人物や団体に贈られる。ノーベルがノーベル賞を創設したのは、「死の商人」という彼に対する世間の評価を気にしたためだといわれている。

② **アルベルト・アインシュタイン**

アルベルト・アインシュタインは、特殊相対性理論および一般相対性理論など物理学の分野で顕著な業績を残した物理学者である。1921年にはノーベル物理学賞を受賞している。

1939年、シラードに要請され、ルーズベルト大統領に原子爆弾の開発に着手するよう提言する手紙に署名した。このため、アインシュタインはマンハッタン計画に関与していないにもかかわらず、間接的に、原子爆弾を開発してしまったことを後悔していた。物理学者としてその脅威を理解していたアインシュタインは、トルーマン大統領に原子爆弾の使用を見合わせるように警告していた。

第二次世界大戦後は、核兵器と核戦争の廃絶を訴え、1955年にはバートランド・ラッセルとともに、ラッセル−アインシュタイン宣言を発表した。1954年のビキニ環礁での水爆実験など、大量破壊兵器の発達は人類という生物の種を絶滅させる危機であるととらえていたからである。ラッセル−アインシュタイン宣言を具現化するために、1957年にパグウォッシュ会議（核廃絶をめざす科学者国際会議）が開催されることになった。

カナダのパグウォッシュで開催されたパグウォッシュ会議には、10カ国22人の科学者が集まり、原子力の利用の結果起こりうる障害の危険、核兵器の管理、科学者の社会的な責任について討議が重ねられた。日本からは、湯川秀樹、朝永振一郎、小川岩雄の3名が参加した。1995年、広島市で開催されたパグウォッシュ会議は、創設者のひとりロートブラットとともにノーベル平和賞を受賞した。

③ **ミハイル・カラシニコフ**

ミハイル・カラシニコフは、ロシアの銃器設計者である。世界で最も大量に製造され拡散しているアサルトライフル（突撃銃）AK-47の設計者である。

カラシニコフは、21歳の頃にドイツ軍との戦闘で負傷し、自動小銃の開発の必

要性を痛感し、中距離戦の弓矢と接近戦の刀を合わせたような銃を開発しようと志した。機械好きだったため、14歳のころには友人から譲り受けた銃を分解したこともあるという。1943年、ソ連武器アカデミーのメンバーになり、自動小銃開発チームに配属された。自動小銃を開発するときの最大の問題は、薬室の弾詰まりだった。弾が出ない銃はただの棒にすぎず、前線で戦う兵士にとって弾詰まりは致命的な故障である。弾詰まりをいかに防ぐかが、開発のポイントとなっていた。

　カラシニコフは、部品の隙間を大きくとり、できるかぎり少ない部品にし、重いスライドを採用し、短い薬莢とするなどの工夫をして、弾詰まりが起こらず、故障の少ない自動小銃を開発した。彼の開発した自動小銃は、1948年、ソ連軍の正式銃に採用され、AK-47は1949年から量産体制に入った。

　AK-47が実戦で初めて使用されたのは、1956年の第二次中東戦争だった。この時、イスラエル軍は、エジプト軍兵士が使用する小銃に脅威を感じた。自動連射ができ、狙撃も突撃もこなす小銃に、イスラエル軍は多くの犠牲者を出したからである。その後、中東やアジア、アフリカで起こった紛争で、AK-47は使用されてきた。ベトナム戦争末期、アメリカ軍のM16自動小銃に弾詰まりが頻発したため、敵を捕獲して、敵が使用していたAK-47を、アメリカ兵はM16を捨てて使い始めたという。酷暑の砂漠や多雨多湿の熱帯雨林でも、AK-47は故障せず動き続けた。そのため、紛争地では現在もなおAK-47が多く使用され、多くの犠牲者を生み出している。

　カラシニコフは、こうした状況に、「悲しいことだが、それは銃を管理するものの問題だ。私はナチスドイツから母国を守るため、より優れた銃を作ろうとしただけだ」と、答えている。ただ、彼は、2013年12月に死去する前に、ロシア正教会のキリル総主教に懺悔の書簡を送り、自らが開発した自動小銃で多数の人命が奪われたことについて、心の痛みは耐え難いと告白していたという。「私の心痛は耐え難いほどです。胸の痛みもそうです。答えを出すことのできない疑問が頭から離れません。私のライフルが人々の命を奪っているのならば、93歳になる農家の息子、正教の忠実なる信徒である私ミハイル・カラシニコフは、人々の死に責任を負っているだろうか、と。たとえそれが敵であったとしても」と。激しい後悔に襲われ、教会に赦しを請い、教会に赦され、その後、息を引き取ったと伝えられている。

5　科学者に求められる倫理

　科学技術の発明や開発に携わる科学者や技術者は、その科学技術がどのように使用されるかについて責任を負わなければならない。現代の科学技術はとくに、民生用にも軍事用にも利用できるデュアル・ユースの性格をもつようになっている。そのため、科学者や技術者の発明した技術が、意図しない形で利用されることもありうるようになっている。科学技術の発明の意図と利用する目的について、①軍事技

術に転用できる民生技術の開発、②民生技術に転用できる軍事技術の開発、③民生技術に転用できない軍事技術の開発（純粋な軍事技術開発）の、3つの事例に区分して検討してみたい。

　第一の軍事技術に転用できる民生技術の開発は、研究開発業務に携わる科学者や技術者が、大学などの研究機関や企業などで通常の業務として行っていることであろう。前記の科学者の例では、ノーベルやアインシュタインが当てはまる。この事例の多くは、民生利用されるのだろうが、自らが開発に携わった科学技術が、軍事技術に転用され、結果として多くの人命を奪うことになれば、科学者や技術者にとってやりきれない思いを強く残し、自らの倫理観から苦しむことになるのかもしれない。現在、ビッグデータ、3Dプリンター、宇宙開発、遺伝子工学、サイバーセキュリティーなど民生技術が高度化し、軍事技術に転用される可能性も増えているといわれている。科学者や技術者は、重い選択を迫られることになるかもしれない。

　第二の民生技術に転用できる軍事技術の開発は、前記したインターネットや光ファイバーケーブルなどの技術が、民生用へ転用される事例にみられるものだ。軍事技術の開発に携わっていた科学者や技術者も、自らが発明した技術が人類の発展に貢献することを望んでいる。戦前、日本の零戦などの戦闘機の開発に携わった技術者たちが、戦後、日本の経済成長の基礎となる技術開発に貢献したことは、それを象徴するものであろう。しかしその一方で、技術開発の手法に重大な瑕疵（欠陥や違法なこと）がある場合は、その限りではない。前記の731部隊の研究に携わっていた科学者や技術者は、戦後も多くを語ってこなかった。731部隊に所属していた者が残した手記の中には、激しい後悔が記されていることもある。731部隊のみならず、ユダヤ人の大量虐殺に関わったドイツの科学者や技術者、ベトナム戦争時に米軍によって散布された枯葉剤に関わった科学者や技術者など、科学者や技術者の倫理が、時代を経てもなお問われ続けることもありうる。

　第三の民生技術に転用できない軍事技術の開発は、カラシニコフにみられる事例である。開発目的と開発された技術とが一致するため、倫理的責任は問題にならないように思われる。しかし、カラシニコフが亡くなる直前に懺悔したとの事実から、技術の開発に携わる科学者や技術者に、倫理的な後悔を生じさせることもありうる。

　科学者や技術者は、つねに科学技術は何のためにあるのか、だれのためになるのかを問い続け、考え続け、人類の発展に貢献しているのかどうか、確認しながら技術開発を行っていく必要があるのだろう。

終わりに 異文化理解から多文化共生へ
——グローバルエンジニアの使命と責任

　現在日本は、事実上多くの外国人労働者を受け入れているが、かつては多くの移民を海外に送り出してきた。上位３県は、沖縄、熊本、広島である。これらの地域は、海外との長い交流の歴史をもっている地域であった。海外渡航の記憶と経験を受け継ぎ、軽々と海を越えて、海外に活動の場を求めることをいとわない人々が移民であった。知り合いから海外での経験談や自慢話を聞いて、想像を膨らませて、海を渡って行った。

　しかし、今やテレビやインターネットを通じて、茶の間にいながら海外を経験することができる。また個人旅行、家族旅行あるいは修学旅行で、実際に海外を経験する人も多い。こうして異文化に接触し、実際に知る機会も多い。見知らぬところに渡るのではなく、すでに見知っているところに渡るかのようである。

　かつての日系移民は異文化との交流について想像するしかなかったが、今や世界中のどこであろうと、すでに知っている世界であると思ってしまう。グローバル化が進む世界は、異文化の壁はなく、フラットな世界であるかのように思える。私たちは、ニューヨークの街中も、アマゾンの奥地も、中央アジアの砂漠地帯も、なじみ深い場所であるかのように錯覚してしまう。

　他方でグローバル化に逆らい、国境を閉ざし、移民を排除する動きも無視できない。まるで、国境線上に新たな壁を構築しているかのようだ。新しい壁は、国境線上にあるだけではなく、人種や民族、言語、貧富の差などをめぐって新たに構築されているようだ。いずれにしろ、ますます平板になりつつある世界ではなさそうである。グローバルな世界では、さまざまな壁があちらこちらに存在しているのである。

29　1　いくつかの異文化コミュニケーション

　グローバル化する世界がフラットなわけでもなく、かといって、国境線だけが唯一の高い壁なのでもない。もし、世界がフラットになっていて、インターネットやテレビでおなじみの世界で、簡単に見通すことができるのであれば、もはや異文化理解のための努力は必要ではなく、同じ文化の中でのコミュニケーションになるだろう。国境線だけが壁であるならば、国境を越えるときだけコミュニケーションに注意をすればよいことになる。

　しかし、私たちの身の周りには、多くの壁があることに気がつく。自然が神聖なものであり人間は手を触れてはいけないと考えている文化がある。女性は結婚して子育てをするので労働力として役に立たないと考えている文化もある。女性が結婚しても出産しても働き続けるのが当然であると考える文化もある。約束の時間はど

んなことがあっても守るべきであると考える文化がある。家族や親類は助け合うのが当然だと考える文化もある。同性のあいだであっても結婚できるのは当然であると考える文化もある。一度結婚したら離婚してはならないと考える文化もある。私たちは、自分たちの文化と異なる文化に属する人々と話をするときには、文化の違いを前提として話をする必要がある。こうした異文化コミュニケーションの流儀は、海外に行かなくても、日常の生活や仕事の場面でまったく考えの異なる人々と話をしたり、作業をするときに必要となる。

　また、考えや文化が異なる人々と話をすると、他人を理解するだけではなく、自分自身の文化や考えがどのようなものであるかに思い至ることがある。コミュニケーションの過程で、自分と他者の文化や考えの違いに気づき、理解し、さらにそうした違いを前提としてコミュニケーションを進めることになる。

　ある観光業者が美しい山の景色を見いだし、観光開発して周辺地域を発展させることを提案しても、住民が観光化に反対している場合を考えてみよう。観光業者は、その山がいかに魅力的であり、観光客が訪れて地域が豊かになるだろうと説得しても、賛成が得られないかもしれない。住民にとっては、経済的に豊かになることよりも、神聖な山とともに暮らすことのほうが豊かな生活かもしれないのである。観光業者が「豊かな生活」という場合、「経済的に豊かな生活」のことを前提としており、住民が「豊かな生活」という場合、精神的な豊かさのことを前提にしている。観光業者と住民では、豊かな生活がどのようなものであるかという前提、コミュニケーションの前提がそもそも食い違っている。

　住民にとっては、神聖な山とともに暮らす豊かな生活は当たり前のことで、意識すらされていないかもしれない。これは、「豊かな生活」というとき、住民にとってあえて言わないでも当たり前の「暗黙の前提」となっている。私たちは、コミュニケーションするときに、自分たち自身でも意識していない「暗黙の前提」に基づいて話をしていることが少なくない。

　また、海外で仕事をするとき、相手が時間どおりに約束の時間に来ないと怒るとき、ふと立ち止まって考えてみると、私たちのほうが、「時間どおりに来るのが当たり前だ」とする「暗黙の前提」で行動していることに思い至ったりして、ハッとさせられることがある。自分たちがもっている「暗黙の前提」が他の人とは異なるということは、なにも、外国人とのコミュニケーションで気づかされることではなく、私たちの日常のコミュニケーションでもよくある。誰かと話をするときに、話の前提が違っているかもしれないと想定して話をすることは、日常のコミュニケーションにとっても必要なことであるが、とりわけ異文化コミュニケーションの場面では重要なスキルであり態度である。

　異文化コミュニケーションとは、文化が違っているために、コミュニケーションの前提が違っていること、「暗黙の前提」を理解することから始まる。私たちも、話をするときの自分たちの前提を意識していないかもしれないし、相手も自分たち

のコミュニケーションの前提を意識していないかもしれない。私たちの異文化コミュニケーションは、文化的背景、「暗黙の前提」を理解したうえで、異文化理解から始まるのである。

　異文化とコミュニケーションをする場合、異文化を尊重しながら自分の見解をしっかりと主張するか、異文化を尊重して妥協点を探るか、それぞれの文化を尊重しながら第三の解決策を探るか、異文化コミュニケーションの流儀はさまざまである。場合によっては、基本的な価値観が相容れないことがあるかもしれない。いずれにしろ、同質の文化の中でのコミュニケーションと比べて困難なコミュニケーションであるがゆえに、間違いなく課題解決の方向は、幅広く、豊かな結果をもたらすことにつながる。

2　市民との異文化コミュニケーション

　技術者にとっての異文化は、別の国の人々、別の民族だけではない。同じ国の同じ文化に属している市民とのあいだのコミュニケーションも、異文化コミュニケーションである。

　たとえば、原発事故のあと低線量被曝ががん発生の原因となるかどうか、大きな社会的問題となったことがある。科学の論理によれば、低線量被曝ががんを引き起こす、つまり低線量被曝とがんのあいだには因果関係があるかという問題について、はっきりとデータで裏付けられていないので、因果関係があるとは言えないという言い方になる。しかし、放射線被曝を心配する市民の立場に立つと、因果関係がはっきりしないということは、因果関係がないとは言えないという言い方になる。因果関係の科学的説明は、市民の心情に応えることができていないのである。

　また、遺伝子組換え技術を利用した場合、将来的にどのような影響が出るか科学的にはっきりしているわけではない。そこから、遺伝子組換え技術の利用は、危険であるとは言えないというのは、科学的には誠実な主張かもしれないが、将来的に悪影響が出るかもしれない危険性がないとは言えないと危惧する市民の疑問には答えることにはならないだろう。

　科学者どうしでは、科学的な言明としては何ら違和感がないのかもしれず、科学者間のコミュニケーションであれば、十分であろう。しかし、科学者と市民のあいだのコミュニケーションとしては、大きなギャップを抱えたままなのである。これまでは市民に科学的知識が欠けているために、市民が理解できないと考えられていた。「説明が不十分だった」という言い方には、説明したら理解してもらえるはずだという発想がある。市民が、科学的思考ができないから問題なのではなく、市民と科学者のコミュニケーションの観点がそもそも異なることを、科学技術者が理解していないことが問題とされている。

29 3 技術者の使命と責任

　科学技術が発展するにつれて、その恩恵も大きいが、その危険性もまたけっして小さくないことも明らかになっている。公害や環境問題、巨大事故、残虐な戦争など、科学技術が発展したゆえに、問題が大きくなっている。科学技術の発展に関して市民が抱く不安や危惧に対して、素人の非科学的な思考にすぎないと切り捨てるのではなく真摯に対応することは、科学者や技術者の責任でもある。

　技術者が技術開発するときの動機はどこにあるだろうか。技術を一歩でも二歩でも進めることができたときの喜びもあるだろう。また、革新的な技術開発に成功したときの喜びもあるだろう。技術開発はじつに魅力的な作業なのである。

　ドイツのロケット技術者フォン・ブラウンは、のちに米国で、軍事ミサイルの開発からアポロ計画にまで従事して、宇宙に行くという少年時の夢を実現する。しかし、彼は、第二次世界大戦中には、ナチスという悪魔に魂を売ってミサイル開発に従事して、イギリス国民を恐怖に陥れた弾道ミサイルV2ロケット開発に従事していた。ロケット開発技術が、時代の要請に左右される中で、フォン・ブラウンは、悪魔に魂を売ってまでロケット技術開発に魅せられていたのである。第二次世界大戦中に建造された戦艦大和に集積された技術は、戦後民生技術開発に大きく寄与している。しかし、大艦巨砲主義という時代遅れの発想で建造された戦艦大和は、軍事的には失敗を余儀なくされていた。これも技術開発が時代の要請に左右された事例である。

　技術開発は、戦争という社会の要請に左右されることがあるだけではなく、社会のさまざまな要請に対応して行われている。技術開発に従事するとき、それを実現するためには、コスト、安全性、環境配慮などを念頭に置く必要がある。たとえ優れた技術であっても、あまりにコストが大きければ、実現しない。

　しかし、コストや安全性などいくつかの問題を解決できた優れた技術であっても、標準（スタンダード）技術になることができなかったために、普及しなかった技術も少なくない。逆に、DVDのブルーレイ規格などのようにスタンダード規格になったために、世界中に普及した技術も多い。技術をめぐる争いは、世界標準をめぐる争いであるといっても間違いないだろう。

　スタンダード規格をめぐる争いからわかることは、技術自体が優れていることは必要なことではあるが、それだけでは社会に広く受け入れられることにはならないということである。スタンダードな技術になることも、社会に受け入れられるひとつの方法ではある。それを含めて、技術開発にとって何よりも社会に広く受け入れられる技術であることが必要である。したがって、科学技術者は、つねに社会と対話を重ねながら、社会に受け入れられる技術開発に従事することが求められる。まさに、社会とのコミュニケーションがここでも必要なのである。

　グローバルエンジニアにとってコミュニケーションが必要な社会は、国内外で異

文化が重なり合う世界である。異文化コミュニケーションの態度とスキルは、多様性をもつ、異文化があふれているグローバル社会で活躍するグローバルエンジニアにとって、必要にして不可欠なものといえる。

4　グローバル社会の現場にて

　本書では、第1部「グローバル社会のコミュニケーション」においては、グローバルエンジニアにとって必要な異文化コミュニケーションのスキルや態度をどのようにして自分たちのものにできるのか、いくつかの方法を紹介している。異文化コミュニケーションを身につけるためのトレーニング（第3章）、異文化と出会ったときに、私たちはどのように反応し受容するのか（第5章）、異文化コミュニケーションを身体化するためのスキル（第6章）など、さまざまな方法で異文化コミュニケーションを学ぶことができる。

　第2部「異文化の人々とともに」では、ヨーロッパ、北米、東南アジア、東アジア、インド、中東・アフリカなどいくつかの地域についてごく簡単に説明するとともに、工場移転、プラント輸出、インフラ建設など技術者が対応することになるかもしれない仕事の現場も紹介している。世界のすべての地域や、技術者の仕事の現場をすべて取り上げることはできていないが、グローバル化する世界の仕事の現場について、参考にしてもらえるのではないかと思う。第3部「グローバルエンジニアの倫理」では、異文化の中で働く際に、どのような問題に直面するのか、ごく簡単に紹介するとともに、技術者が直面するかもしれない法的責任について簡潔に紹介している。第4部「グローバル社会の課題とゆくえ」では、グローバル社会が抱えているいくつかの課題を紹介している。国際経済システムや国家のゆくえ、地球環境、難民、ジェンダー、宗教問題など、私たちがグローバル社会で行動するとき、かならず直面する問題である。

　技術者がグローバルエンジニアとしてグローバル社会で活躍するために必要なことは何か、輪郭だけは紹介できたのではないかと思う。技術者倫理あるいは異文化コミュニケーションのテキストというよりも、グローバル技術者倫理のテキストとして、大学や高専などで学んでいるグローバルエンジニアを志しているみなさんのお役に立てることを願ってやまない。

参考文献・資料

1　グローバルエンジニアの育成

- 青木保（2003）『多文化世界』岩波新書
- 渥美育子（2013）『「世界で戦える人材」の条件』PHPビジネス新書
- 飯野弘之（2012）『新・技術者になるということ：これからの社会と技術者』雄松堂書店
- ジェシカ・ウィリアムズ（酒井泰介訳）（2005）『世界を見る目が変わる50の事実』草思社
- 加藤恵津子・久木元真吾（2016）『グローバル人材とは誰か：若者の海外経験の意味を問う』青弓社
- マーク・ガーゾン（松本裕訳）（2010）『世界で生きる力：自分を本当にグローバル化する4つのステップ』英治出版
- 佐藤幸男編（2011）『国際政治モノ語り：グローバル政治経済学入門』法律文化社
- 総合研究開発機構編（2006）『グローバル・ガバナンス：「新たな脅威」と国連・アメリカ』日本経済評論社
- 古屋興二編著（2005）『グローバルエンジニア：世界で活躍する技術者になるには』日経BP企画
- エリン・メイヤー（田岡恵監訳・樋口武志訳）（2015）『異文化理解力』英治出版

2　文化の多様性と異文化交流

- 浅野英一（2005）『国際協力・国際交流ハンドブック：基礎から実戦へ』実教出版
- 久米昭元・長谷川典子（2007）『ケースで学ぶ異文化コミュニケーション：誤解・失敗・すれ違い』有斐閣
- 黒田光太郎・戸田山和久・伊勢田哲治（2012）『誇り高い技術者になろう［第2版］』名古屋大学出版会
- ジェトロ編（2001）『知ってて良かった世界のマナー』ジェトロ
- ジェトロ編（2003）『海外のビジネスマナー』ジェトロ
- 日本平和学会編（2011）「グローバルな倫理」『平和研究』第36号、早稲田大学出版部
- 原沢伊都夫（2013）『異文化理解入門』研究社
- 藤垣裕子編（2005）『科学技術社会論の技法』東京大学出版会

3 異文化のトレーニング
- 鎌田修・川口義一・鈴木睦編著（2007）『日本語教授法ワークショップ 増補版』凡人社
- 原沢伊都夫（2013）『異文化理解入門』研究社
- 小坂貴志（2017）『改訂版 理論と実践の両面からわかる異文化コミュニケーションの A to Z』研究社
- 八代京子ほか（2001）『異文化コミュニケーション・ワークブック』三修社

4 相手を尊重するコミュニケーション
- 原沢伊都夫（2013）『異文化理解入門』研究社
- 平木典子編（2005）「アサーション・トレーニングその現代的意味」『現代のエスプリ』至文堂
- 平木典子（2012）『アサーション入門』講談社現代新書
- 三好和壽（2007）「工学・技術マネジメントにおける異文化コミュニケーション」『工学教育』55-1、日本工学教育協会
- 八代京子ほか（2001）『異文化コミュニケーション・ワークブック』三修社

5 異文化への適応と受容
- ジェシカ・ウィリアムズ（酒井泰介訳）（2005）『世界を見る目が変わる50の事実』草思社
- ヘールト・ホフステードほか（岩井紀子・岩井八郎訳）（2013）『多文化世界：違いを学び未来への道を探る［原書第3版］』有斐閣
- エリン・メイヤー（田岡恵監訳・樋口武志訳）（2015）『異文化理解力』英治出版

6 コミュニケーション力の向上
- 北原保雄監修（2014）『国語表現』大修館書店 （とくに、第1部の「5 声とコミュニケーション、レッスン2 リーダーズシアターを開こう」）
- 齋藤孝（2009）『1分で大切なことを伝える技術』PHP新書
- 佐藤友亮（2017）『身体知性：医師が見つけた身体と感情の深いつながり』朝日新聞出版
- 平田オリザ、蓮行（2009）『コミュニケーション力を引き出す：演劇ワークショップのすすめ』PHP新書

8 異文化の人とともに働く① ヨーロッパ
- 遠藤乾（2016）『欧州複合危機：苦悶するEU、揺れる世界』中公新書
- 庄司克宏（2018）『欧州ポピュリズム』ちくま新書

・羽場久美子編（2013）『EU（欧州連合）を知るための63章』明石書店
・藤井良広（2013）『EUの知識［第16版］』日本経済新聞出版社

9　異文化の人とともに働く② 北アメリカ
・（宮田実訳）（2011）「アメリカの大学卒業率をめぐって：『高等教育クロニクル』の記事より」『大阪産業大学論集 人文・社会科学編』12巻、173-178頁
・「アメリカ移民の歴史」『アメリカの社会と歴史・e-百科』（2018年8月29日アクセス）
　http://www.jlifeus.com/e-pedia/10.culture&society/02.races/top.htm
・『社会実情データ図録』（2018年8月29日アクセス）
　https://honkawa2.sakura.ne.jp/index.html

10　異文化の人とともに働く③ 東南アジア
・今井昭夫編（2014）『東南アジアを知るための50章』明石書店
・岩崎育夫（2017）『入門 東南アジア近現代史』講談社現代新書
・小林英夫（2001）『戦後アジアと日本企業』岩波新書
・鷲見一夫（2004）『住民泣かせの「援助」』明窓出版

11　異文化の人とともに働く④ 東アジア
・石坂浩一・福島みのり編著（2014）『現代韓国を知るための60章［第2版］』明石書店
・川島真（2016）『21世紀の「中華」：習近平中国と東アジア』中央公論新社
・川島真（2017）『中国のフロンティア：揺れ動く境界から考える』岩波新書
・齊藤和昇（2014）『Q&Aによる中国子会社の不正リスク管理と現地化の為の人事制度及び内部監査の留意点：コンサルタントによるコンサルタント選定の為の注意点解説』パレード
・舘野哲編著（2012）『韓国の暮らしと文化を知るための70章』明石書店
・中沢孝夫（2012）『グローバル化と中小企業』筑摩書房
・藤野彰・曽根康雄編著（2016）『現代中国を知るための44章［第5版］』明石書店
・毛利和子（2016）『中国政治：習近平時代を読み解く』山川出版社
・李鍾元・木宮正史・磯崎典世・浅羽祐樹（2017）『戦後日韓関係史』有斐閣アルマ

12　異文化の人とともに働く⑤ インド
・鈴木修（2009）『俺は、中小企業のおやじ』日本経済新聞出版社
・中島敬二（2016）『インドビジネス40年戦記』日経BP社

- R.C. バルガバ（島田卓監訳）(2006)『スズキのインド戦略』中経出版
- 一橋大学イノベーション研究センター編（2011）「インド市場戦略：成長を続ける12億人を攻略せよ」『一橋ビジネスレビュー』59巻3号、東洋経済新報社
- 森本達雄（2003）『ヒンドゥー教：インドの聖と俗』中公新書

13　異文化の人とともに働く⑥ 中東・アフリカ
- 池上彰（2013）『池上彰のアフリカビジネス入門』日経BP社
- 臼杵陽（2013）『世界史の中のパレスチナ問題』講談社現代新書
- 遠藤貢・関谷雄一編（2017）『東大塾 社会人のための現代アフリカ講義』東京大学出版会
- 勝俣誠（2013）『新・現代アフリカ入門：人々が変える大陸』岩波新書
- ロバート・ゲスト（伊藤真訳）(2008)『アフリカ：苦悩する大陸』東洋経済新報社
- 小杉泰（1994）『イスラームとは何か：その宗教・社会・文化』講談社現代新書
- 酒井啓子（2010）『中東の考え方』講談社現代新書
- 平野克己（2013）『経済大陸アフリカ』中公新書
- 松本仁一（2008）『アフリカ・レポート：壊れる国、生きる人々』岩波新書
- 宮本正興・松田素二編（1997）『新書アフリカ史』講談社現代新書

14　異文化の中で働く
- 荒井一博（1997）『終身雇用制と日本文化』中公新書
- 岩月伸郎（2010）『生きる哲学：トヨタ生産方式』幻冬舎新書
- 大野耐一（1978）『トヨタ生産方式』ダイヤモンド社
- 小池和男（2005）『仕事の経済学』東洋経済新報社
- トヨタ自動車ホームページ　https://www.toyota.co.jp

15　異文化と消費者のニーズ
- 石井淳蔵（2010）『マーケティングを学ぶ』ちくま新書
- F. コトラー、K.L. ケラー（月谷真紀訳）(2014)『コトラー＆ケラーのマーケティング・マネジメント［第12版］』丸善出版
- 西山敦士（2012）『グローバル人財に関する企業・留学生・大学の意識調査』広島大学
- 首相官邸SDGs推進本部ホームページ　https://www.kantei.go.jp/jp/singi/sdgs
- ホンダ技研工業ホームページ　https://www.honda.co.jp

16　倫理と法
- C. ウィットベック（札野順・飯野弘之訳）（2000）『技術倫理1』みすず書房
- ラングドン・ウィナー（吉岡斉・若松征男訳）（2000）『鯨と原子炉：技術の限界を求めて』紀伊國屋書店
- 北原義典（2015）『はじめての技術者倫理』講談社
- 東京電力福島原子力発電所事故調査委員会（2012）『国会事故調報告書』徳間書店
- 畑村洋太郎（2007）『だから失敗は起こる』NHK出版
- 藤本温編著（2013）『技術者倫理の世界［第3版］』森北出版
- ホセ・ヨンパルト、金沢文雄（1983）『法と道徳：リーガル・エシックス入門』成文堂

17　安全性とリスク
- 石田三千雄ほか（2007）『科学技術と倫理』ナカニシヤ出版
- 久米均・吉川弘之ほか（2001）『多発する事故から何を学ぶか：安全神話からリスク思想へ』（学術会議叢書5）日本学術協力財団
- 黒田光太郎ほか（2012）『誇り高い技術者になろう［第2版］』名古屋大学出版会
- R. シンジンガー、M.W. マーティン（西原英晃監訳）（2002）『工業倫理入門』丸善
- 瀬口昌久（2004）「ユニバーサルデザインと技術者倫理」名古屋工業大学技術倫理研究会編『技術倫理研究』第1巻、13-29頁
- 東京電力福島原子力発電所事故調査委員会（2012）『国会事故調報告書』徳間書店
- 吉川肇子（2000）『リスクとつきあう：危険な時代のコミュニケーション』有斐閣選書
- ジョン・F. ロス（佐光紀子訳）（2001）『リスクセンス：身の回りの危険にどう対処するか』集英社新書

18　製造物責任
- 齊藤了文（2005）『テクノリテラシーとは何か』講談社
- 製品安全製造物責任研究会編（2013）『知っておきたい製品安全・製造物責任の最新動向』日本規格協会
- 日本弁護士連合会消費者問題対策委員会編（2015）『実践PL法［第2版］』有斐閣
- 林田学（1995）『PL法新時代：製造物責任の日米比較』中公新書
- チャールズ・ハリスほか（日本技術士会訳編）（1998）『科学技術者の倫理：そ

の考え方と事例』丸善
- U. ベック（東廉・伊藤美登里訳）（1998）『危険社会：新しい近代への道』法政大学出版局
- 経済産業省「消費生活用製品安全法」（2018年8月29日アクセス）https://www.meti.go.jp/product_safety/consumer/system/01.html

19　知的財産権
- 池村聡（2018）『はじめての著作権法』日本経済新聞出版社
- 稲穂健市（2017）『楽しく学べる「知財」入門』講談社現代新書
- 小泉直樹（2010）『知的財産法入門』岩波新書
- 齊藤了文・坂下浩司（2014）『はじめての工学倫理［第3版］』昭和堂
- 杉本泰治・高城重厚（2016）『大学講義　技術者の倫理入門［第5版］』丸善
- 野口祐子（2010）『デジタル時代の著作権』ちくま新書
- チャールズ・ハリスほか（日本技術士会訳編）（2008）『科学技術者の倫理：その考え方と事例［第3版］』丸善
- 福井健策（2005）『著作権とは何か：文化と創造のゆくえ』集英社新書
- 福井健策（2010）『著作権の世紀：変わる「情報の独占制度」』集英社新書
- 外務省（2001）「TRIPS協定と公衆衛生に関する宣言（骨子）」（2018年8月30日アクセス）https://www.mofa.go.jp/mofaj/gaiko/bluebook/2002/gaikou/html/siryou/sr_03_12_03.html
- Daryl Lindsey (2001) "Amy and Goliath" *Salon*, https://www.salon.com/2001/05/01/aids_8/ (accessed on August 30, 2018)
- WTO (World Trade Organization) (2001), *Declaration on the TRIPS agreement and public health; Adopted on 14 November 2001*, https://www.wto.org/english/thewto_e/minist_e/min01_e/mindecl_trips_e.htm (accessed on August 30, 2018)

20　グローバル化と国家の変容
- 佐藤成基（2014）『国家の社会学』青弓社
- ウルリッヒ・ベック（木前利秋・中村健吾監訳）（2005）『グローバル化の社会学』国文社
- 水島治郎（2016）『ポピュリズムとは何か』中公新書
- ジェームズ・H. ミッテルマン（田口富久治・柳原克行・松下冽・中谷義和訳）（2002）『グローバル化シンドローム』法政大学出版局

21　国際経済システム
- 川北稔（2016）『世界システム論講義』ちくま学芸文庫

- 杉山伸也（2014）『グローバル経済史入門』岩波新書
- 西川潤（2014）『新・世界経済入門』岩波新書
- ジャン＝バティスト・マレ（田中裕子訳）（2018）『トマト缶の黒い真実』太田出版
- ダニ・ロドリック（柴山桂太・大川良文訳）（2013）『グローバリゼーション・パラドクス：世界経済の未来を決める三つの道』白水社

22　企業の海外展開

- エズラ・F. ヴォーゲル（渡辺利夫訳）（1993）『アジア四小龍：いかにして今日を築いたか』中公新書
- 内永ゆか子（2011）『日本企業が欲しがる「グローバル人材」の必須スキル』朝日新聞出版
- 関満博（1993）『フルセット型産業構造を超えて』中公新書
- ドミニク・テュルパン、高津尚志（2012）『なぜ、日本企業は「グローバル化」でつまずくのか』日本経済新聞出版社
- 涂照彦（1988）『NICS（ニックス）：工業化アジアを読む』講談社現代新書
- 藤本隆宏ほか（2007）『ものづくり経営学：製造業を超える生産思想』光文社新書
- 吉原英樹（1984）『中堅企業の海外進出』東洋経済新報社

23　地球環境と国際的取り組み

- 国際環境 NGO FoE・Japan 編（2002）『途上国支援と環境ガイドライン』緑風出版
- 小西雅子（2016）『地球温暖化は解決できるのか』岩波ジュニア新書
- 日引聡・有村俊秀（2002）『入門環境経済学』中公新書
- 船橋晴俊編（2011）『環境社会学』弘文堂
- 政野淳子（2013）『四大公害病』中公新書
- JICA 編「世界の熱帯雨林を宇宙から守る：日本とブラジルの連携協力」（2018年8月30日アクセス）　https://jica-net-library.jica.go.jp/jica-net/user/lib/contentDetail.php?item_id=975

24　世界の宗教とグローバル社会

- 池上彰（2011）『池上彰の宗教がわかれば世界が見える』文春新書
- 臼杵陽（1999）『原理主義』（思考のフロンティア）岩波書店
- 小杉泰（1994）『イスラームとは何か：その宗教・社会・文化』講談社現代新書
- 関眞興（2018）『「宗教」で読み解く現代ニュースの真相』SB 新書
- 中村圭志（2014）『教養としての宗教入門：基礎から学べる信仰と文化』中公新

書
- 中村廣治郎（1998）『イスラム教入門』岩波新書
- 日本平和学会編（2018）「信仰と平和」『平和研究』第 49 号、早稲田大学出版部
- 橋爪大三郎（2006）『世界がわかる宗教社会学入門』ちくま文庫
- 渡辺和子監修（2005）『もう一度学びたい世界の宗教』西東社

25 　難民と移民の問題
- 加藤節・宮島喬編（1994）『難民』東京大学出版会
- 坂口裕彦（2016）『ルポ難民追跡：バルカンルートを行く』岩波新書
- 根本かおる（2017）『難民鎖国ニッポンのゆくえ』ポプラ新書
- ジグムント・バウマン（伊藤茂訳）（2017）『自分とは違った人たちとどう向き合うか：難民問題から考える』青土社
- 墓田桂（2016）『難民問題：イスラム圏の動揺、EU の苦闘、日本の課題』中公新書
- 東野真（2003）『緒方貞子：難民支援の現場から』集英社新書
- 本間浩（1990）『難民問題とは何か』岩波新書
- 米川正子（2017）『あやつられる難民：政府、国連、NGO のはざまで』ちくま新書

26 　世界の人権問題
- 石崎嘉彦・三浦隆宏・西村高宏・山田正行・河村厚・太田義器（2008）『グローバル世界と倫理』（シリーズ「人間論の 21 世紀的課題」）ナカニシヤ出版
- 梅田徹（2006）『企業倫理をどう問うか：グローバル化時代の CSR』日本放送出版協会
- 加藤周一・樋口陽一（2014）『時代を読む：「民族」「人権」再考』岩波現代文庫
- 鎌田慧（2001）『人権読本』岩波ジュニア新書
- 川人博編（2009）『テキストブック現代の人権［第 4 版］』日本評論社
- 斉藤龍一郎（2012）「読み上げツールが開く可能性：非識字者もメールが読める」『アフリカ NOW』第 96 号
- 浜林正夫（1999）『人権の思想史』吉川弘文館
- 樋口陽一（2000）『個人と国家：今なぜ立憲主義か』集英社新書
- ヴォルフガング・ベネデック編（中坂恵美子・徳川信治編訳）（2010）『ワークアウト国際人権法』東信堂
- Sokari Ekine ed. (2010), *SMS Uprising: Mobile Activism in Africa*, Pambazuka Press.
- Amnesty International (2017) *Amnesty International Report 2016/17*,

https://www.amnesty.org/en/latest/research/2017/02/amnesty-international-annual-report-201617/ (accessed on August 30, 2018) [https://www.amnesty.org/download/Documents/POL1048002017ENGLISH.PDF]

27　ジェンダーと企業
- 千田有紀・中西祐子・青山薫（2013）『ジェンダー論をつかむ』有斐閣
- 高橋準（2006）『ジェンダー学への道案内』北樹出版
- World Economic Forum ed. (2017) The Global Gender Gap Report 2017, https://www.weforum.org/reports/the-global-gender-gap-report-2017, (accessed on August 30, 2018) [http://www3.weforum.org/docs/WEF_GGGR_2017.pdf]

28　科学技術と戦争
- 池内了（2016）『科学者と戦争』岩波新書
- トレバー・ウィリアムズ（片神貴子訳）（2015）『ノーベルと爆薬』（世界の伝記：科学のパイオニア）玉川大学出版部
- 金子常規（2013）『兵器と戦術の世界史』中公文庫
- 沢井実（2015）『帝国日本の技術者たち』吉川弘文館
- 眞淳平（2012）『人類の歴史を変えた8つのできごとⅡ：民主主義・報道機関・産業革命・原子爆弾編』岩波ジュニア新書
- アーノルド・パーシー（林武監訳）（2001）『世界文明における技術の千年史：「生存の技術」との対話に向けて』新評論
- フィオナ・マクドナルド（日暮雅通訳）（1994）『アインシュタイン』偕成社
- 松本仁一（2004）『カラシニコフ』朝日新聞社
- 益川敏英（2015）『科学者は戦争で何をしたか』集英社新書

29　異文化理解から多文化共生へ
- 伊勢田哲治ほか編（2013）『科学技術をよく考える』名古屋大学出版会
- 藤垣裕子編（2005）『科学技術社会論の技法』東京大学出版会
- エリン・メイヤー（田岡恵監訳・樋口武志訳）（2015）『異文化理解力』英治出版
- 山本義隆（2018）『近代日本150年』岩波新書

索引

あ

項目	ページ
愛国主義運動	75
アイコンタクト	41
青色LED特許権裁判	129
アサーション（assertion）	28
アサーショントレーニング	29
アサーティブ・コミュニケーション	26
アサーティブな自己表現	28
アジアインフラ投資銀行	160
アジア欧州会合	37
アジア開発銀行	69
アジア通貨危機	140
アジェンダ21	156
ASEAN経済共同体	73
ASEANサービスに関する枠組み協定	72
ASEAN自由貿易地域	72
ASEAN物品貿易協定	72
ASEAN包括的投資協定	73
アッバース朝	87
アッラー	87
アパルトヘイト	153, 182
アファーマティブ・アクション	139
アフガニスタン	193
アフガン侵攻	89
アフガン難民	177
アフリカ諸国の経済危機	92
アフリカ分割会議	91
アマゾン熱帯雨林保全	162
アメリカ合衆国	58
アルカイーダ	90
アルバトロス	24
アルフレッド・ノーベル	197
アルベルト・アインシュタイン	198
安重根	77
安全神話	116
安全配慮意識	121
安全配慮義務	113
安息日	169
暗黙の前提	203
EU離脱	52
異議申立て制度	160
イギリス	88
育成者権	129
意匠権	129
イスラエル	88
イスラム	193
イスラム教	17, 66, 81, 87, 166, 171
イスラム共同体	87, 89, 167
イスラム嫌悪	18
イスラム原理主義	89, 170
イスラム帝国	87
イスラム復興運動	89
イスラム復興主義運動	170
イスラム法	87, 167
イスラモフォビア	18
5つの心理的プロセス	33
一党制	69
イバーダート	167
異文化交流	15
異文化コミュニケーション	202
異文化シミュレーション	24
異文化受容	37
異文化・多文化の起源	14
異文化適応パワーアップノート	34
異文化理解	7
イマーム広場	87
移民	172
イラン	89
イラン革命	89
インスペクションパネル	160
インド工科大	80
インドネシア	66, 67, 69
インフラ輸出	69
ウエストファリア条約	137
宇宙航空研究開発機構	162
海の回廊	73
ウルグアイ・ラウンド	65
営業秘密	129
栄光の30年	17
エイズ	133
AK-47	199
エコトノス	24
エストニア	57
エチオピア	91
縁故主義	78, 93
円借款	69
欧州経済共同体	51
欧州統合	51
欧州連合	50, 65
オスマン帝国	87

汚染者負担原則……………………155	京都議定書………………………156, 157

か

カースト制………………………81	キリスト教………………………165
海外移転…………………………149	禁忌………………………………168
海外現地法人……………………99	クリーン開発メカニズム………158
改革運動…………………………170	クルアーン…………………10, 87, 171
外国人スタッフ…………………100	グローバルエンジニア…………6
外国人労働者……………………8	グローバル化……………………6
回転ドア死亡事故………………112	グローバル企業…………………98
開発援助…………………………159	グローバル・コンパクト………161
開発独裁…………………………76	グローバル社会…………………9
開発独裁体制……………………69	グローバル人材…………………27
戒律………………………………168	軍事技術……………………195, 197
回路配置利用権…………………129	軍事的安全保障研究に関する声明…197
核廃絶をめざす科学者国際会議…198	経済特区…………………………74
学歴社会…………………………60	経済発展…………………………68
過失責任主義……………………124	ケーススタディー………………20
カシュルート……………………168	結果重視志向……………………27
カナダ……………………………58	権威主義的国家…………………141
ガラスの壁………………………100	原子爆弾…………………………196
ガラスの天井………………100, 190	公益通報者保護法………………115
ガラパゴス化……………………104	公害輸出…………………………159
カルヴァン………………………179	攻撃的自己表現…………………28
カルチャーショック…………20, 33	光州事件…………………………76
漢江の奇跡………………………76	抗日戦……………………………77
韓国…………………………15, 76, 107	後発資本主義諸国………………143
関税と貿易に関する一般協定…143	コーラン………………………10, 87
カンボジア…………………66, 68, 69	国際協力機構……………………162
カンボジア内戦…………………68	国際協力銀行……………………160
帰還民……………………………177	国際経済システム………………145
企業買収…………………………151	国際人権規約……………………181
危険………………………………120	国際通貨基金………………………76, 143
気候変動枠組条約………………156, 157	国際展開…………………………150
技術移転……………………………63, 149	国際展開パターン………………148
技術者倫理………………………113	国際標準化機構………………116, 185
技術士倫理綱領…………………9	国際ルール………………………158
技術流出…………………………78	国際労働機関……………………184
規制アプローチ…………………155	国内避難民………………………177
規制ルール………………………159	国内ルール………………………158
帰属意識…………………………93	国民国家……………………………68, 137
北朝鮮……………………………137	国民主義…………………………89
規範………………………………110	国連環境開発会議………………156
機密情報…………………………78	国連難民高等弁務官事務所……173
競争社会…………………………61	国連人間環境会議………………154
共同開発…………………………56	国連パレスチナ難民救済事業機関…173
共同実施…………………………158	個人主義…………………………62
	国家主義…………………………89

索引……217

子供	183
子供の権利条約	183
コミュ体操	39
コミュニケーション力	7, 38
雇用慣行	99
雇用システム	101
コンゴ民主共和国	175
コンセンサス型民主主義	138
コンビニ	109
コンプライアンス	10, 111

さ

サイクス＝ピコ協定	88
最恵国待遇の原則	143
祭祀	169
財閥経済	76
裁量的政策調整	53
サウジアラビア	89
サブカルチャー	24
サヘル地域	175
3A	32
3H	32
残業	109
産業革命	90, 142
酸性雨	154
シーア派	167
ジェネラリスト	27
ジェノサイド	91, 183
シェンゲン協定	52
ジェンダー	189, 193
ジェンダー・ギャップ指数	189
時間感覚	35
識字率	81
事業展開	152
市場経済アプローチ	155
死蔵化（著作権の）	132
持続可能な開発	156
持続可能な開発目標	157
下請企業	149
実用新案権	129
実力社会	61
自慟	102
死の商人	198
シバサイラム・ツィアガラジャン	25
シミュレーション	23
使命と責任	205
社会権的人権	180

ジャパン・バッシング	63
シャリーア	87, 167
シャルリー・エブド事件	17, 176
宗教	164
自由権的人権	179
終身雇用制	99
集団殺害	91
集団主義	62
自由貿易協定	65
自由貿易体制	142, 143
自由民主主義体制	139
儒教	78
主権国家	136, 137
受容期	33
商業ネットワーク	93
商号権	129
少数者	183
消費者のニーズ	56
消費生活用製品安全法	125
商標権	129
情報の開示	126
職能型システム	101
植民地化	77
植民地状態	136
職務型システム	101
シリア危機	174
シンガポール	68
新疆ウイグル	77
人権	178, 179
人権感覚	94
人権高等弁務官事務所	182
人権保障体制	181
人材育成	77
人種差別	182
人種差別主義	91, 94
人種差別撤廃条約	182
人治主義	78
信頼回復	126
スウェーデン	154
スーパー301号	63
スカーフ論争	17
スピーチ＆アドバイス	42
スプラトリー諸島	73
スマートフォン	104
スンニ派	167
成果主義	60

制御安全	112	タリバン	177
聖戦を行う者	90	単一欧州議定書	51
製造物責任	124	小さな政府	144
製造物責任法	123, 124, 126	チェコスロバキア	57
性的少数者	191	地球温暖化	157
政府開発援助	69	地球環境問題	154
生物多様性条約	156	地球サミット	156
性別職務分離	190	知的財産基本法	128
世界エイズ・結核・マラリア対策基金	133	知的財産権	63, 131
世界銀行	69	知的所有権の貿易関連の側面に関する協定	130
世界宗教	164	チベット	77
世界人権宣言	181	チャーチスト運動	180
世界帝国	87	中華人民共和国	74
世界の工場	143	中華民国	74, 137
世界の肖像の広場	87	中国	73, 74
世界貿易機関	65, 74, 130, 133, 144	中国資本	92
セクシュアル・ハラスメント	191	中国向け	106
積極的差別是正措置	139	長期使用製品安全表示制度	126
説明責任	116, 117	朝鮮戦争	68, 76
セマウル運動	76	著作権	129, 132
先住民族の権利に関する宣言	184	DIE メソッド	21
先富論	74	ディーセント・ワーク	184
相互扶助の精神	92	ディブリーフィング	24
損害賠償責任	124	ディベート	61

た

タイ	66, 68, 69	適応開始期	33
大韓民国	76	適応期	33
対共産圏輸出統制委員会	131	DESC（デスク）法	30
大航海	90	デュー・ディリジェンス	161
耐震偽装問題	127	テロ事件	18
大西洋憲章	181	転職	77, 100
ダイバーシティ	26, 188	ドイツ	109, 138
大躍進政策	74	東欧諸国	52
第四次産業革命	26	同調性	61
台湾	74, 79, 137	道徳	110
多角的貿易交渉	144	東南アジア諸国連合	65, 69, 72
多国間主義	143	特許権	129, 133
多国籍企業	98	ドミニカ共和国	19
多人種・多民族	58	奴隷貿易	90
多数決型民主主義	138	トレーニング	20
多文化共生	170		

な

多文化共生社会	95	内戦状態	136
多文化主義	138	名古屋議定書	156
多民族国家	137	ナショナリズム	89, 91
多様性	82	731 部隊	196, 200
ダライ・ラマ 14 世	77	南欧諸国	52

南沙諸島	73	一つの中国	137
南米南部共同市場	65	ヒヤリハット	118
南北戦争	143	費用対効果	122
難民	173, 177	費用便益分析	122
難民議定書	173	貧困地域	153
難民条約	173	ヒンディー語	80
ニーズ	104	ヒンドゥー教	80, 85, 168
二国間クレジット制度	158	フィリピン	66, 67, 68, 69
日韓基本条約	76	フールプルーフ	118
日韓併合	77	フェイルセーフ	119
日本学術会議	197	フォード・ピント事件	122
日本人的発想	27	フォード・ファースト	123
熱帯雨林破壊	162	福音派	170
ネポティズム	93	福祉国家	144, 180
年功序列賃金制	99	フサイン＝マクマホン書簡	88
ノン・ルフールマン原則	174	仏教	85, 167

は

		ブミプトラ政策	139
バーゼル条約	157	ブラジル	162
バーンガ（Barnga）	25	フランス	17, 138
ハイコンテクスト	21	プランテーション農場	90, 91
排出量取引	157	ブランドイメージ	106
ハインリッヒの法則	118	プラント輸出	83
パグウォッシュ会議	198	振り返りシート	40, 43
ハネムーン・ステージ	33	プレゼンテーション	23
バファバファ	24	ブレトン・ウッズ体制	65, 143, 144
ハラーム	167	プロセス重視志向	27
ハラール	88, 168	文化大革命	74
パリ協定	156, 158	ペアワーク	42
パリ条約	131	ベトナム	66, 68, 69, 106
バルト三国	57	ベトナム戦争	68
バルフォア宣言	88	ペルセポリス遺跡	87
パレスチナ	137	ベルヌ条約	131, 132
パレスチナ問題	88	法（法律）	110
パン・アフリカニズム	91	貿易摩擦	63
汎アラブ主義	170	崩壊国家	136
反イスラム感情	18	法令順守	10, 111
反移民感情	18	ボーカルバラエティ	42
反欧米感情	89	ポーランド	57
ハンガリー	57	補完性の原理	53
反日デモ活動	75	北米自由貿易協定	65
PL法	123	ホストファミリー	20
非言語情報	38	ポピュリズム	54, 140, 141
非言語表現	41	本質安全	112
ヒジャーブ	17, 170		

ま

非主張的自己表現	28	マーケティング	104, 107
非政府組織	140	マーストリヒト条約	51

マイノリティー	183
マサチューセッツ工科大学	80
マレーシア	66, 68, 139
満州国	77
マンハッタン計画	196
ミスコミュニケーション	21
水俣病	155
南アフリカ共和国	103, 133, 153
南スーダン	175
ミハイル・カラシニコフ	198
ミャンマー	66, 67
民主化	68
民主化運動	76
民主主義の赤字	54
民生技術	197
民族自決	137
民族自決権	181
民族宗教	164
民族主義	89
ムアーマラート	167
ムジャヒディーン	89
ムスリム	87
ムハンマド	87
メイーダ・ナクシェ・ジャハーン	87
名誉革命	179
メキシコ	65
モサデグ	89
モデルウォーク	42
モノカルチャー	91, 92
モントリオール議定書	157

や

夜警国家	179
U字曲線	33
ユーロ	51, 53
輸出管理規制	131
輸出主導型発展戦略	150
ユダヤ教	168
ユダヤ人	88
ユニバーサルデザイン	119
輸入代替型発展戦略	150
読み上げツール	187
読み書きツール	187

ら

ラウンド	144
ラオス	68, 69, 71
ラトビア	57

ラマダン月	88, 169
ラムサール条約	157
リーダーズシアター	42
リーマンショック	75, 140
リオ宣言	156
リオ＋20	157
陸の回廊	73
リスク	117, 119
リスクマネジメント	120
リスボン条約	51
リトアニア	57
リビア	175
リベリア	91
倫理	110, 113, 126
倫理アプローチ	155
ルール	110
ルター	179
ルックイースト政策	68
ルピー硬貨	82
ルピー紙幣	81
ルワンダ	91
レイオフ	60
レイシズム	91
歴史認識	76
聯想集団	151
連邦制国家	80
労働生産性	59
朗読劇	42
ローコンテクスト	21
ローマ条約	51
ロールシート	23
ロールプレイ	23
六信五行	87, 166

わ

ワークライフ・バランス	192
わたし文	30
ワッセナー協約	131

欧文

accountability	117
AEC	73
AFTA	72
AIIB	160
ASEAN	65, 69, 72, 149
ASEM	37
ATIGA	72
CDM	158

COCOM ································ 131	JI ····································· 158
COP ································· 157	JICA ·································· 162
COP21 ······························· 158	liability ······························ 117
CSR ···························· 161, 178	MERCOSUR ···························· 65
diversity ······························ 188	MIT ··································· 80
EEC ··································· 51	NAFTA ································ 65
EU ······························· 50, 65	NGO ··························· 140, 161
FTA ··································· 65	ODA ·································· 69
GATT ································ 143	OHCHR ······························· 182
gender ······························· 189	PPP ·································· 155
IDP ·································· 177	responsibility ························· 117
IIT ···································· 80	SDGs ································· 157
ILO ·································· 184	SNS Rising ··························· 187
IMF ···························· 76, 143	TRIPS 協定 ······················ 130, 131
IPCC ································· 157	UNHCR ······························· 173
ISO ···························· 116, 185	UNRWA ······························ 173
JAXA ································ 162	WASP ································· 58
JBIC ································· 160	WTO ······················ 74, 130, 133, 144
JCM ································· 158	

■監修

秋山　仁　東京理科大学特任副学長（巻頭）

森野数博　呉工業高等専門学校長

■編集

藤本義彦　呉工業高等専門学校
　　　　　（1、2、11、13、19、24、25、26、28）

木原滋哉　呉工業高等専門学校
　　　　　（8、10、12、20、21、23、29）

天内和人　徳山工業高等専門学校（2、9）

■執筆

一色誠子　徳山工業高等専門学校（6）

櫛田直規　大島商船高等専門学校（4）

田上敦士　広島商船高等専門学校
　　　　　（12、14、15、22）

畑村　学　宇部工業高等専門学校（2）

ダワァ ガンバット　弓削商船高等専門学校（7）

髙橋　愛　岩手大学（3、27）

野本敏生　大島商船高等専門学校
　　　　　（16、17、18）

山本千夏　モンゴルホライズン CEO（5）

■協力

京兼　純　元明石工業高等専門学校長
　　　　　元国立高等専門学校機構理事

西山明彦　元東京都立工業高等専門学校教授
　　　　　モンゴル工業技術大学名誉教授

（　）内の数字は、執筆項目番号・箇所を示す。

●表紙・本文基本デザイン──エッジ・デザイン・オフィス
●組版データ作成──㈱四国写研

技術者倫理
グローバル社会で活躍するための異文化理解

2018年11月10日　初版第1刷発行

- ●著作者　秋山仁　ほか12名（別記）
- ●発行者　戸塚雄弐
- ●印刷所　壮光舎印刷株式会社

●発行所　実教出版株式会社
〒102-8377
東京都千代田区五番町5番地
電話［営　業］（03）3238-7765
　　［企画開発］（03）3238-7751
　　［総　務］（03）3238-7700
http://www.jikkyo.co.jp/

無断複写・転載を禁ず

ⒸJ.Akiyama, Y.Fujimoto, S.Kihara, K.Amanai

ISBN 978-4-407-34622-0　C3050　　　　Printed in Japan